고전압 펄스공학

high voltage Pulse Engineering

김 희 제 저

홍릉과학출판사

머리말

전기에너지를 시간 및 공간적으로 압축시키는 펄스파워 기술은 종래의 전압 및 전류와는 매우 다른 특성을 가진다. 펄스파워를 이용하면, 여러 가지 환경오염원을 용이하게 처리할 수도 있으며, 새로운 형태의 에너지원으로 활용가능하다.

펄스파워 기술의 역사는 영국의 E. Marx의 고전압 충격파 발생기에서 출발하여, 레일건, 코일건 등의 역사를 거치면서 그 응용 분야는 매우 다양하게 발전해 오고 있다.

펄스파워 및 펄스방전 기술은 모두 전기적인 방전현상을 활용한 것으로 물질의 핵과 전자의 에너지 상태를 이해하는 것에서 시작하여, 우주의 삼라만상을 이해하며, 우리 주위의 다양한 생활에서 매우 유용하게 활용할 수 있다.

또한, 고전압이 기초가 되는 매우 빠른 고주파 마이크로 펄스를 활용하면 우리 인체에 다양한 질병들을 치료할 수도 있으며, 최근 많은 사람들이 치유하기 힘든 암으로 투병 중에 있는 데, 이러한 암의 치료에도 매우 효과적이다.

본 교재는 고전압공학, 방전현상 및 절연파괴, 펄스 레이저의 기초 및 응용, 마이크로 펄스 응용, 플라즈마 기초, 글로우 방전 및 아크 방전 등에 대하여 공부하고자 하는 대학생 및 대학원생들을 위하여, 기초분야에서 출발하여, 직접 실용적으로 활용할 수 있도록 산업에 적용되고 있는 분야들을 중점적으로 소개하였다.

부록에는 최근 친환경 발광용 광원으로서 각광을 받고 있는 LED 조명의 개발현황을 간략하게 소개하였다. 이 LED도 펄스 점등을 활용하여 특성화시키면, 다양한 응용이 가능할 것이다.

다음 증간 편에서는 고전압이 기초가 되는 전력전자 기술을 추가할 계획이며, 다양한 분야에서 독자 여러분들이 직접 교재를 참고로 하여 설계, 제작이 가능하도록 할 작정이다.

끝으로 본 교재의 출판을 위하여 협찬해 주신 지식경제부 대학 IT 교육경쟁력 강화(NEXT) 사업 관계자 여러분과 홍릉과학출판사 여러분께 감사드리며, 아울러 본 교재의 작성을 위하여 기꺼이 도움을 제공해 준 부산대학교 레이저 및 센서응용 연구실 석사 및 박사과정 학생들, 늘 곁에서 든든한 조력자가 되어주는 가족에게 감사의 마음을 전합니다.

2011년 8월
책임저자 김 희 제 드림

차 례

CHAPTER 04 펄스파워의 응용 및 실제 적용사례 / 79

CHAPTER 05 펄스파워 계측법 / 149

CHAPTER 01

펄스파워의 기초

1.1 펄스파워의 기초 및 응용분야

1.1.1 펄스파워란?

펄스파워(Pulsed Power) 기술은 비교적 긴 시간 동안 (전기)에너지를 저장한 후 압축하여 짧은 시간에 매우 높은 출력 수준의 파워를 발생시키는 기술이다.

이것은 마치 연못에서 펌프로 물(에너지)을 물통(에너지 저장장치)에 모았다가 일시에 방출(스위치)하는 원리와 같다.

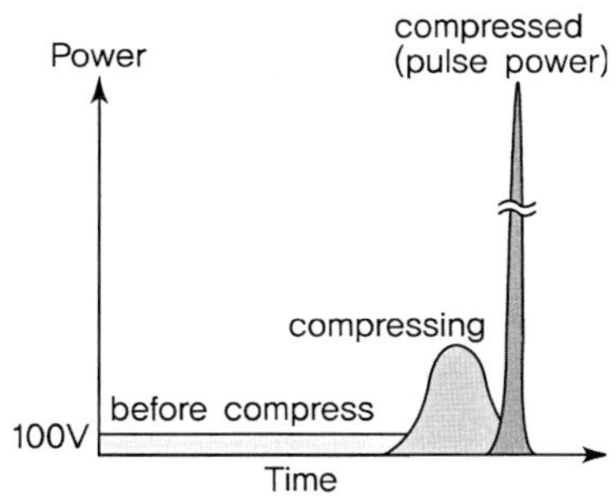

그림 1.1 펄스파워 개념

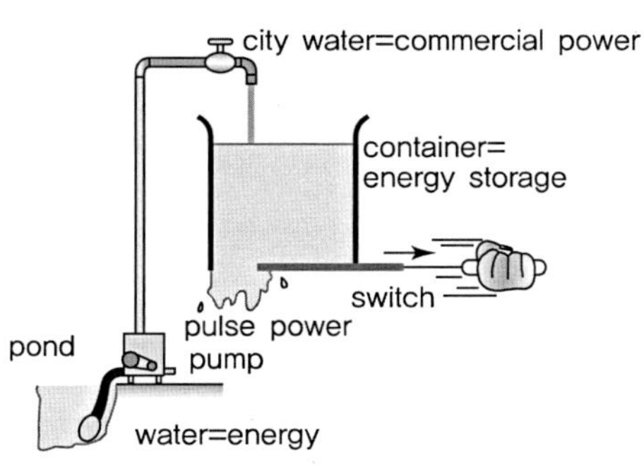

그림 1.2 펄스파워 비유

이러한 펄스파워는 빠른 상승시간, 짧은 펄스 폭, 좁은 공간에 집중하는 특성이 있으므로 고전압, 대전류의 발생이 가능하고, 자연에서는 존재하지 않는 극한 상태를 형성함으로써 전자력 에너지의 새로운 응용분야의 개척에 활용되고 있다.

1.1.2 펄스파워 발생 기술

(1) 시스템의 구성

- 전원장치
  - 고전압 충전기
  - 고전압 변압기
- 에너지 저장장치
  - 커패시터 방식
  - 인덕터 방식
- 고속 스위치
- 펄스의 압축, 성형과정을 거친 후 전송선을 통해 부하에 전달

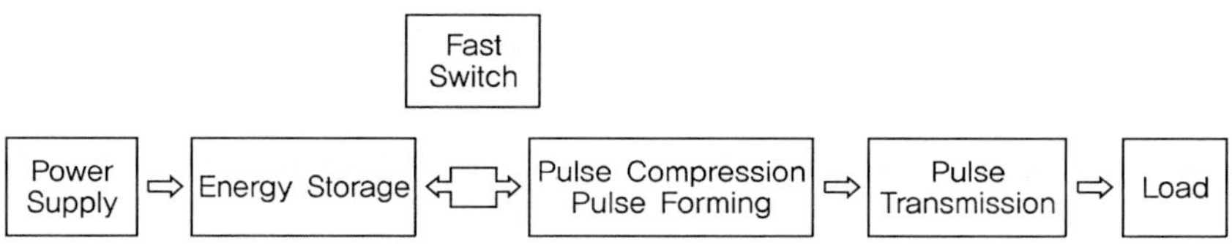

그림 1.3 펄스파워 시스템의 구성요소

그림 1.4 2.4 MJ급 펄스 전원 장치

(2) 에너지 저장장치

- 커패시터에 의한 에너지 저장방식
  - 실용적, 완성도가 높다
  - 에너지는 유전체 안에서 전계 에너지 형태로 저장
- 인덕터에 의한 에너지 저장방식
  - 에너지 밀도가 매우 높다
  - 개방스위치의 사용으로 제어가 힘들다

(3) 펄스파워용 스위치

- 가스 방전형 스위치 사용
- 트리거 스파크 갭 스위치 사용
- TVS, Ignitron, Thyratron
- 반도체 스위치

(4) 펄스의 승압/압축/성형

- 승압 : 막스 발생기
- 압축 : 자기펄스 압축 기술
- 성형 : 펄스 성형기술

1.2 펄스파워의 응용분야

(1) 고밀도 플라즈마의 발생

- 펄스파워가 발생하는 순간 고전압과 대전류는 매우 짧은 시간에 고온이며,
- 고밀도의 플라즈마를 발생시킬 수 있다.
- 핵융합 = Nuclear Fusion
- X선 발생
- 고에너지 입자빔의 발생

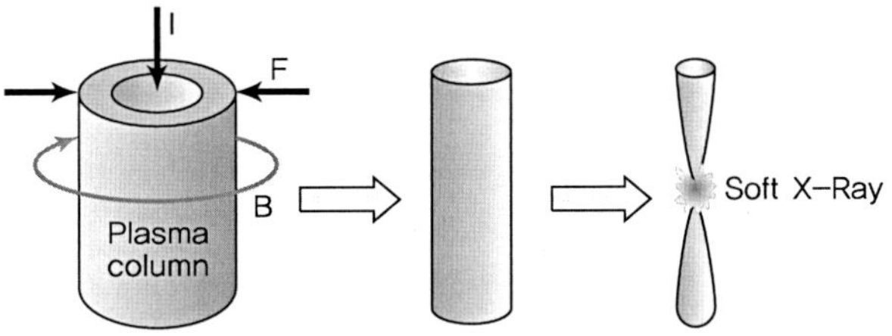

그림 1.5 Z-pinch 플라즈마 원리

(2) 고출력 레이저 빔의 발생

고출력의 레이저 펄스를 발생시키기 위해서 빠르고 높은 에너지의 펄스 전원을 필요로 한다. (ex) 네오디움 글라스 레이저, 고출력 엑시머 레이저

그림 1.6 오사카 대학의 레이저 핵융합 장치

(3) 전자력 가속

펄스파워 기술의 가장 고유한 응용분야의 하나로 전자기력을 이용한 가속 기술을 들 수 있다. (ex) 레일건, 코일건

■ 레일건

① 레일건이란?

전자장을 이용하여 물건을 발사하는 기술의 이름

② 레일건의 사용

레일건은 전함용의 미사일 요격 시스템과 같은 전술적, 전략적인 무기로서 개발이 진행

③ 레일건의 장점과 단점

- 장점
  - 총성을 듣지 못한다.
  - 불꽃이 없다.
  - 위력의 한계가 적다.
  - 총탄의 크기가 작다.
- 단점
  - 자장 폭발력 때문에 총신이나 레일이 파괴될 수 있다.

- 열에 의한 에너지 손실이 크다.
- 자장에 의한 에너지 손실이 크다.
- 대량의 전력이 손실된다.
- 총신의 길이가 매우 길다.
- 레일의 마모가 크다.

그림 1.7 레일건 장치(32MJ급)

그림 1.8 레일건 위성발사 장치

√[그림 1.7] 미국에서 32 MJ 급의 전원장치를 활용하여 2kg의 물체를 3km/s의 속도로 가속하는 레일건의 모습

√[그림 1.8] 10kg 이하의 위성체를 200km 높이까지 발사하기 위한 발사대의 개념도

■ 코일건

① 코일건이란?

자기력을 이용하는 방식으로서 연구되는 또 다른 형태의 무기

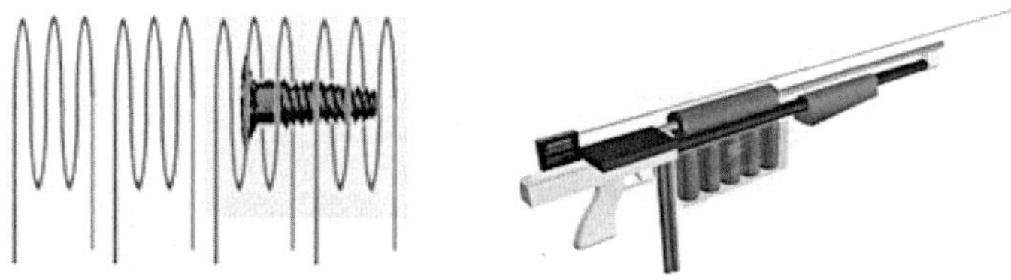

그림 1.9 코일건의 원리와 모형

② 코일건의 장점과 단점

- 장점
  - 총신의 마모가 없다
  - 발사체에 전기를 흘릴 필요가 없다
  - 자장 폭발력이 없다.
- 단점
  - 가속도가 낮다.
  - 에너지의 낭비가 심하다

(4) 산업적 응용

- 재료의 가공과 환경 처리기술을 중심으로 발전
  - 건설현장에서의 암반발파
  - 펄스파워에 의해 생성된 플라즈마에 의한 배기가스의 처리
  - 펄스파워의 강한 전기장으로 수중의 유기물을 분해하거나 유해한 세균을 살균, 소독하는 신개념의 환경기술이 다양하게 적용

(5) 펄스파워 기술의 현실과 전망

- 기초과학, 국방, 산업기술에 사용
- 자연계에 존재하지 않는 극한 상황을 만들 수 있다.
- 펄스파워에서 발생하는 고 에너지를 제어할 수 있는 기술과 경제성 확보가 시급하다.

CHAPTER 02

방전의 기초원리

2.1 전리기체와 플라즈마

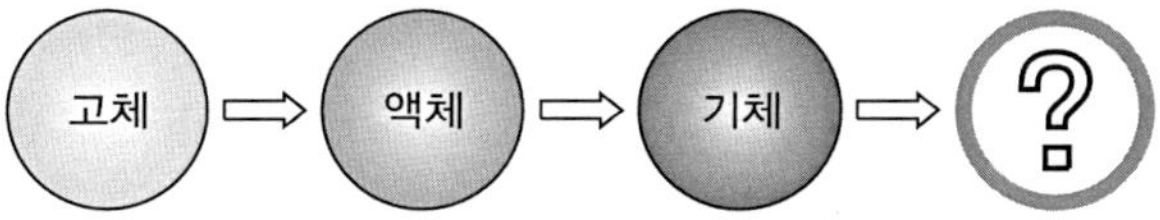

그림 2.1 ⓘ 플라즈마: 전리기체(물질의 제 4의 상태)

2.1.1 플라즈마

양과 음의 하전입자군을 포함하며 전체로서 전기적으로 거의 중성인 하전입자의 집단

2.1.2 영어 Plasma의 유래

Langmuir가 저기압 방전 발광영역을 플라즈마라고 칭함.

2.1.3 전리

원자 또는 분자가 외부로부터 에너지를 받아 전자를 방출 하고 양이온으로 되는 현상(충돌전리, 열전리, 광전리 등)

2.1.4 플라즈마의 특성 파라미터

- Xe : 전리도 = Ne/(Ne + Na)
- Na : 중성기체밀도[cm^3] = $0.98*10^{19}*$(Pa[Torr]/Ta[K])
- Ne : 전하밀도

- Te : 이온의 온도
- Ta : 중성기체의 온도

예제 Pa = 1, Ta = 300일 때 Xe를 구하라. 단, Ne = $10^{10} \sim 10^{11}$

답 : Xe = $3*10^{-6} \sim 10^{-5}$

약전리 : Xe < 10^{-4}, 전자 ↔ 중성기체의 충돌확률 > 전자 ↔ 양이온의 충돌확률

강전리 : Xe > 10^{-4}, 전자 ↔ 중성기체의 충돌확률 < 전자 ↔ 양이온의 충돌확률

표 2.1 각종 플라즈마의 밀도, 온도

플라즈마의 종류	Ne[/cm^3]	Te[K]
약전리 기체	$10^{10} \sim 10^{12}$	10^4
강전리 기체	$10^{14} \sim 10^{16}$	10^5
전리층의 F층 (지상 200~400km, 전자밀도 높음)	10^6	$10^{3.5}$
금속내 전자	$10^{22} \sim 10^{25}$	$10^{2.5}$
우주공간	1 ~ 100	10^4

2.1.5 전자계중의 하전입자의 운동

(1) 하전입자의 운동방정식

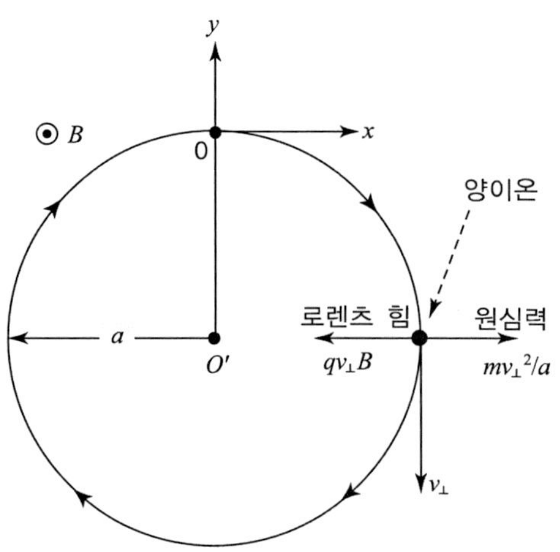

$$m\frac{d\mathbf{v}}{dt} = q(\mathbf{V}\times\mathbf{B}+\mathbf{E})$$
$$= q\mathbf{V}\times\mathbf{B}+\mathbf{F}$$
$$= q\mathbf{V}\times\mathbf{B}$$

로렌츠힘의 가속도 = 원심력가속도

$$\frac{dv}{dt} = \frac{q}{m}vB = \frac{v^2}{a}$$

그림 2.2 균일자계중 양이온의 원운동($v_\perp$ 만 고려)

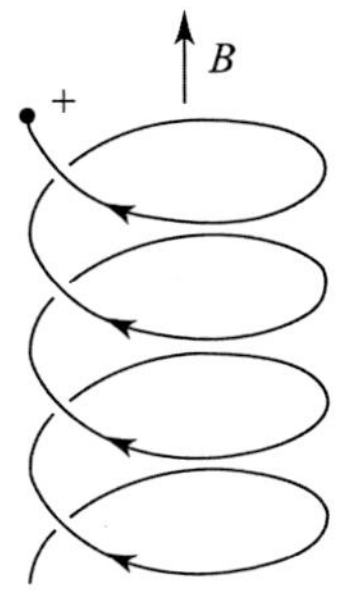

$m[kg]$: 입자의 질량
$\mathbf{v}[m/s]$: 입자의 속도
$q[C]$: 입자의 전하
E : 전계의 세기
B : 자계의 세기

그림 2.3 균일자계중 양이온의 원운동

원운동의 반지름 : $a = \frac{mv}{qB}[m]$

원운동의 각속도(cyclotron 각속도) : $\mathbf{w}_c = -\frac{q}{m}\mathbf{B}$

(2) 입자의 이동

■ 전계(E), 중력의 영향

균일 자계 외에 외력이 존재할 경우에 선회중심(회전의 중심)은 이동하게 되며 그 식은 다음과 같다.

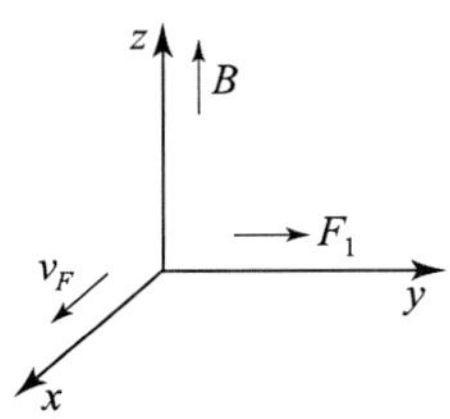

$$\mathbf{v}_d = \frac{\mathbf{F}_\perp \times \mathbf{B}}{qB^2}$$ $\mathbf{v}_d$: 구동속도(drift 속도)

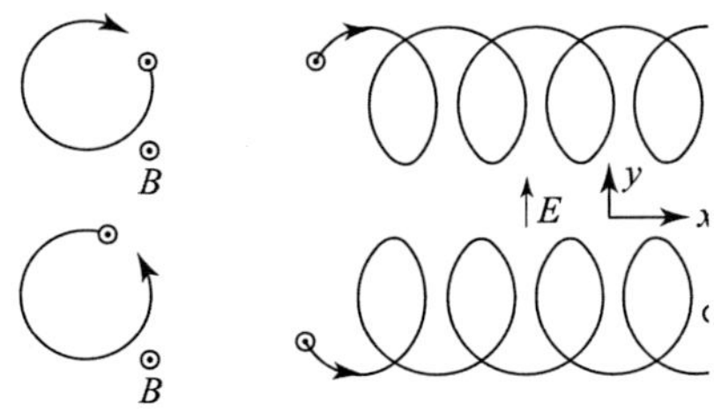

(a) 전계가 없을 때 (b) 전계가 있을 때

그림 2-4 전계의 영향

① 전계의 영향

$\mathbf{F} = q\mathbf{E}$를 위의 식에 대입

$$\mathbf{v}_d = \frac{q\mathbf{E}\times\mathbf{B}}{qB^2} = \frac{\mathbf{E}\times\mathbf{B}}{B^2}$$

② 중력의 영향

$\mathbf{F}=m\mathbf{g}$를 위의 식에 대입하면

$$\mathbf{v}_d = \frac{m\mathbf{g}\times\mathbf{B}}{qB^2}$$

①의 결과식을 보면 전하(q)가 상쇄된 것을 알 수 있다. 선회중심은 입자의 극성 및 질량과 무관한 것을 알 수 있다. 그 결과 플라즈마에서 이 구동운동은 전류를 유기하지 않고 다만 질량의 수송만을 일으키게 된다. 그리고 전자와 양이온의 방향은 극성과 관계없으므로 동일방향으로 운동한다.

②의 결과식을 보면 전하(q)가 남아 있는 것을 알 수가 있다. Q의 부호에 의하여 전자와 양이온은 반대 방향으로 움직이게 되고 이에 의해서 중성 플라즈마 내에서도 전류를 유기하게 된다.

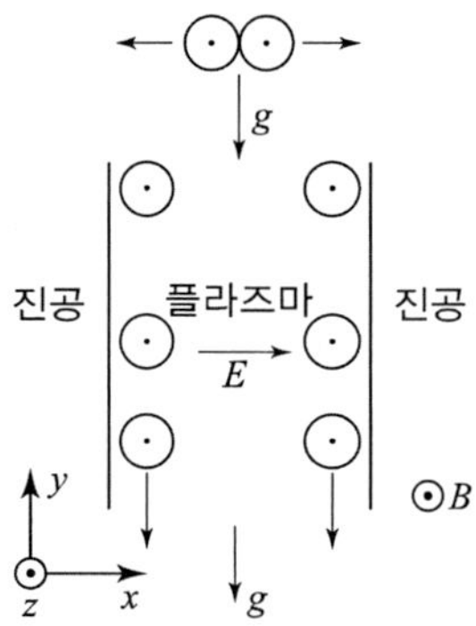

그림 2.5 중력의 영향

평판상 플라즈마가 있으며 중력이 그림과 같이 아래로 작용하고 있다. 이때 양이온은 좌측, 전자는 우측 방향으로 중력 드리프트를 하게 되고 그 결과 평판상 플라즈마의 좌측면에는 정, 우측면에는 부의 공간전하가 생긴다. 이처럼 플라즈마 속에서 하전 분리의 결과 x방향으로 전계가 발생하고 이온과 전자는 전계드리프트에 의해서 동일 속도로 g방향으로 낙하한다.

■ 시간적으로 변화하는 자계중의 운동

자계의 세기가 시간과 공간에 관하여 서서히 변하는 경우 하전입자의 운동을 생

각하는 중요한 개념으로서 자기 모멘트가 있다. 일반적으로 S인 면적을 포위하는 전류 I의 자기 모멘트는

$$\mu = SI$$

그러므로 자계중을 운동하고 있는 회전입자도 선회성분을 가지고 있으므로 자기 모멘트를 생각할 수 있다. 이를 식으로 나타내면 다음과 같다

$$\mu = \frac{\frac{1}{2}mv_{\perp}^2}{B}$$

일반적으로 자기모멘트는 B가 t와 더불어 변화하는 경우에도 일정하며, B가 공간과 더불어 서서히 변화하는 경우에도 일정하다. 이와 같은 성질을 단열불변량이라고 한다.

■ 비균등자계의 영향

자력선이 반곡하면 자계에 구배가 생긴다. 그 때문에 그림과 같이 Z방향의 자계 B가 x방향으로 변화하는 공간에서의 운동을 조사한다. 여기서 $V_{II} = 0$이라고 한다. 만약에 $B = B_0$에서 공간적으로 일률적이라면 빠르기가 $V_{\perp}$인 입자는 앞에서 언급된 것처럼 같은자리에서 원운동을 한다. 그리고 로렌츠 힘의 1회선에 대한 평균값 F_B는 제로이고, 드리프트도 없다. 한편 B가 공간적으로 불균일한 경우에는 F_B는 일반적으로 제로가 되지 않는다. 따라서

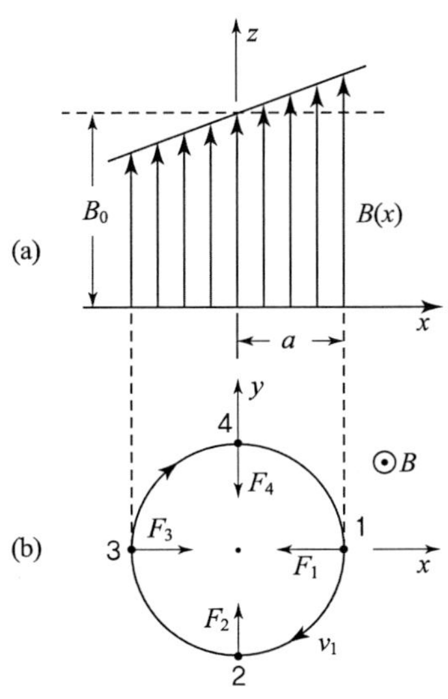

그림 2.6 비균등자계의 영향

$$m\frac{d\mathbf{v}}{dt} = q\mathbf{V}\times\mathbf{B} + \mathbf{F}$$

의 F로써 F_B가 작용하고 드리프트가 생긴다.

2.2 기체의 절연파괴

2.2.1 Townsend 방전이론

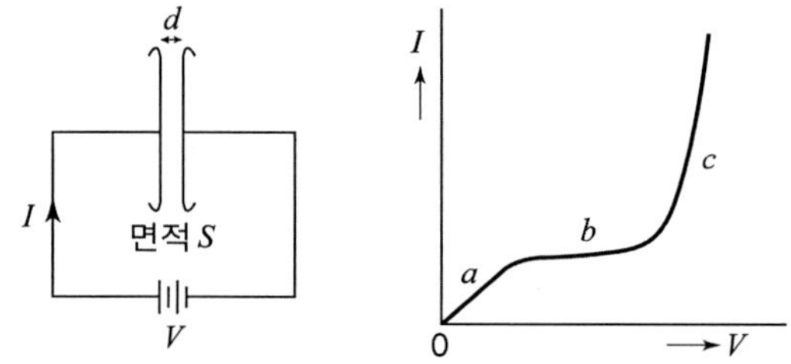

그림 2.7 공기 중에서의 전류 I와 전압 V 사이의 관계

- oa : 전압과 전류의 관계가 직선적[옴의 영역]
- ab : 포화되어 전류가 변화가 없다[포화 영역].
- bc : 전류가 전압의 지수함수에 비례[전류 급증 영역]

(1) α, β, γ 작용을 고려한 세 가지 가정

① α와 γ 작용을 고려한 경우

전자의 충돌전리작용(α작용)만 있는 경우 평등전계이므로 α는 일정하게 되고 전자는 $x+dx$까지 진행하는 사이 증가하게 된다. 또한, α작용에 의하여 생긴 전자와 양이온이 음극을 향한다. 따라서 x의 단면을 단위 시간당 통과하는 전자와 양이온의 합은 양극에 유입하는 전자의 개수와 같아야 한다.

양이온과 음극의 충돌에 의한 전자방출작용(γ 작용)이 가해졌을 때는 음극에 유입하는 양이온의 수와 n_0의 합은 x점을 통과하는 양이온과 전자수의 합과도 같다.

② α, η, γ 작용을 고려한 경우

전자가 전계방향으로 이동하는 사이 충돌전리에 의해 α개의 전자가 생성되고 η개는 기체원자 또는 분자에 부착하여 음이온을 형성한다.

x점을 단위시간당 통과하는 전자, 양이온, 음이온 개수의 합과 같다. 이때 γ작용을 고려하면 음극으로 유입되는 양이온에 의한 전자 방출을 감안해주면 된다.

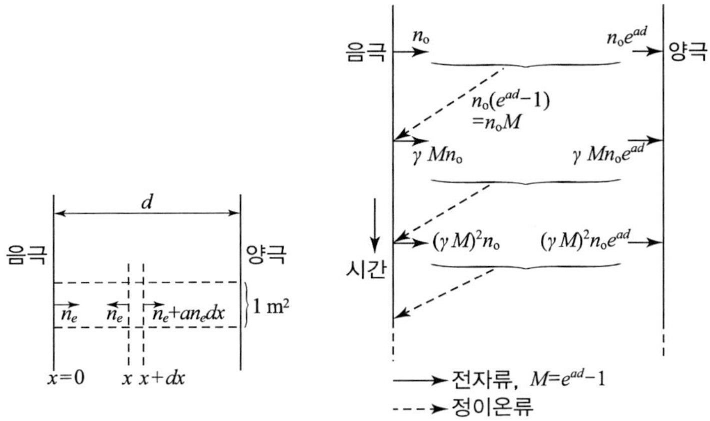

그림 2.8 타운젠트 방전 모식도

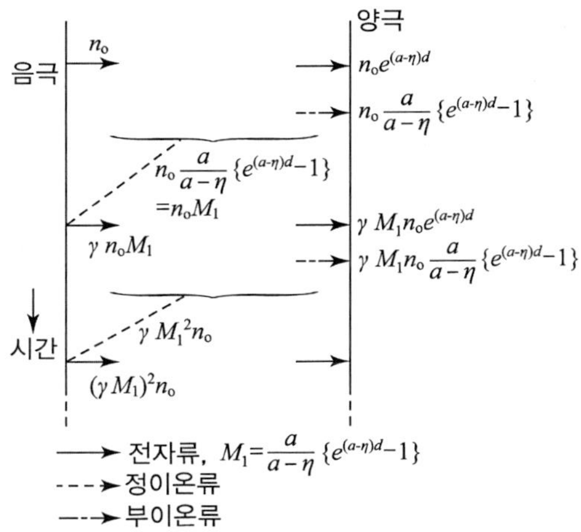

그림 2.9 α, η, γ 작용

③ α, β 작용을 고려한 경우

α 작용과 양이온의 충돌전리작용(β 작용)이 있는 경우 α 작용에 의해서 생기는 전자와 β 작용에 의해서 생기는 전자의 합으로 전자의 증가분을 나타낼 수 있다.

그러나 이온은 전리작용이 없으므로 β 작용은 무시할 수 있다.

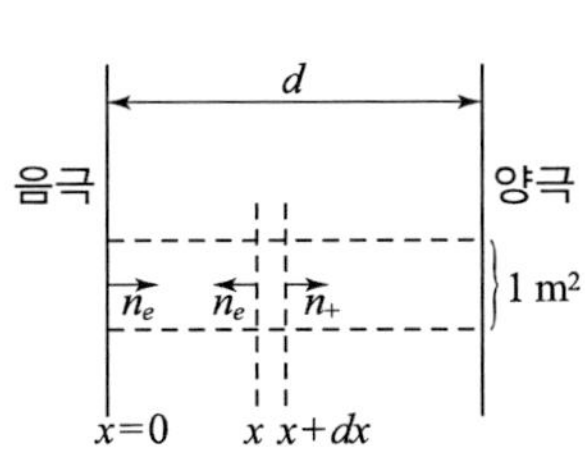

그림 2.9 α, β 작용

2.2.2 Paschen의 법칙

파센의 법칙이란 파괴전압(불꽃전압) $V_B = F(Pd)$이다.

파괴전압은 Pd가 적은 영역에서는 Pd의 증가와 더불어 감소하고, Pd가 $[Pd]\mathrm{min}$에서 최소파괴전압이 되고 그 이상 Pd가 크게 되면 파괴전압은 직선적으로 상승한다.

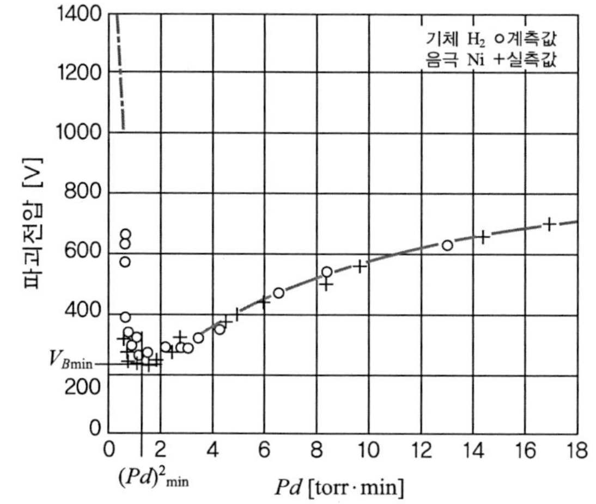

그림 2.11 파센의 법칙

2.2.3 Streamer 방전

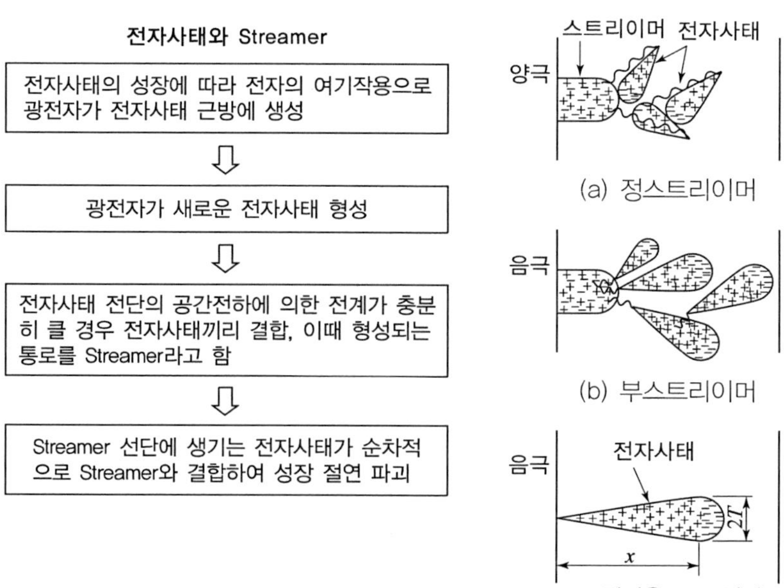

그림 2.12 전자사태와 스트리이머

2.2.4 스파이크 방전 늦음

- 정특성 : 직류전압을 서서히 증가시킴
- 동특성 : 직류전압을 급격하게 증가시킴-과전압에 방전
- 구형파에서의 방전파괴 : 처음부터 약간의 시간이 늦어짐. 과전압이 클수록 짧은 시간
- 방전 늦음 : T_f, T_s의 두 종류. T_s는 확률현상을 나타내며 시간은 일정치 않음.

$$\frac{nT}{n} = e^{-T_s/T}$$

nT는 지연시간 T를 넘어가는 방전 횟수이다. 이 식의 결과는 확률현상

① 표면이 원활할수록

② 자외선조사를 할수록

③ N의 횟수가 많을수록 방전의 늦음이 적다.

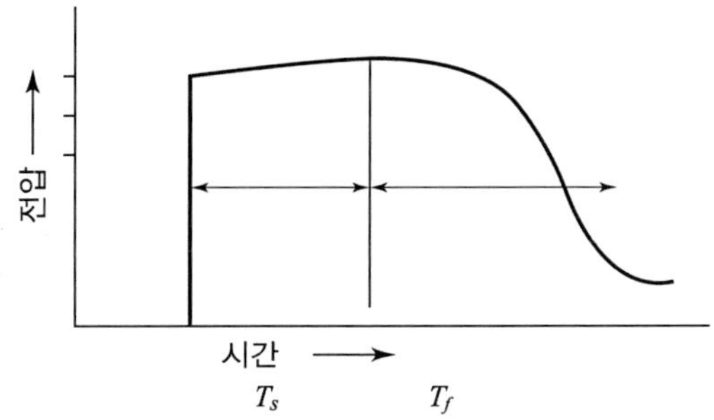

그림 2.13 시간 늦음 : Statistic, Formative

원활한 면에서는 가끔 생긴 우존 전자로 방전의 개시가 실패하는 일이 적고 T_ss의 정확한 값을 알기 위해서는 n의 횟수를 많이 하면 된다. N회의 전압을 가하여 방전한 횟수를 n'라고 한다면 n'/n을 방전율이라고 한다.

방전의 형성 T_f는 Townsend형 형성의 방전과정에서는 음극을 출발한 전자가 충돌 전리하면서 음극에 진행하고 발생한 정 이온이 양극에서 음극으로 향하여 감마 작용으로 새로운 전자방출 이것이 재차 전극 횡단. 이것을 수 회 반복하면 충분한 전자와 ion 밀도가 발생하여 방전파괴가 된다.

전자의 주행시간은 ion의 주행시간보다 상당히 짧으므로 그 시간을 무시하면 정 ion의 전극 간 주행시간의 방전이 형성 늦음 시간이 된다.

2.2.5 불평등 전계 중의 방전

(1) 코로나 방전의 성질

전계가 심한 불평등성을 갖는 전극의 절연 파괴는 평등 전계 또는 준 평등 전계의 간극과 비교할 때, 다음의 특징을 갖는다.

- 극성효과의 존재 : 바늘을 평판에 대하여 부극성으로 함에 따라 절연파괴 특성에 심한 차이를 냄
- 부분파괴와 전로파괴 : 절연파괴 부분이 특히 전계가 강한 침 첨단부에만 집중하여 안정하게 존재 할 수 있다. 이것을 부분파괴 또는 코로나 방전.

(2) 간극의 인가전압에 따라 코로나 방전 분류

① 직류코로나

- 글로우 코로나 : 전압이 200V, 바늘의 끝단에 푸른색의 광점이 나타나며 회로에 미세전류가 흐르는 것을 감지할 수 있을 때
- 브러쉬 코로나 : 글로우 코로나와 같이 안정적이지 않고 독특한 소리를 내며 명멸한다. 전류계는 좌우로 진동하며 불안정함.
- 스트리머 코로나 : 전압을 지속적으로 상승시키면 코로나의 발광부가 전극 간을 교락한 것과 같이 보임
- 코로나 펄스 : 인가전압이 낮고 코로나가 나타나기 시작할 때 어느 시간 간격을 놓고 발생과 소멸을 계속함. 특히 부 극성의 경우 규칙적인 펄스 발생

② 교류코로나

상용주파수의 교류가 전극 간에 가해질시 반주기마다 극성에 의한 코로나 발생한다.

③ 충격코로나

④ 고주파코로나

2.2.6 코로나 장해

(1) 코로나 장해-코로나 손실, 코로나 잡음

(2) 코로나 개시 전압 : E_C

송전선의 도체 표면을 연마한 반지름 r(cm)의 평행 원통전극에 교류전압을 인가했을 때, 코로나가 시작되는 전위경도

$$E_C = 29.8\,\delta\left(1+\frac{0.301}{\sqrt{\delta_r}}\right)\left(\frac{\mathrm{kV}}{\mathrm{cm}}\right)$$

상대공기밀도 : δ

E_c를 사용하여 송전선의 코로나 전압

$$V_0 m = (E_c/gm) m_0 m_1 (\mathrm{kVmax})$$: 대지 파고값 또는 최대값

m_0 : 표면계수, m_1 : 날씨계수

gm : 대지전압 파고값이 1kV일 때의 최대 전위경도 [kV/cm]

(3) 표면 상태에 의한 저하율과 표면 상태의 계수

도체의 표면상태	m_0값
연마단일선	1
연마한 꼬임선	0.88-0.96
표면에 상처가 생긴 꼬임선	0.53-0.73
풍화한 꼬임선	0.68-0.82

Gm도체 배치, 도체방식 지름 등 실제의 송전선의 기하학적 치수 전압위상 배치에 의해 정해진다. 높이 h, 반지름 r일 때, $gm = 1/r\log(2h/r)$ (kV)

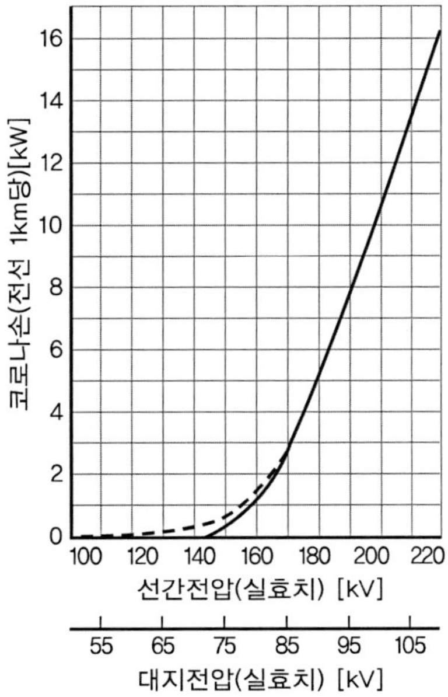

그림 2.14 코로나 손실

2.2.7 코로나 손실

코로나 발생-전력 손실 초고압 송전선과 같이 전압이 높고 길어지면 무시할 수 없는 경우가 있다.

(1) 코로나 손실계산식

$$\text{Ryon \& Holm 식} \quad P = Cf\,Vm(Vm - Vom)$$

P : 단위길이당의 코로나 손, C : 계수, f : 주파수
Vm : 인가전압(최대값)
Vom : 코로나 개시전압

$$\text{Peak의 식 :} \quad P = C(f+25)(Vm - Vom)^2$$

P : 단상 2선 식 또는 정 3각형 배치 송전선의 전선 1조 1 km당의 코로나손실

(2) 공기밀도의 영향 : 코로나 손에서 기압의 영향 주의.

코로나 임계전압 V_0 감소에 의하여 $f\delta$ 코로나손 증가

※ 표고가 높은 산악지대 송전선로 통과시 주의를 요함.

코로나손 감소시키는데 유효함 : 반지름 r 증대(r 증대, V_0 증대시키면, 코로나손 감소)

적용: 송전선에 있어서 다도, 중공도체, 동심 알루미늄 꼬임선 사용

(3) 대기습도의 영향

- 코로나 개시전압 양극영향 없음. 단, 음극코로나에는 상당한 영향이 있다.
- 코로나 전류 정, 부 모두 습도 증가 시 전류감소. 음극코로나 특히 심함.
- 습도의 영향은 절대습도에 좌우됨.

2.2.8 코로나 잡음

코로나가 송전선의 도체, 애자, 쇠붙이 등에 발생하면 코로나 잡음의 피해를 받을 가능성이 있는 것은 진폭변조에 의한 방송, 전력선반송, 저주파전파영향, TV 등

- 해결책 : 다도체 사용
  - 송전선의 전압위상을 도체표면의 전위의 경도가 최소가 되도록 배치
  - 가선할 때 전선의 표면에 상처가 생기지 않도록 주의
  - 전력선에 방송파 실을 것

- 방송출력의 증가
- FM으로의 전환

2.2.9 기체의 절연파괴 특성

(1) 평행 평판간극

- 무한 평행 평판전극 : 간극 내 전계 평등
- 유한 평행 평판전극 : 전계 집중

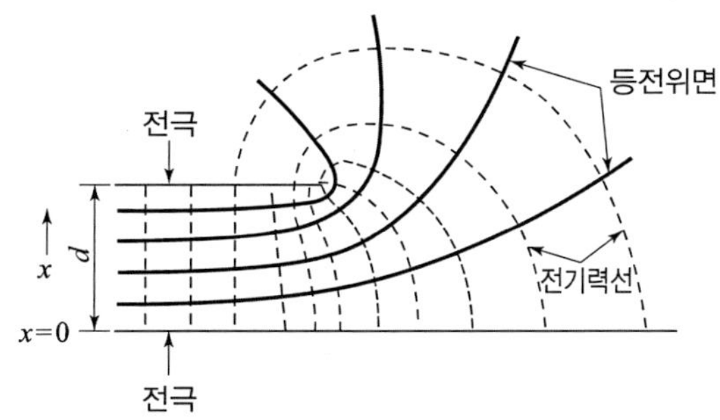

그림 2.15 평행평판 간극의 전계분포

- Rogowski 전극 : Rongier에 의하면 $x=\frac{1}{2}d \sim \frac{2}{3}d$ 통하는 등전위면에 따른 단부를 갖는 전극을 대향시켜도 방전은 간극 내에서 일어난다.
- 그림의 2.16과 같이 등전위면에 연한 면을 갖는 전극을 만들어서 간극 내에 평등 전계를 만들어서 끝 단부에서 방전이 일어나지 않게 하는 것.
- 근사 로고위스키 전극

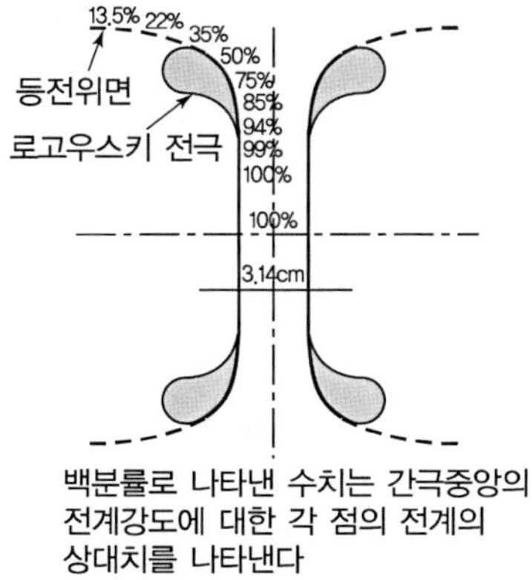

그림 2.16 로고위스키 전극

(2) 구대구 간극

- 구 간극 간의 전계 강도
  - 구 간극을 고전압 측정용에 사용시 2종류 전압인가 방법
  - 2구간 전압인가 중성 점 접지하는 방법
  - 1구 절연하고 타구 접지 전극을 이 사이에 인가하는 방법
  - 전압을 가하는 방법에 의하여 간극 사이의 전계 분포가 상이하므로 따라서 파괴전압도 상이함.
- 스파크 방전전압
- 안정한 부분 방전의 유무는 간극길이에 따라서 다르다
  - 전압측정용의 범위에 있어서 교류 스파크 전계의 파고치는 Peek의 실험식

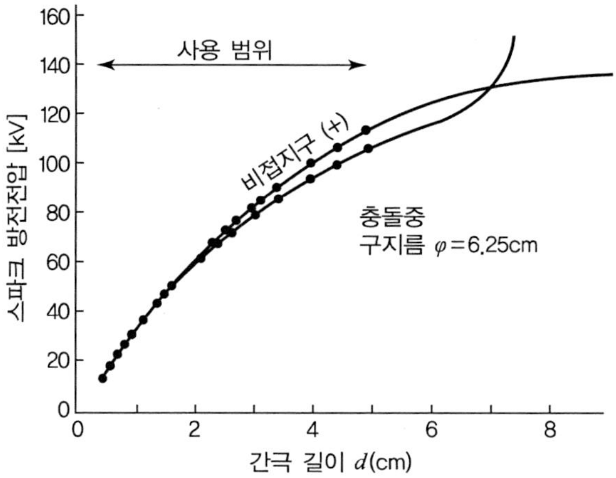

그림 2.17 간극 길이에 대한 스파크 방전 전압

- 1구 접지 극성효과
  - 전압측정용으로 사용되는 간극 길이의 범위-비접지구가 정극성 때의 스파크 방전전압이 높고 충격전압에서 현저하다.
- 부정현상 구 간극 장시간 방치한 후, 전압을 인가하면 낮은 스파크 방전 전압이 나타남
  - 전극표면에 전자 방출하기 쉬운 곳이 생긴다. 이것을 제거하기 위하여 간극을 크게 하고 수 회 방전 후 사용(자외선 감마선. Mg 합금 전극사용시 부정 감소)

2.3 Glow 방전

2.3.1 저기압 방전의 전압전류 특성

(1) Glow 방전

타운젠드 방전은 두 전극 사이에 전압을 걸어주면 전극 사이의 전자들이 전극으로 끌려오며 전류가 흐르게 된다. 이때 전압을 더욱 높여주면 전극 사이의 전자들이 더욱 가속되어 기체 분자를 때려 기체를 이온화시켜 더욱 많은 전자를 만들어 더욱 큰 전류를 흐르게 하는 것이다.

① 저기압 방전 전압–전류특성

방전의 자속조건(Townsend 방전)이 만족된 후에 회로의 직렬저항 R이 매우 적으면 전압–전류의 부 특성부분(C~D)이 자동적으로 시간의 흐름에 따라 변화되고 간극은 glow 방전에 머무르게 된다.

전원전압이 크고 직렬저항 R이 더 적어지면(F~G)의 피크를 넘어서 arc 방전이 된다.

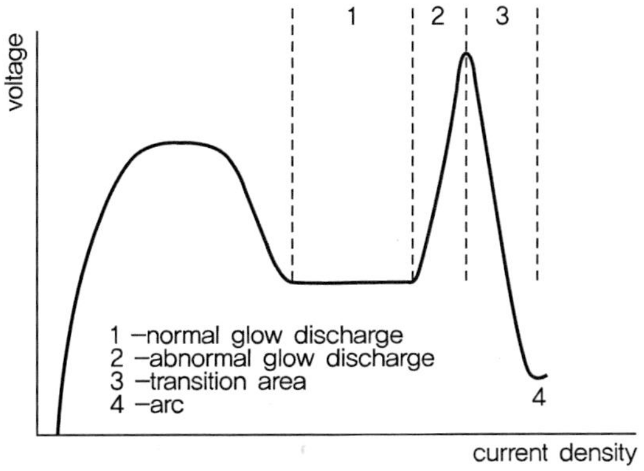

그림 2.18 타운젠트 방전

(2) Glow 방전과 Arc 방전의 비교

① Glow 방전

- 전극 간 전압 : 수백 V
- 전류 : 수 mA
- 정이온이나 광자에 의한 음극에서의 2차 기구에 의하여 방전이 자속되며 기체 중에 전극물질의 증발성분을 포함시키지 않는다.

② Arc 방전

- 전극 간 저압 : 수십 V
- 전류 : 수 A 이상
- 음극의 2차 기구로서 열전자방출, 자계방출이 중요한 역할을 하고 증발한 전극 물질은 기체분자와 더불어 방전의 형성과 유지에 관계한다.

2.3.2 Glow 방전의 기구

0.1~ 1 torr 기압에 있어서의 글로우 방전 외관과 특성

① 애스턴 암부

정이온이나 광자가 음극에 충돌하여 생기는 2차 전자는 약 1eV 정도의 저에너지 상태에 있어, 이것이 음극전면의 공간전하효과에 의하여 가속되어 있는 곳이 애스턴 암부이다

② 전자가 여기를 할 수 있을 정도의 에너지를 얻는 부분이 부 글로우 부분이다.

- 공간전하효과 : 공간에 있는 전하에 의한 전위가 전류를 제한하는 효과

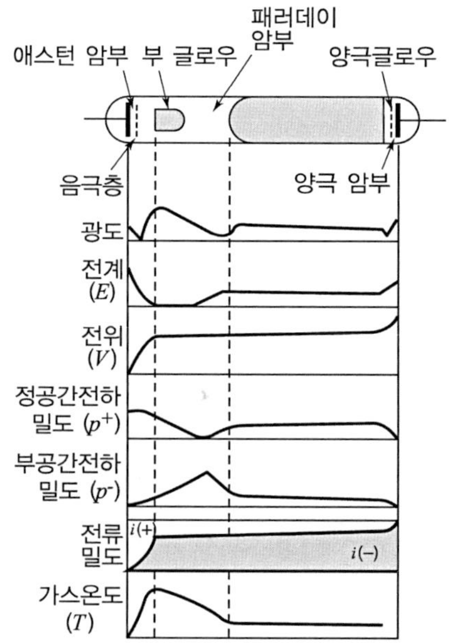

그림 2.19 글로우 방전의 모습 및 분포

③ 음극암부

전자의 가속이 커져서 전자에너지가 전자상태의 여기 단면적의 정점을 넘으면 여기수는 감소하여 발광이 약해져 상대적으로 어둡게 보이는 곳이다. 이곳에서는 전리(전자를 떼어놓음)가 왕성하게 일어나 음극에 유입하는 정이온의 주된 부분이 발생한다.

- 음극강하부 : 애스턴암부 ~ 음극암부까지

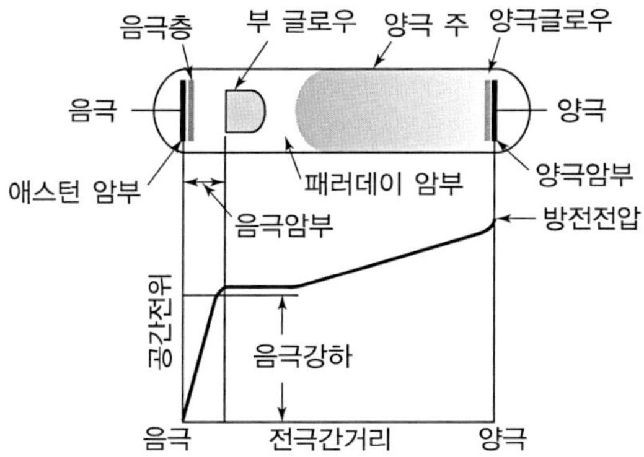

그림 2.20 글로우 방전

④ 부글로우

이 부근에서는 전계가 약해지고 여기가 재차 왕성하게 되며 발광이 강해진다. 스펙트럼선은 여기 에너지가 큰 것에서 순차적으로 나타난다. 전자에너지가 저하되면 양광주에서 이동한 정이온과 재결합하여 발광을 도와준다.

⑤ 페러데이 암부

전계가 약간 강해지고, 전자에너지는 재결합이나 여기충돌도 일어나지 않는 정도이며 발광도 약하다.

⑥ 양광주

충돌전리가 생길 정도로 전계가 강해진다. 전리에 의하여 생긴 관벽에 대한 확산과 양극, 음극으로의 이동에 의한 손실과 상쇄된다. 전자와 정이온의 밀도가 대략 같고, 외관상으로는 전하는 존재하지 않는다. 즉, 플라즈마를 형성한다.

광조(striation)는 전자가 양극으로 이동하는 동안에 에너지의 득실을 나타내는 것으로 볼 수 있으며 발광이 강한 부분이 전계도 크다.

⑦ 양극암부와 양극 글로우

양광주의 양(陽)극단에서는 정이온은 음극측으로 이동하고 전자는 양극측으로 끌려가 결국 부(負)공간 전하부분이 생긴다. 양광주에서 이 부분에 들어오는 전자의 에너지는 적으므로 양극 암부가 된다. 여기를 통과하는 동안 전자는 가속되어 양극 직전의 기체를 여기 시킨다. 이것이 양극 글로우이며, 양극을 포위하는 발광부분이다.

2.3.3 글로우 방전 형식

① 전기(subnormal) 글로우 방전

전류증가와 더불어 전자, 이온의 확산 손실률이 저하되고 방전 유지가 쉬우므로, 부의 전압-전류 특성을 나타낸다.

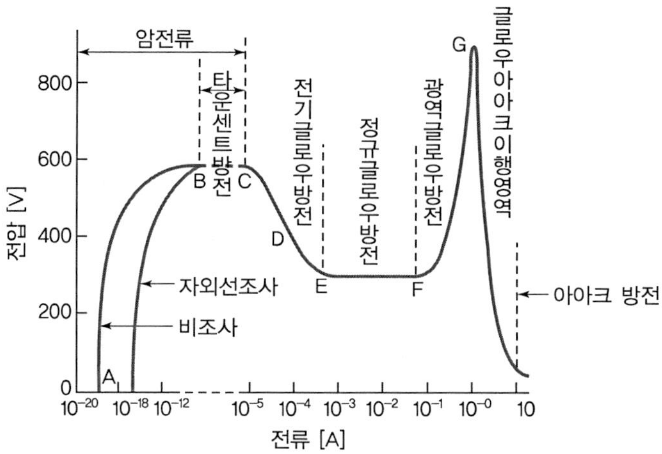

그림 2.21 글로우 방전의 형식

② 정규(normal) 글로우 방전

전류에 비례하여 음극면상에 부 글로우 부분이 확대하므로 전류밀도가 전류에 관계없이 일정하다. 전압-전류특성은 정이지만 전압이 일정하다. 이 성질이 정전압 방전관에 사용된다.

③ 이상(abnormal) 글로우 방전

부 글로우가 음극전면을 포함한 후에는 전류증가와 더불어 전류 밀도가 증대하고 전압전류 특성은 정이된다.

④ 글로우-아크 이행영역

전압의 상승과 더불어 음극의 전류밀도가 증가하고 열전자방출을 동반하게 되어 전압-전류특성은 부특성이 되고, 아크방전으로 이행한다.

음극에 있어서 전자의 전계방출이 있을 때에는 이상 글로우를 경과하지 않고 아크가 되는 일이 있다 전자밀도가 높고 기체온도가 상승하면 기체중의 열전리가 시작된다.

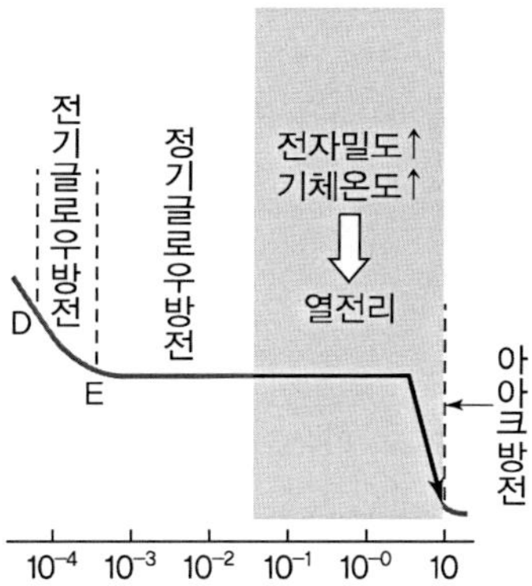

그림 2.22 글로우 아크 이행과정

2.3.4 방전자속의 조건

음극강하중의 강한 전계에 의하여 가속된 정 이온이 음극에 충돌함으로 강한 전계에 의하여 가속되어 기체분자를 충돌 전리한다. 이때 생기는 정 이온은 음극에서의 전자 방출의 원인이 되므로 방전이 정상 상태를 유지하고 지속하기 위하여 다음 조건을 만족할 필요가 있다.

음극에서 방출되는 전자 1개가 음극강하 중에서 충돌전리에 의하여 발생하는 정이온의 수는 이들 정이온이 음극에 충돌하여 방출하는 전자의 수가 꼭 1개뿐인 수이다.

1개의 전자가 음극강항 부분 d를 통과하는 사이에 충돌전리에 의하여 생기는 정이온의 수는

$$\exp\left(\int_0^d \alpha dx\right) - 1$$

α는 충돌전리계수. 따라서 음극에 돌입하는 정이온 1개당 γ개의 전자가 방출된다고 하면

$$\gamma\left\{\exp\left(\int_0^d \alpha dx\right) - 1 = 1\right.$$

2.3.5 각종 형식의 글로우 방전

(1) 고기압 glow방전

압력이 높아지면 음극영역이 수축하고, 그 결과 1기압에서는 패러데이 암부만 육안으로 볼 수 있을 정도이다. 음극영역의 기체온도는 1000℃ 이상 증가하므로 아크에 이행하지 않도록 음극을 냉각하여 둘 필요가 있다. 글로우 방전의 전압은 훨씬 크고 음극영역에서 방사되는 빛에는 기체의 스펙트럼만 포함되는 데 음극물질의 금속증기 스펙트럼은 포함되지 않는다.

(2) 저지 glow 방전

양극을 고정 음극쪽으로 이동시키려면(전류 = 일정), 양극이 글로우에 달하였을 때 양극강하가 없어진다. 더욱 거리 d를 감소시키면 양극이 암부에 들어가기 전에 전압은 상승하기 시작한다. $D < d_n$이 되면 V가 상승이 시작된다. 그림은 H_2가스 중의 여러 가지 전류에 대한 저지 방전전압 V_c를 나타낸 것으로 $D \approx 1.5\text{cm}$가 되면 양극강하가 없어지는 것을 보여준다.

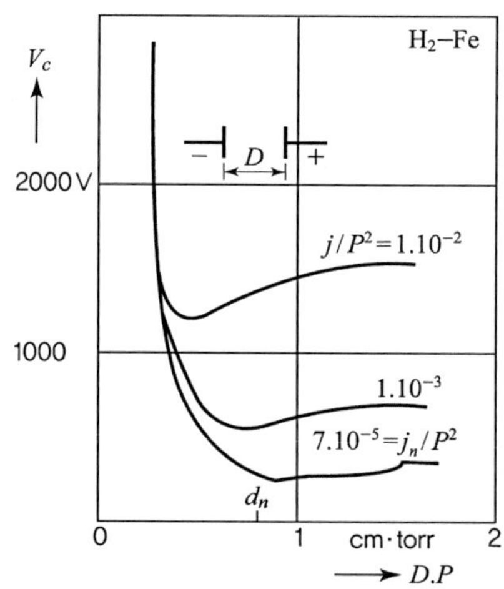

그림 2.23 PD에 따른 저지 방전 전압

(3) 제한 글로우 방전

만일 기체의 압력이 어느 정도 높고 관경이 전자의 평균자유행정보다 크다고 하면, 양광주가 없는 글로우 방전의 음극강하는 실질상 관경에 영향을 받지 않는다. 그러나 압력이 낮든지 반지름 R이 상당히 작으면 유지전압은 급상승한다. 이것이 시작되는 것은 관경이 이온의 1차 평균자유행정 정도가 되는 곳이다. 공기 중의 이와 같은 제한방전은 $RP < 2 \times 10^{-2}$ 이하에서 간단하게 유지되지 않으며 높은 압력이 필요하게 된다. 이 경우 전자가 음극에 충돌하여 X선을 발생하고 2차 전자를 발생한다.

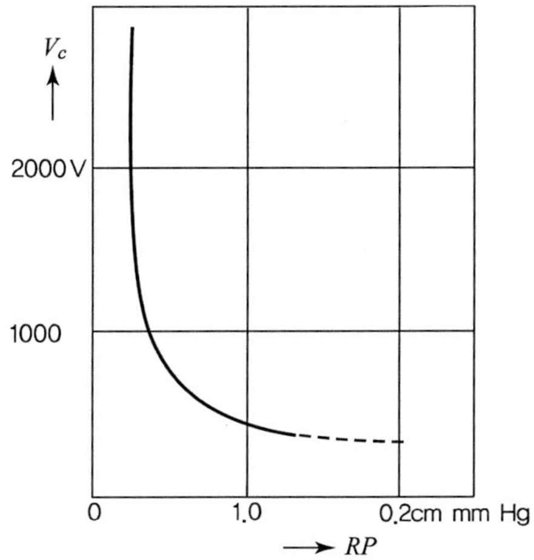

그림 2.24 RP에 따른 제한 전압

(4) 분무장(spray) 방전

산화알루미늄이나 유리분말의 층을 붙인 얇은 절연물 또는 탄소 또는 알루미늄 등의 반도체 재료로 만든 음극을 사용하면 암부가 없는 방전이 출연한다(부 글로우, 패러데이암부 및 양광주만 존재).

이 분무장 방전은 희유가스나 분자상 기체에서 발생하며, 그 전압은 보통의 글로우 방전 전압의 약 1/10, 즉 40V 정도인데 음극의 노화가 심하므로 사용하지 않는다.

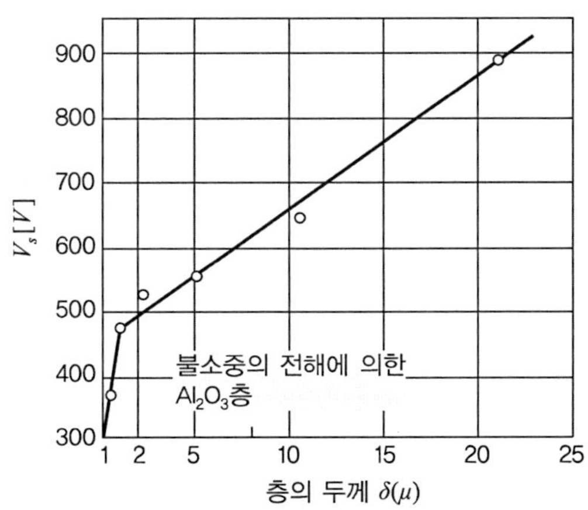

그림 2.25 알루미나 층 두께에 따른 방전 전압

(5) 중공(hollow)음극 방전

전극을 평행평판, U자형 또는 원통형으로 하고 이들의 내부에 부 글로우가 발생하도록 한 음극을 중공음극이라 하며, 이것을 사용한 방전을 중공음극 방전이라 한다. 음극 간격을 작게 하던가, 가스 압력을 저하시키던가 하여 2개의 부 글로우를 하나로 하면 중공음극효과가 생긴다.

- 유지저압이 저하된다.
- 음극전류밀도가 증가
- 음극 재료의 원자 스펙트럼 강도가 증가한다.
- 이온의 스펙트럼 강도가 커진다.
- 어떤 조건하에서는 전압-전류가 부가된다.
- 양광주에 비하여 전자에너지의 분포가 변하여, 고에너지 전자 및 저에너지 전자가 증대한다.

2.3.6 음극강하

음극강하는 글로우 방전을 유지하기 위한 가장 중요한 부분이며, 방전을 유지하기 위한 전리 및 2차 전자를 방출하기 위한 2차 기구를 발생시키고 있는 곳이다.

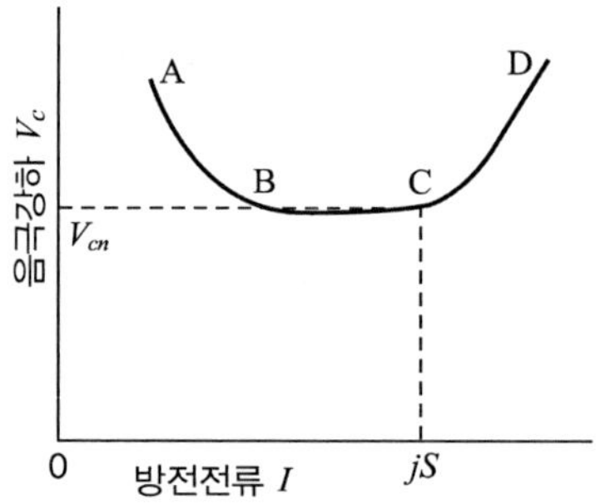

그림 2.26 방전전류에 따른 음극강하 전압

- **정규음극강하(BC)** : 음극표면상에서 전류밀도가 일정한 영역이며, 이 영역에서는 음극강하도 일정하다.
- **이상음극강하(CD)** : $I > jS$ 의 영역에서 일어나며, 전류와 더불어 음극강하도 상승한다.
- **전기글로우 음극강하(AB)** : 음극강하내 이온이 횡 방향으로 확산에 의하여 소실된다.

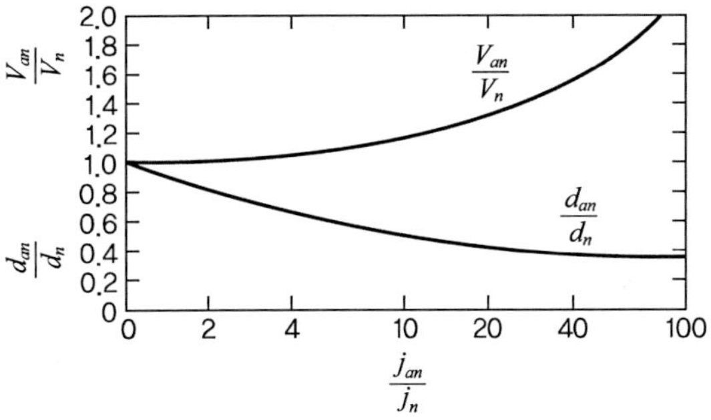

그림 2.27 V_{an}/V_n, d_{an}/d_n과 j_{an}/j_n의 관계

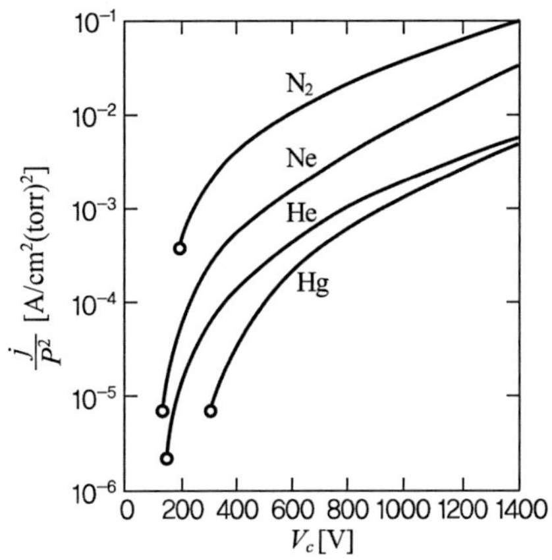

그림 2.28 j/P^2와 V_c의 관계

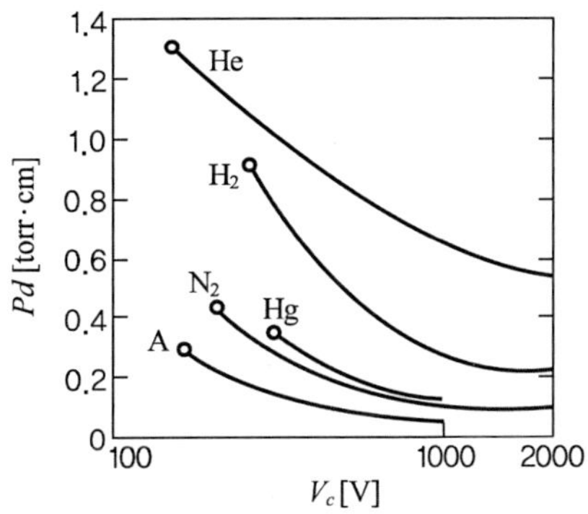

그림 2.29 Pd와 V_c의 관계

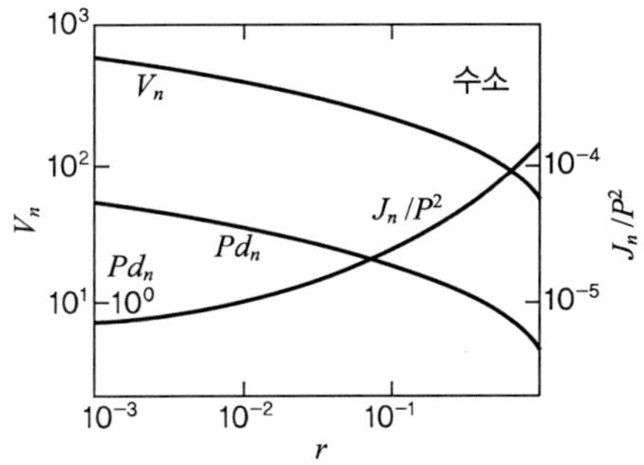

그림 2.30 V_n, Pd_n, j_n/P^2와 r의 관계

표 2.2 정규 글로우의 V_n [V]

	기체			
음극재료	He	Ne	A	air
Cu	177	220	130	370
Ag	162	150	130	280
Zn	143		119	277
Hg	143	(Hg 중의 340)		
Al	140	120	100	229
Mo	171	115	145	
Fe	150	150	165	269

2.3.7 스퍼터링 현상

형광등의 음극주위 유리내벽이 까맣게 되는 것을 자주 볼 수 있는데 이것은 sputtering이 일어난 결과이다. 기체 내에서 정이온이 전극표면에 충돌하여 전극물질의 원자를 방출시켜 유리벽 내측에 부착함으로 나타난다. Ne^+, N_2^+, Ar^+, Ag의 순으로 질량이 커지고 있으며 은의 질량에 가까울수록 스퍼터링 양이 증가한다. 스퍼터링은 전극 물질과 이온의 종류 이외에 봉입기체의 압력에도 관계한다.

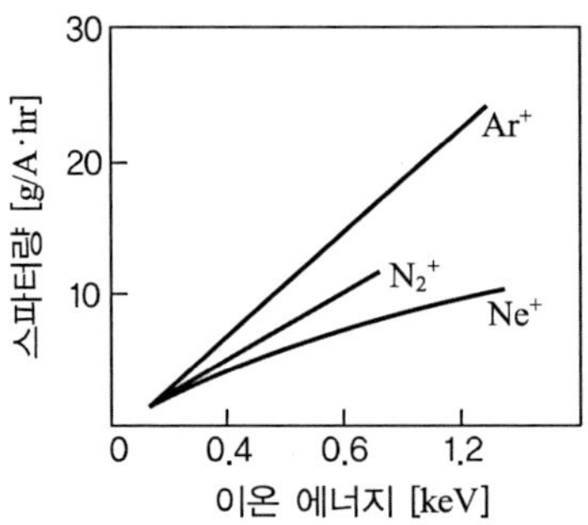

그림 2.31 Ag 음극으로부터의 스퍼터링 양

- 저기압- 전압이 낮을수록 원자가 기벽 등에 확산하기 쉽기 때문에 스퍼터링이 심하게 된다
- 고기압- 확산계수가 적어지고 기체원자와의 충돌에 의하여 재차 음극에 부착하게 되어 스퍼터링이 적어진다.
- 실험식 $\propto \dfrac{1}{P^n}$
- 스퍼터링 양으로 나타낼 수 있고, 이 때 n은 2~5인 범위

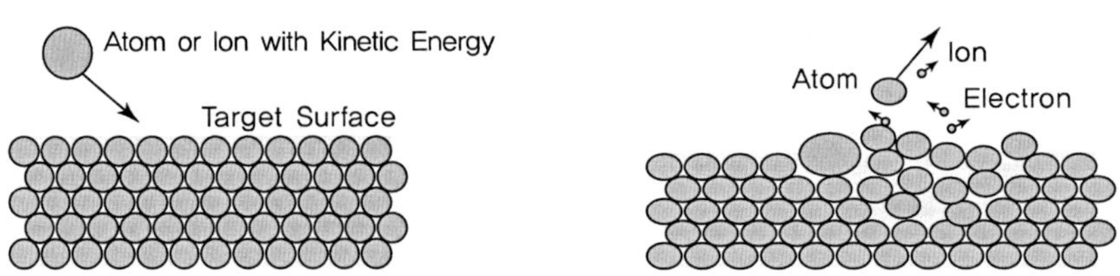

(a) 충돌 전 (b) 충돌 후

그림 2.32 충돌 전과 충돌 후의 모습

2.4 Arc 방전

2.4.1 방전의 진행

타운젠트 방전 → 글로우 방전 → Arc 방전

2.4.2 아크 방전의 정의

글로우 방전 + 전류증가 → 음극 가열, 열전자 방출, 전압 감소, 대전류

↓

기체를 태우며 강한 빛(Ex : 번개(큰 전류가 공기를 태우며 빛을 내는 것))

글로우 방전영역을 넘어 전류를 증가시키면 이상 글로우 영역에 들어가 전압강하, 전류밀도 증가로 음극가열이 격렬하게 되어 음극에서 열전자가 방출된다.

2.4.3 열전자 방출

물질을 고열로 가열할 때 전자가 방출되는 현상으로, 1884년 에디슨이 진공전구에 2개의 필라멘트를 넣고 가열하자 접속되어 있지 않은 필라멘트 사이에 쉽게 전류가 흐르는 것을 발견했으며 에디슨 효과, 리처드슨 효과라고 한다.

자유전자는 금속 안에서 자유롭게 움직일 수 있으나 금속 밖으로 나가는 데는 장벽이 있기 때문에 쉽지 않다. 그러나 높은 운동에너지를 가진 전자는 그 벽을 넘어 밖으로 나갈 수 있다. 이 벽의 높이를 금속의 일함수라 하고 일함수보다 큰 운동에너지를 가진 전자는 금속벽을 넘을 수 있다. 금속의 온도가 높을수록 일함수가 작을수록 방출되는 열전자의 수가 많아진다.

2.4.4 저기압 아크방전

(1) 외부가열에 의한 열음극 방출

- 양극 글로우 형식
- 화구형식
- 랭그뮤어 형식
- 온도제한 형식

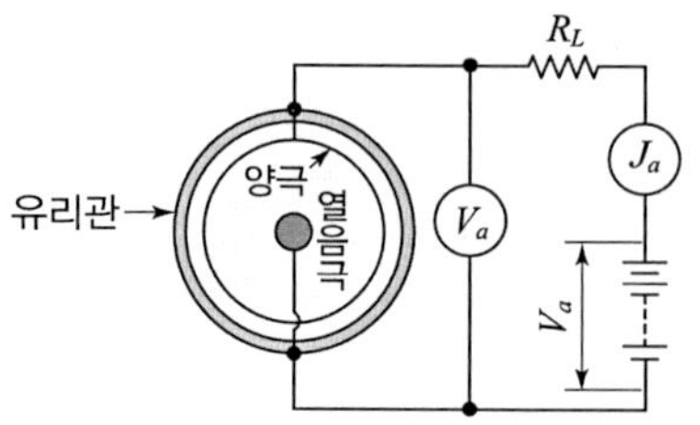

그림 2.33 전류-전압 측정회로

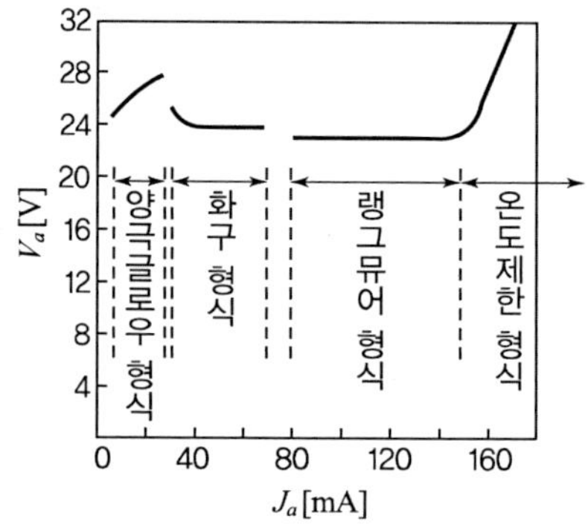

그림 2.34 여러 가지의 열음극 방전형식과 전류-전압특성 예 He, $P_e = 0.5\,\mathrm{torr}$

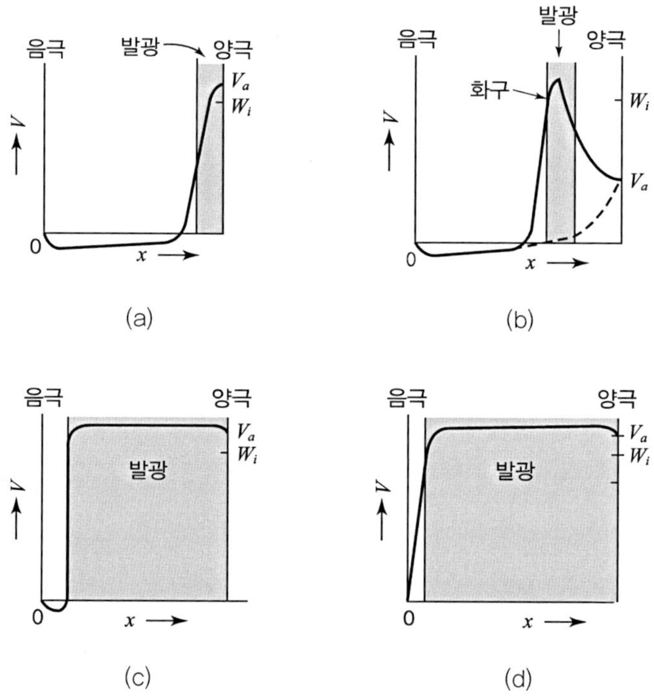

그림 2.35 음극-양극간 전위분포

(2) 자기가열형 아크 방전

- 텅스턴, 탄소 같은 고속융점재료의 음극의 경우만 해당
- 외부가열보다 음극에서 전류밀도가 높고 양이온의 충격에 의해 음극이 가열되어 열전자방출이 생긴다.
- 열전자방출전류가 아크방전전류보다 큰 경우 랭그뮤어 형식과 비슷한 모양
- 전자와 정이온의 공간전하층에 가해지는 전압강하를 양극강하라 하면 양극강하에 의해 에너지를 얻은 이온이 음극을 가열한다.

(3) 수은을 음극으로 하는 아크방전

음극점이라 하는 극히 높은 전류 밀도의 휘점이 발생, 방전이 유지된다.

2.5 고주파 방전

2.5.1 진공중의 방전

(1) 진공중의 절연파괴현상과 대기 중의 절연파괴 현상의 차이점

- 전극재료의 영향을 많이 받는다.
- 재질이 일정하여도 전극의 표면상태 영향이 큼(오손, 부착물 등)
- conditioning에 의해 파괴전압이 상당히 상승함(Conditioning : 수소중의 glow 방전, 진공가열 등에 의하여 전극의 상태를 정돈하는 것)
- 스파아크 방전의 시간 늦음 중에서 통계적 늦음이 상당히 길다.

(2) 진공파괴의 기구에 관한 제설

① 입자교환설

우주선 등에서 발생한 우존입자가 간극 중 강한 전계에 가속되어 양극 충격으로 양극에서 양이온과 광자를 방출→다시 양이온 및 광자에 의해 음극에서 2차 전자 방출→2차 전자는 재차 양극에 가속되어 동일한 과정 반복하여 방전이 진전한다.

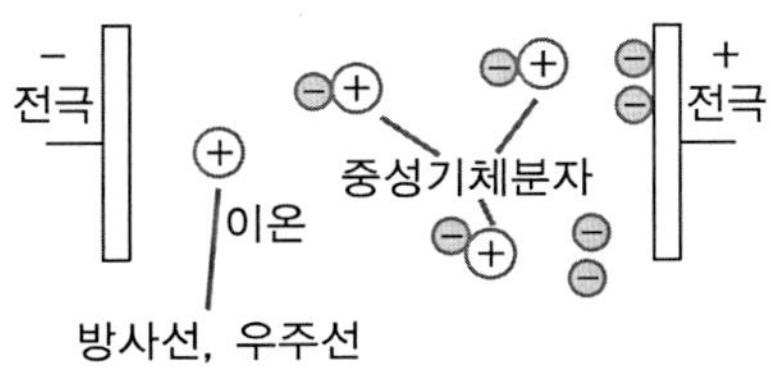

그림 2.36 입자교환 개념도

② 전자 Beam설

전극 면은 연마하여도 미소한 돌기점이 존재하며 전극방사의 원인이 됨. 방출전자는 전극을 충격 전극에 흡장(기체가 고체에 흡수되어 들어감)가스 방출 또는 전극을 기화하여 이들의 기체 중에서 방전, 전자 방출시 전자류 때문에 저항 발열하여 기화한다는 설이다.

③ Clump설

clump는 전극 그 차제에 생기든지 연마의 경우 부착한 물질로 clump의 에너지 W가 한계치 K_1을 넘으면 W는 전압과 clump의 전하밀도에 의해 결정되고, 전하밀도는 전계에 의해 결정된다.

$V_B E_B = K_1$이며, 평등전계는 $E = V/d$이므로 파괴 전압은 $V_B = K_2 d^{1/2}$에 의하여 $\frac{1}{2}$승에 비례. 인가전압이 높아지면 clump의 전극의 충격에 의해 절연파괴된다.

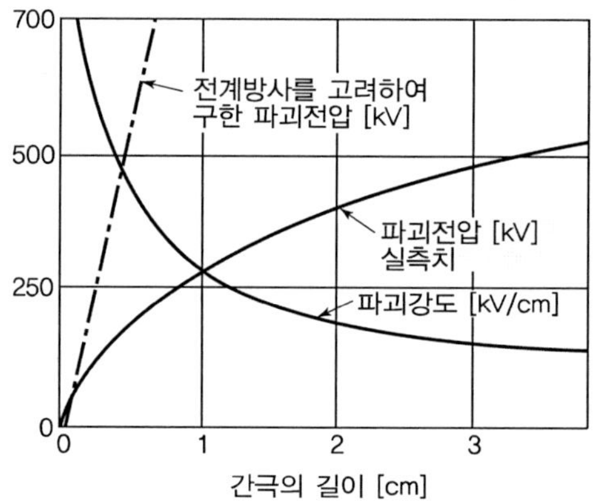

그림 2.37 진공간극의 파괴전압과 파괴강도

(3) 진공 중의 절연파괴특성

- 파괴횟수를 증가시키면 conditioning에 의해 파괴전압은 약간 상승, 전극면적 증대→파괴전압 저하
- 전극재료에 의해 진공 중 파괴전압 차이 현저

표 2.3 각종 재료를 사용한 진공간극의 파괴전압

전극재료	간극 1cm 당 스파크 방전전압 [kV]
동	122
스테인리스 강	120
니켈	96
알루미늄	41
동	37

2.5.2 고주파 방전

(1) 플라즈마를 교류로 사용하는 이유

전극이 부도체로 덮여져 있는 경우 두 전극 사이에 직류 전원을 연결하면, 전극은 부동(Floating)되어 부동 전위가 형성되어 부도체와 플라즈마가 모두 Capacitor의 역할을 하게 되므로 두 전극 사이에서 순간적으로(10초 이내) 플라즈마가 형성되게 된다. 그러나 음극 쪽으로 양이온의 충돌이 생겨 전자를 발산시켜 전극 표면의 부도체는 점점 중성화되어 가므로, 두 전극 사이의 전위차가 점점 감소하게 되어 임계 전압(즉, Breakdown 전압) 이하로 내려가게 되면 플라즈마는 소멸하게 된다. 이러한 문제를 해결하기 위하여 교류 전원을 사용하면, 처음의 반 사이클 동안 절연 전극에 축적된 양이온이 다음의 반 사이클 동안의 전자의 충돌에 의해 상쇄되기 때문에 지속적으로 플라즈마를 유지할 수 있다. 일반 교류 전원의 주파수인 50Hz를 사용하는 경우 반 사이클의 시간이 절연 전극이 대전되는 시간에 비해 훨씬 길어 플라즈마가 단속적으로 유지된다. 그러나 100kHz 이상의 고주파 교류를 사용하게 되면 거의 연속적으로 플라즈마를 유지할 수 있다. 가장 널리 이용되고 있는 13.56MHz의 고주파 교류를 사용할 때는 이온은 이동도가 작아서 이러한 고주파 전위 변화에 따라 거의 이동하지 못하고 전자만이 전위 변화에 따라 움직이는 상태로 된다. 그러므로 이온의 충돌에 의한 이차 전자의 방출(Secondary Electron Emission)이 없게 되고, 전자들은 플라즈마를 유지하기 위하여 필요한 이온화 에너지를 갖게 되어 플라즈마를 지속적으로 유지할 수 있다.

(2) 대기압 하에서의 고주파 스파크 방전

- 낮은 주파수인 50~60Hz의 파고값은 DC와 동일
- 주파수 증대시 스파크 방전전압 Vs 저하

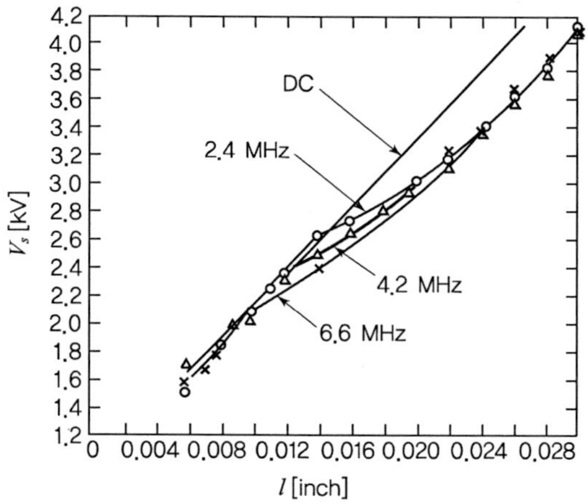

그림 2.38 대기 중의 고주파 스파크 방전전압 V_s(파고값)와 간극 길이 l 의 관계

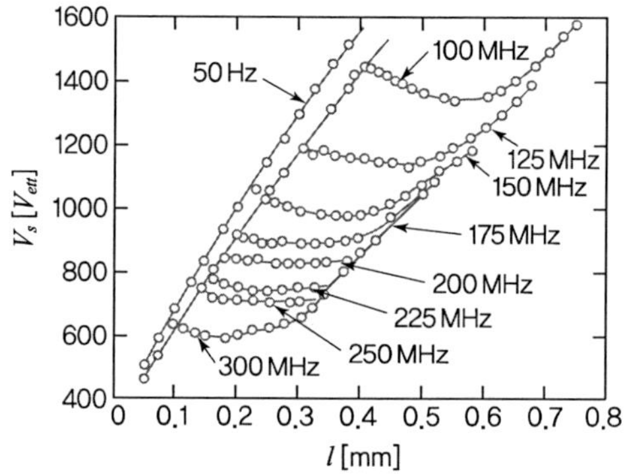

그림 2.39 V_s(실효값)와 간극의 길이 l 의 관계

- 낮은 주파수에서 부터 증가시켜 가면 먼저 ion은 그 영향을 받음. 이것은 양이온이 전자보다 질량이 무거우므로 방향을 바꾸어 전계에 따라 움직일 수 없기 때문이다.

  즉, $v = \mu i\, E \cos wt$를 적분 ion의 전계에서의 이동거리 : $x = \dfrac{\mu_i E}{w}\mathrm{sin}wt$이다.

  μ_i : 이온의 이동능도

  전계 $E\cos wt$

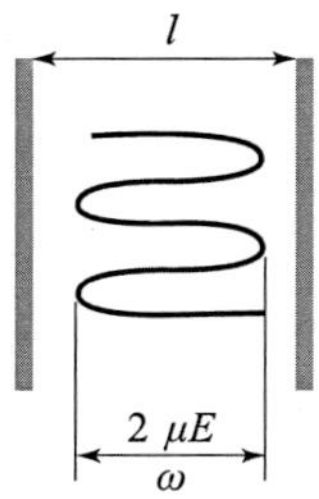

그림 2.40 이온의 거동

- 진폭의 2배의 $2x = 2\mu_i E/w$가 간극 l보다 작을 경우 간극 내를 진동하여도 전극에 도달 안됨.
- 진폭의 2배의 $2x = 2\mu_i E/w$가 간극 l보다 클 경우

  $\frac{2\mu_i E}{w} = l$이 조건 이상으로 f를 증가시키면 포착 ion 증가 → 암류상태에서 양의 공간전하 전계 왜곡 → 스파크 방전용이(V_s 저하)

  주파수 더 상승시 → ion진폭 축소 → g작용 감소 → 스파아크 방전 전압 약간 상승 → 주파수 상승 → 전자 포착

  $\frac{2\mu_e E}{w} = l$에서 μ_e: 전자의 이동능도
- 포착당한 전자가 간극을 진동하여 g작용 없이 생긴 전자가 확산에 의하여 전극에서 소실될 때까지 충돌전이 지속반복. 즉, 낮은 V_s에서 방전 개시됨.
  - 전이에 의한 전자의 증대 > 확산손실 : 암류증가
  - 임계조건 : 면 쪽이 평행을 이룰 때
  - $zt = 1$: 스파크 방전조건
  - 전자포착상태는 ion도 움직이지 못해 g작용 없음. 따라서 전극이 반드시 필요하지는 않음. 주파수 더욱 증가시키면 전자가 움직이기 어려워 스파크 방전전압을 상승시킴. 즉, 진폭이 적어지면 전이작용도 감소하여 $w > n$면 V_s 상승
  - $w = n$ (전자〉〉ion)대기압 하에서는 micro파의 주파수가 됨.

(3) 고주파 스파크 방전전압의 영역

- 직류전압에서의 V_s와는 P, l의 관계는 $V_s = f(Pl)$[Paschen의 법칙] 성립
- 고주파전압에서의 V_s와는 P, l의 관계는 함수관계로 되어 $V_s = f(Pl, fl)$ 즉, 확장된 Paschen의 법칙 적용

- $\tau \propto \dfrac{l^2}{D^2} \propto Pl^2$이며, $z = av$ 에서 a/P나 v나 V도 E/P, $\alpha \propto Pf(E/P) \propto Pl^2$에서 $zt \propto (Pl)^2 f(Pl)$
- Pl과 Fl의 방전 기구에 의한 확산 영역분류

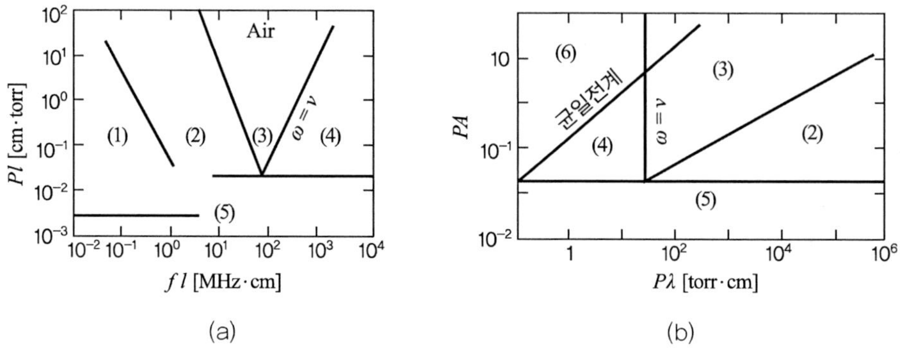

그림 2.41 (a) Pl과 fl에 관한 고주파 스파아크 방전전압을 주는 영역(공기)
(b) $P\Lambda$과 $P\lambda$에 관한 고주파 스파아크 방전전압을 주는 영역(수소)

(1)영역 : 직류의 경우와 동일
(2)영역 : ion이 포착되는 영역
(3)영역 : 전자도 모두 포착되는 영역
(4)영역 : $w > n$의 영역($w \gg n$일 때 진공중의 운동영역에 접근)
(5)영역 : 진공의 영역

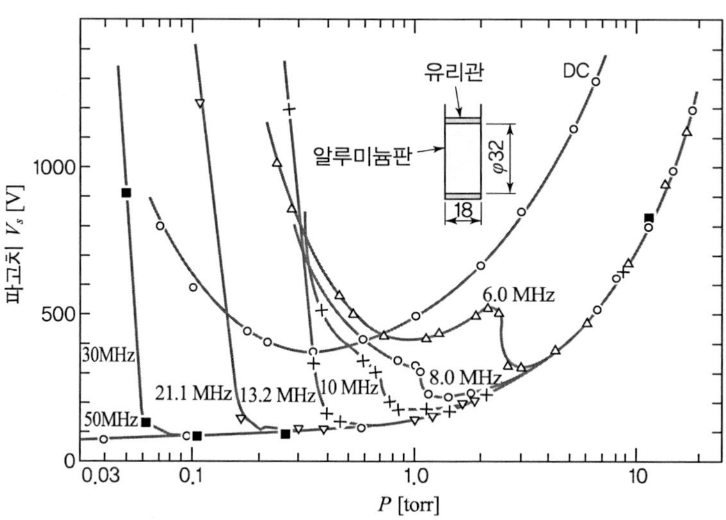

그림 2.42 진공에서 주파수에 따른 파고치

저기압에서는 (2)~(3)에서의 경계는 급격하여 전자의 포착 없이 확산만 존재, 손실되어 있던 전자는 전극으로 흡착, 전자의 손실증가, 작용은 이미 ion의 포착으로 감소→전이를 충분히 하려면 높은 전계 필요. 전압이 포착에서 이탈하는 전자수 증가, V_s는 급격히 상승한다.

(4) 확산작용의 고주파인 고주파 스파크 방전

$$\left.\begin{array}{l}\dfrac{\partial n}{\partial t}=z_n-\nabla\Gamma \\ \Gamma=-D\nabla n\end{array}\right\}$$ D는 전자의 확산속도이며 생성과 손실이 평형일 때

$D\nabla^2 n+zn=0$이며 1차원이면 $\dfrac{d^2n}{dx^2}=-\dfrac{z}{D}n$이고, 특성확산거리 $\Lambda=\dfrac{1}{\Lambda^2}=-\dfrac{z}{D}$, $z=\dfrac{D}{\Lambda^2}$, (3)의 영역에서 $w\ll n$이므로, 전계에서 1개의 전자가 들어가는 전력은 전자와 가스전자와의 탄성충돌로 소실된다면, $P=IE=e\mu E^2=\dfrac{e^2}{mv}E^2=e\dfrac{2m}{M}\bar{u}v$ 에서 2m/M : 탄성충돌의 손실계수, $\bar{u}$는 전자의 평균에너지. $E=v\left(\dfrac{m}{e}\dfrac{2m}{m}u\right)^{\frac{1}{2}}$에서 $\bar{u}$를 전이에너지 19.9eV의 1/3이라면 $E=2.4P$ $z=\dfrac{eE^2v}{mVw^2}$이며

$$z=\frac{D}{A}=\frac{\frac{1}{3}v^2}{A^2v},\ D=\frac{v^2}{3v}$$

$E=\dfrac{2\pi f}{Av}\left(\dfrac{2}{3}V_iu\right)^{\frac{1}{2}}$에서 $n=2.37*10^9P$, $f=c/\lambda$(λ는 파장, c는 광속도)로 이용하면,

$$E=\frac{1284}{P\lambda A}(\mathrm{V/cm})\rightarrow\frac{E}{P}=\frac{1284}{(Pl/\pi)(P\lambda)}$$

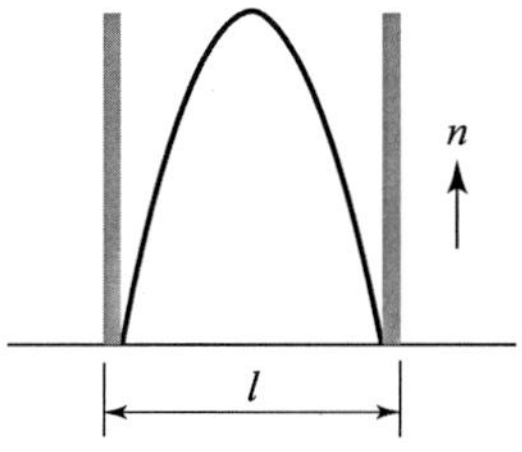

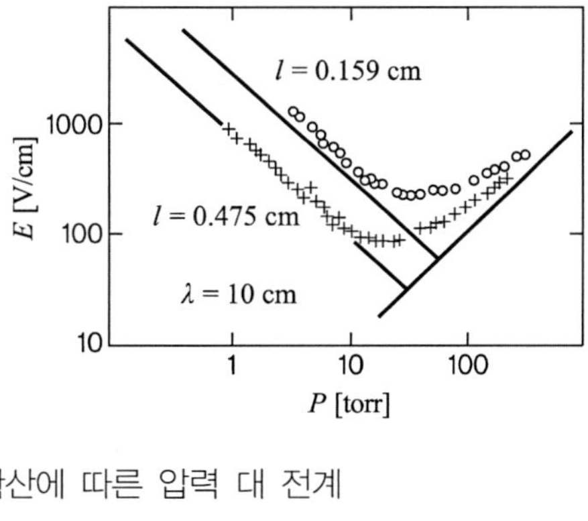

그림 2.43 확산에 따른 압력 대 전계

(5) 저기압 중의 ion 포획에 의한 고기압방전

저기압 중에서의 ion의 속도

$$v_i = \mu_i E = \frac{e}{m\sqrt{w^2 + v_{in}^2}} E = \frac{eE}{mv_{in}} \frac{v_{in}}{\sqrt{w^2 + v_{in}^2}}$$

되며, ion이 어떤 속도를 가지고 전극에 충돌하는 것이 g작용 때문에 필요하므로 적당한 속도가 있어야 한다. 따라서 $E^2 \propto w^2 + v_{in}^2$이며, w^2이 증대될수록 스파크전압은 상승한다.

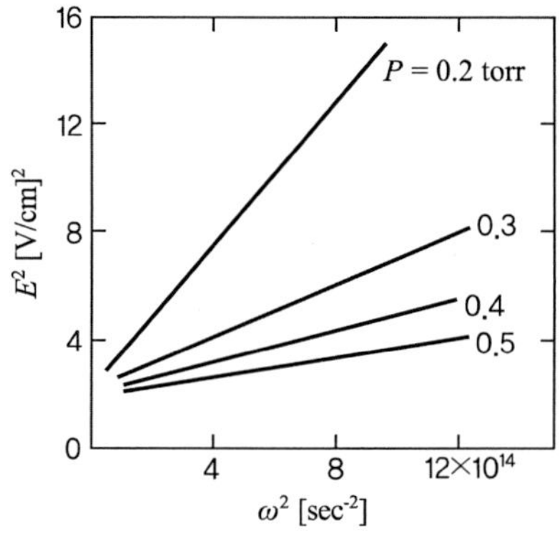

그림 2.44 w^2에 따른 E^2의 압력분포

(6) 대기 중의 고주파 스파크 방전

전자밀도 n의 시간적 변화 $\frac{\partial n}{\partial t} = zn - v_a n + D\nabla^2 n$, 부착계수 사용하면 $v_a = \beta\mu_e E$, z는 a인 전이계수와의 사이에 $z = \alpha\mu_e E$, $z = \frac{D}{\Lambda^2} + n_a$이며, $\alpha = \beta + \frac{2\overline{u}}{3\Lambda^2 E}$, 다시 말해

$$\frac{\alpha}{P} = \frac{\beta}{P} + \frac{2}{3} \frac{\overline{u}}{(E/P)(P\Lambda)}$$

기압이 상당히 높게 되면 확산의 영향이 적게 되고, $a/P = b/P$에서 $E/P =$ 일정값을 얻게 되며, $PL \gg 10$에서 26.5kV/cm-torr.

(7) 무극방전

만일 고주파자계에 의해 방전한다고 하면 반지름 r의 관 x부근에서 $B\sin wt$인 고주파 자계에 의한 전자는 $v = r\frac{e}{m}B\sin wt$인 속도를 얻는다. 평균자유행정 $\frac{v+w\lambda}{w\lambda} = 2r\frac{e}{m}B$이며, $\frac{1}{2}mv^2 = V_i e$가 가능하다. 여기서 방전은 관 x의 가까운 곳으로 나와 환상으로 발광하는데 이를 환방전(ring-discharge)라 함. B는 l에 대해 극소값을 가지며, w와 l의 큰 경우와 적을 때 B는 크게 된다. 또 λ는 기압 P에 반비례하므로 B는 어떤 기압에서 극소값을 가진다.

- **무극방전** : 전극에 방전관내 들어있지 않은 경우 일어나는 방전으로 평형평판 내에 방전관을 넣으면 순수한 고주파형 무극방전이 됨. 전극이 없으므로 방전 중에 금속에서 나오는 불순물의 영향이 없고 순도가 높은 가스 중에 있어서 방전 연구에 편리

(8) 고주파 정상방전

고주파 방전인 경우 저기압에서는 γ 작용 없이 방전 개시할 수 있고, 방전하면 전계는 적어지고 양광주만 존재하는 형식이 된다. 진동전계에서 전자가 생성되고 확산은 plasma내에서는 양극성 확산이 되고, 전자의 자유확산보다 감소하여 생성과 손실이 평행을 이룸. 고주파 glow에서는 전극가까이에서 일종의 이온 sheath가 생기므로 여기서는 양광주보다 높은 전압강하가 존재한다.

- 전류 증가시 중앙이 어두워짐. 주파수 감소, 전류 증대시 전극부근의 sheath가 파괴하여 g작용이 생기고, 양전극의 직전에 x색의 부글로우 발생, 유지전압 강하. 여기서 다시 전류감소나 기압을 내리면 다시 부글로우는 소멸. 이와 같이 g작용의 유무는 주파수, 기압, 전류에 의해서도 좌우.

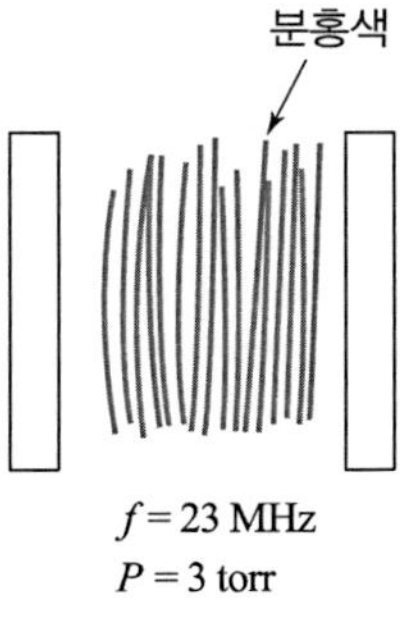

그림 2.45 고주파 정상방전의 예

- 점화하기도 전에 변이전류가 흘러 쇄선의 특성이 되고, V_s에서 점화한 직후 부 glow가 뒤따르는 (1)의 형식이 됨.
- 단, 주파수 높거나, 전압 낮을 때에는 (1)의 형식이 되지 않음. 유지전압은 전류에 의해 급격히 변하지 않고, 전류를 감소시켜 가면 부글로우가 없는 (2)의 형식이 됨. (2)의 형식에 전류를 감소시켜도 약한 방전지속. Vs'에서 (1)로 비약
  – 고주파 방전의 전원으로서는 발진기에 결합한 LC 발진회로 이용

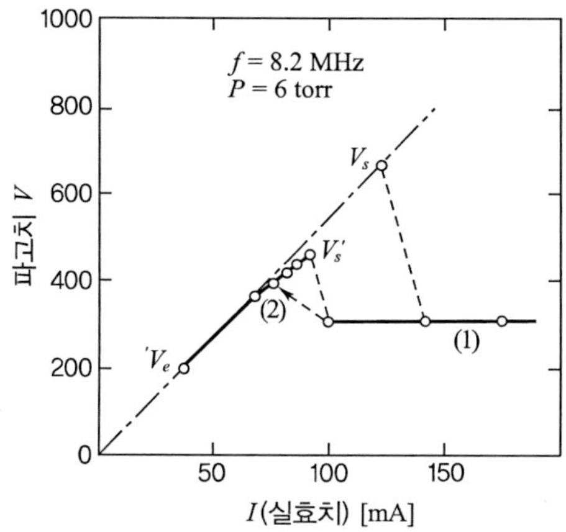

그림 2.46 전류 실효치에 따른 전압 파고치의 예

(b)에는 점화하면 점화에 의하여 C증가하여 공진에서 벗어나는 방향이고, 점화직후 때 큰 전류가 흐르지 않음.

(c)의 경우 점화직후의 전류가 크다.

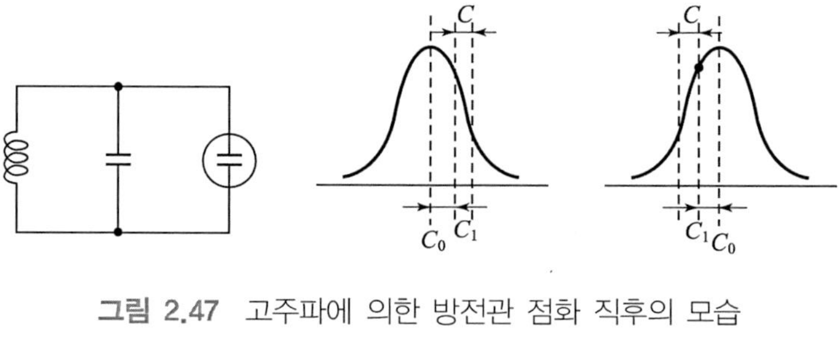

그림 2.47 고주파에 의한 방전관 점화 직후의 모습

한쪽의 전극만 C를 결합하여도 방전관은 점화하지만 전극 간에 저항을 통하여 직류전류계를 접속하면 직류 $I+d$가 검출 ; 일종의 정류작용 C를 가감하여 고주파 전류 I_a를 증감시키면 I_d도 변화(비례하지 않음) 정류작용의 원인 : 전극의 크기의 이상

이나 회로의 비대칭이며, 양전극에 흘러 들어가는 전류에 차가 생기기 때문이다.

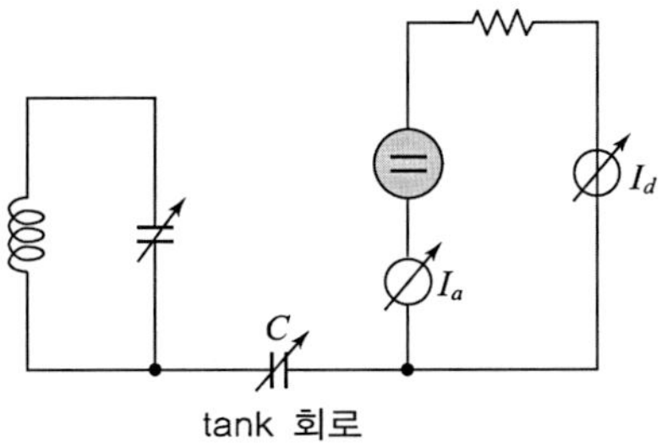

그림 2.48 LC 공진 탱크 회로

CHAPTER 03

고전압 펄스파워의 응용

3.1 고전압 발생장치

3.1.1 상용주파 고전압 발생장치

(1) 시험용 변압기

전기기기 등의 내전압 시험이나 고압현상의 실험에서 고압을 발생시키기 위하여 쓰는 변압기

① 특징

- 저전압에서 고전압까지 승압할 수 있다(권선비가 크다).
- 충분한 전기적 용량과 기계적 강도요구–전력기기의 절연파괴시험에 사용
- 고압권선의 접지
- 냉각장치가 불필요(유입 자냉식)–용량이 적고 단시간 정격

② 권선구조

- 다중원통 권선시험용 변압기(Fischer 방식)
- 100kV 이상의 전압이라면 다중원통권선이 채용되어야 하는데, 2차권선은 원통형으로 감고 외측일수록 고전압으로 하여 각층 사이를 원통으로 절연한 것이다.
- 시험용의 변압기(Fortescue 방식)
  콘덴서 형 부싱의 원리를 응용한 것이며 전위경도를 균일하게 하기 위하여 각 층간의 절연원통에 성박을 바르고 이것을 적당한 고압권선에 접속하여 균압판으로 하여 외주의 고압 측단자를 부싱의 리드선과 접속한 것이다.

③ 종속접속(Cascade connection)

- 500kV 이상의 전압이 필요시는 두 대 이상의 변압기를 종속접속을 함.
- 절연대가 V/2를 부담하므로 T_2는 V/2의 절연내력만 필요

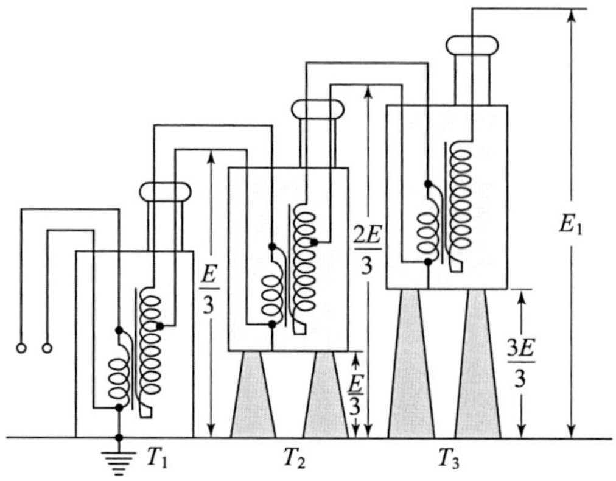

그림 3.1 종속접속

④ 공진현상

시험용 변압기는 변압비가 크고 고전압권선수가 많으므로 누설인덕턴스나 분포정전용량이 크게 되므로 고유주파수가 낮으며 수 백Hz에서 공진이 발생한다.

- 전원으로 정현파발전기 사용
- Filter로 고주파분을 제거

⑤ 전압조정법

- 전동발전기
  - 장점 : 전압파형에 왜곡의 염려가 없음.
  - 단점 : 경제적으로 설비나 비용이 많이 듬.
- 유도전압조정기
  - 장점 : 간단, 편리
  - 단점 : 내부 리액턴스의 영향을 받아 파형이 왜곡됨.
  - 전압의 균일한 속도상승이 곤란.
- 저항, 리액턴스
  - 단점 : 전력의 손실이 크고, 파형이 왜곡.

(2) 공진현상을 이용하는 방법

- LC 직렬공진회로로 고전압을 얻는다.
- L을 가변시켜 원하는 전압을 얻는다(그림 3-2).

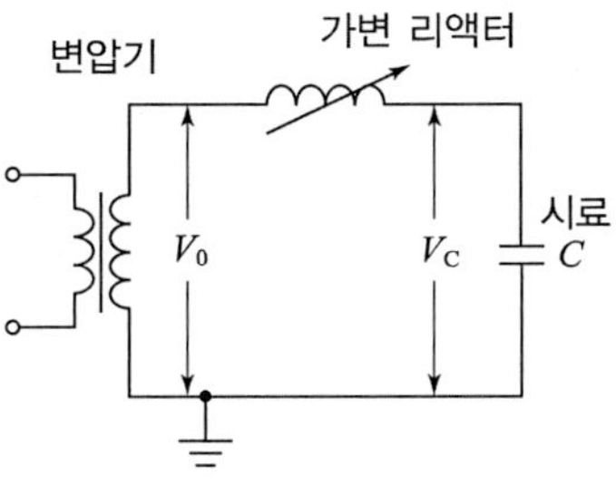

그림 3.2 직렬 공진을 이용한 고전압 발생회로

- 장점
  - 불필요한 공진제거, 전원 측 고조파 감쇄에 따라 전압파형개선
  - 전원에서 필요로 하는 전력은 주 시험회로에서의 KVA보다 낮다(주 KVA의 약 5%).
  - 시험물의 절연파괴시 Arc로 진전되지 않고 정전용량이 단락, 시료손상이 작다(리액터에 의해 단락전류제한).
  - 다중변압기의 직렬 또는 병렬조작은 직렬공진회로에서 간단하고 효율적이다.
  - 고전압접속은 다중 유니트에서도 간단히 할 수 있다.
- 단점
  - 부하의 손실성분의 변화에 의해 발생전압이 큰 변동을 한다.

3.1.2 직류 고전압 발생장치

(1) 직류고전압 발생장치의 종류

- Cockcroft & Walton 회로
- Villard 회로
- Delon-greincher 회로

(2) 직류고전압 발생장치의 원리

콘덴서 통전을 이용하는 직류전원은 주로 교류전원을 정류시켜서 발생시키며 기본 원리는 반파 배전압 정류회로로서 콘덴서와 다이오드의 조합으로 구성된다.

① 반파 배전압 정류회로

- 처음(−) 반주기 D_1 도통, D_2 OFF C_1에 충전 = E_m
- 다음(+) 반주기 D_1 OFF 되어 C_1에 충전된 전압 D_2로 방전하면서 이미 E_m 전압만큼 충전된 C_2에 E_m이 가해져 충전되면서 $2E_m$이 된다.

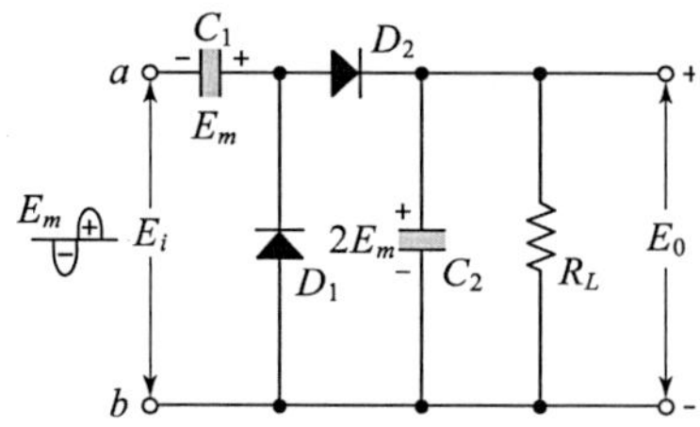

그림 3.3 반파 배전압 정류회로

② 전파 배전압 정류회로

- 처음(+) 반주기 D_1 도통, D_2 OFF C_1에 충전 = E_m
- 다음(−) 반주기 D_1 OFF, C_2 ON되어 C_2에 충전 = E_m
- R_L 위치에서 보면 C_1과 C_2의 충전전압인 $2E_m$이 걸리게 된다.

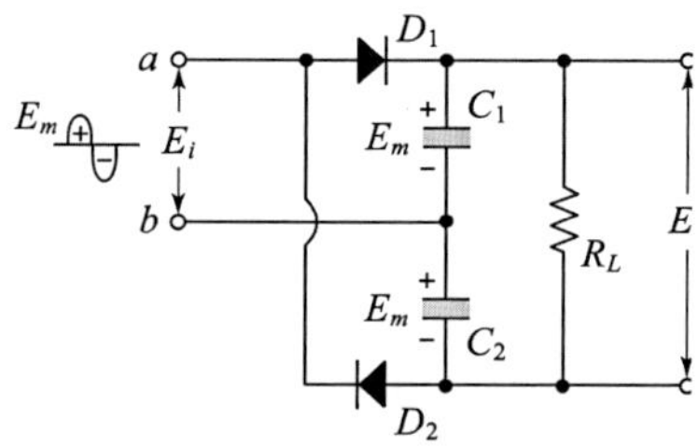

그림 3.4 전파 배전압 정류회로

(3) Villard 회로

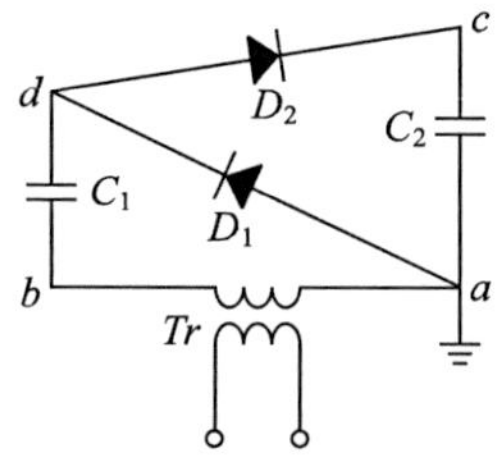

그림 3.5 Villard 회로

(4) Cockcroft & Walton 회로

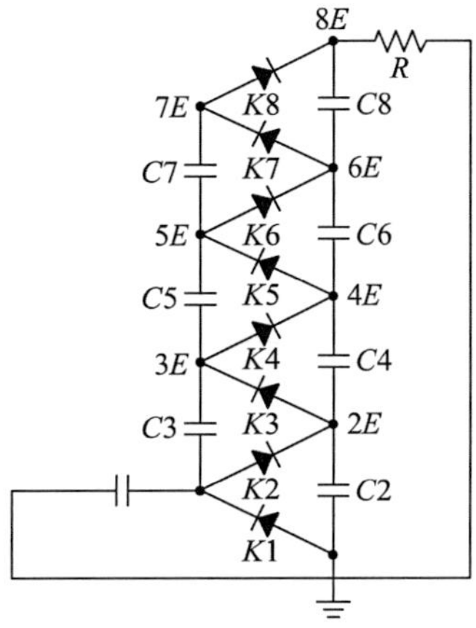

그림 3.6 Cockcroft & Walton 회로

3.1.3 임펄스 고전압, 대전류 발생장치

(1) 용어 정리

- 임펄스(Impulse) : 단발의 펄스.
- 뇌 임펄스(Lightning impulse) : 자연 뇌의 방전시에 발생하는 전압파형에 유사한 것.
- 개폐 임펄스(Switching impulse) : 고전압회로를 개폐할 때 발생하는 전압파형에 유사한 것.
- 표준 뇌임펄스 전압(Standard lightning impulse voltage) : 파두장 $T_f = 1.2\mu s$, 파미장 $T_t = 50\mu s$ 의 전압으로 고압기기의 시험에 사용하고 있다.
- 개폐 서지전압 : 파두장 $T_f = 50 \sim 500\mu s$, 파미장 $T_t = 500 \sim 10,000\mu s$

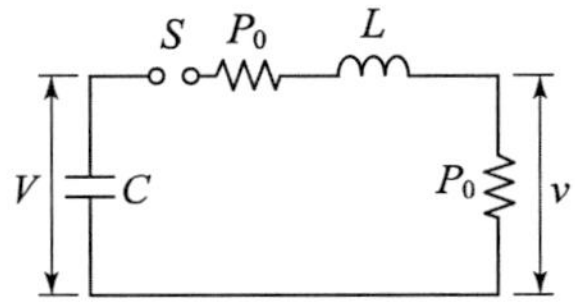

(a) L 사용회로

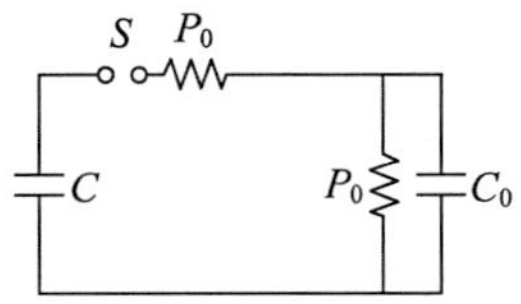

(b) C 사용회로

그림 3.7 임펄스 전압 발생기 등가회로

(2) 등가회로 및 전압파형

- C : 직류전압 V에 통전된 커패시터
- S : 갭 스위치
- R_s : 제동 저항
- C_o : 파두장을 조절하기 위한 커패시터
- R_o : 파미장을 조절하기 위한 방전저항
- 파두장 : 임펄스 파형의 규약 원점에서 전압의 최대값일 때까지의 시간
- 파미장 : 규약원점에서 최대치의 50%로 감소할 때까지의 시간

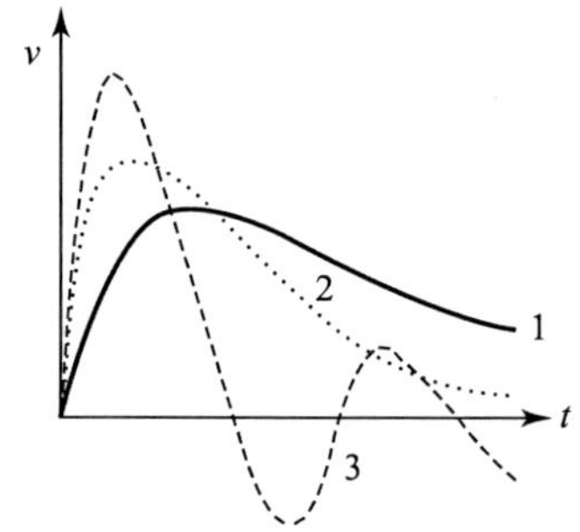

그림 3.8 발생전압파형

- 그림 3.8의 1번파형 발생 조건 : 과제동
  즉, 부하임피던스가 회로임피던스보다 큰 경우
  그림 3.7(a)에서 $(R_o + R_s) > 2\sqrt{(L/C)}$ 인 경우.
  그림 3.7(b)에서 $(R_o + R_s)(C + C_o) - R_s C_o)^2 > 4R_o R_s C C_o$ 인 경우.
- 그림 3.8의 2번 파형 발생 조건 : 정상
  즉, 부하임피던스와 회로임피던스가 같은 경우
  그림 3.7(a)에서 $(R_o + R_s) = 2\sqrt{(L/C)}$ 인 경우.
- 그림 3.8의 3번 파형 발생 조건 : 부족제동
  즉, 부하임피던스가 회로임피던스보다 작은 경우.
  그림 3.7(a)에서 $(R_o + R_s) < 2\sqrt{(L/C)}$ 인 경우.
  그림 3.7(b)에서 $(R_o + R_s)(C + C_o) - R_s C_o)^2 = 4R_o R_s C C_o$ 인 경우.
  * 실제 사용은 2번 파형이 발생되도록 하여 사용함.

(3) 마르크스 발생기(임펄스 발생기)

① 동작설명

- 고저항 R을 통해서 콘덴서 C에 전압을 충전
- 시동 갭 S_1을 방전시키면 불꽃 갭 S_2, S_3, S_4, S_o가 순차로 방전되어 모든 콘덴서는 직렬로 접속된다
- 이로 인하여 방전저항 R_o 양단에 임펄스 고전압이 발생한다.
- 발생기의 정전용량이 너무 작으면 피시험물의 정전용량 등의 영향을 받아 파형의 왜곡현상이 나타나므로 1.5μF, 충전전압 50~150KV 정도인 것이 사용된다.

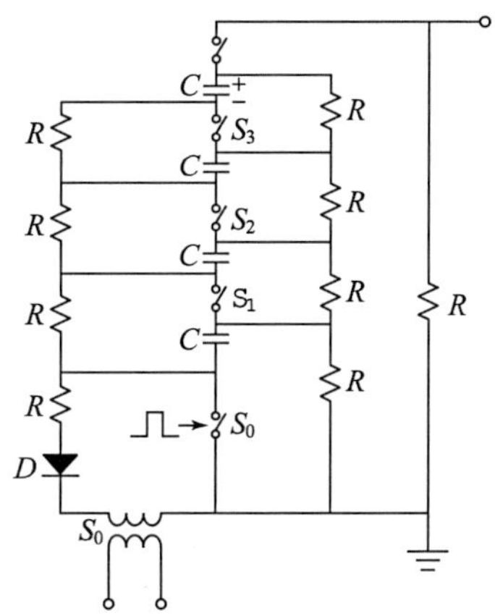

그림 3.9 마르크스 발생기

④ 임펄스 대전류 발생장치

- 임펄스 대전류의 발생장치는 다수개의 커패시터를 병렬로 연결하여 만들어진다.
- 등가회로는 그림 3.7 임펄스 전압발생기 등가회로와 같다
- 잔류 인덕턴스 L을 작게 하기 위해서는 잔류 인덕턴스가 적은 커패시터를 이용하고, 접속선으로는 고압동축케이블을 사용한다.
- 임펄스 대전류는 핵융합을 목적으로 하는 대전류 플라즈마 연구 및 피뢰기(2.5~10KA), 서지 흡수기(Surge Absorber), SPD 등의 시험에 사용된다.

3.1.4 2.4MJ 펄스파워 시스템

(1) 300kJ급 커패시터 뱅크 단위모듈의 회로도

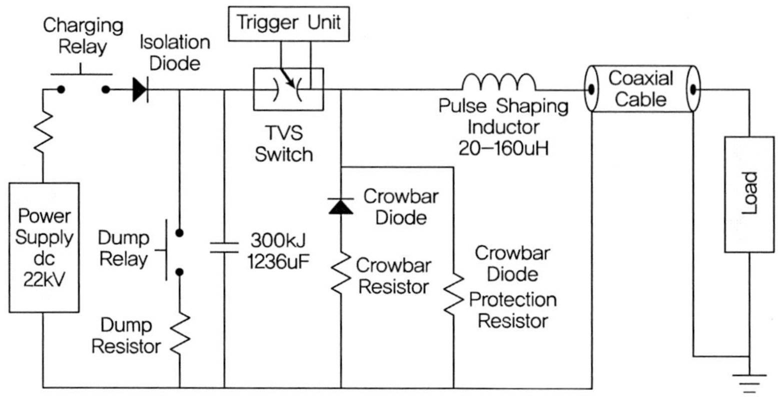

그림 3.10 300kJ급 커패시터 뱅크 회로

(2) 300kJ급 커패시터 뱅크 모듈 재원

① 커패시터 : (408 × 305 × 485mm)

- 50kJ, 22KV – 6개를 병렬로 연결(1,236μF, 300kJ)
- 커패시터의 외함은 알루미늄 프레임과 전기적으로 절연시킴.

② TVS(Triggered Vacuum Switch)

- 콘덴서에 충전된 에너지를 방전시킴.
- 5KV, 1KA의 트리거 펄스에 의하여 동작되며 200KA의 전류를 수 msec 동안 흘릴 수 있고, 내전압도 25KV 이상임.
- TVS의 전단은 커패시터의 양극과 연결되며, 후단은 고압동축케이블을 이용하여 펄스 성형 인덕터에 연결된다.

③ 크로바 회로

- 커패시터의 전압 역전을 방지하기 위한 회로.
- TVS후단과 커패시터의 음극에 병렬로 연결된 3개의 동축형 크로바 스택으로 구성됨. 각 크로바 스택은 직렬로 연결된 2개의 11KV, 60KA 크로바 다이오드와 병렬로 연결된 2개의 크로바 저항(Disk Type, HVR, 110mΩ)으로 구성됨.

④ 펄스성형 인덕터

- 출력 전류의 상승시간과 첨두치를 제한하는 역할을 함.
- 인덕터의 값을 변화시킴으로써 다양한 출력 펄스의 형상을 변화시킬 수 있음. 200 KA의 전류를 통전할 수 있으며, 20μH에서 160μH까지 변화시킬 수 있는 Jelly Role형 사용함.

⑤ 에너지 덤프 회로

- 커패시터 뱅크에 저장된 에너지를 안전하게 소모하고, 커패시터 뱅크의 운용 중, 충전된 에너지를 부하로 방전시킬 수 없을 때, 안전하게 덤프저항을 통하여 방전시켜야 하며, 또한 부하로의 에너지 방전 후에 커패시터에 남아 있는 잔류 에너지를 안전하게 소모시켜 작업자가 필요한 조치를 취하기 위해서 필요함.
- 커패시터에 저장되는 에너지를 저항이 충분히 감당할 수 있도록 저항의 용량과 RC시간을 고려한 저항 값을 결정하는 것이 중요함.
- 커패시터 뱅크의 충전 및 전류펄스의 성형 기간 중에 EMI(Electromagnetic Interference : 전자파 간섭, 전자파 방해)에 의한 오동작이 발생하지 않는 높은 신뢰성이 요구된다.
- 덤프회로의 스위치 : 공압 구동 릴레이 사용.
- 덤프 저항 : 2KW, 25kΩ 권선저항 10개를 병렬로 연결하여 300kJ의 에너지를 시정수 3.5sec로 안전하게 방전할 수 있도록 함.

⑥ 전원 보호용 고압 다이오드

- 각 모듈의 충전릴레이 다음에 설치된 다이오드는 커패시터에 저장된 에너지가 충전회로에 역류하는 것을 방지함. 모듈을 병렬 운전할 때 복수개의 커패시터를 충전하는 과정에서 하나의 커패시터 뱅크가 자발점호(self-triggering)하는 경우 충전라인으로 역류하는 것을 방지함.

⑦ 크로바 회로 병렬저항

- 크로바 다이오드의 양단에 나타나는 고전압에 의한 크로바 다이오드의 절연파괴를 방지하기 위함.
- 6Ω의 저항을 크로바 회로와 병렬로 연결함.

⑧ 고전압 충전장치

- 충전전압, 충전용량, 충전소요 시간, 병렬운전의 기능, 원격제어 기능, 고전압 써지에 대한 보호등에 대한 고려가 필요함.
- 미국의 Maxwell사 제품 : 25KV, 10kJ/sec
- 한국전기연구원 개발 제품 : 25KV, 30kJ/sec

(3) 두 개의 300kJ 단위모듈을 이용한 병렬운전 결선도

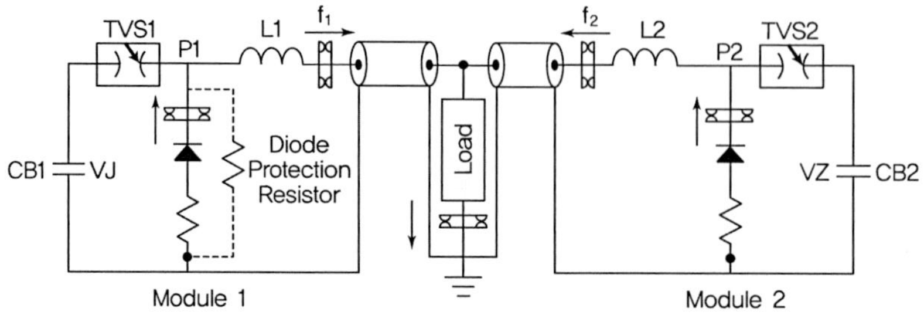

그림 3.11 병렬운전 결선도

(4) 2.4MJ 펄스파워 시스템의 회로 구성도

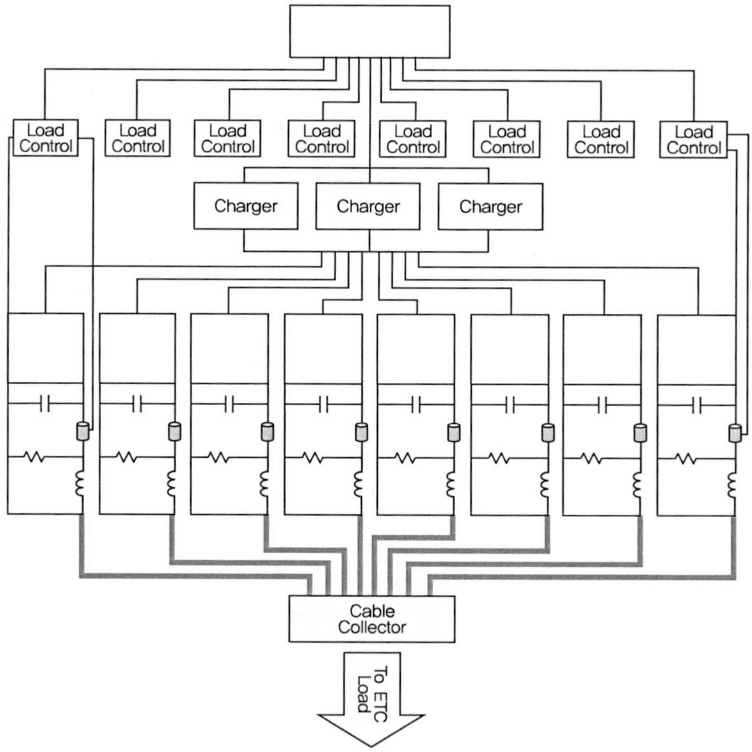

그림 3.12 2.4MJ 펄스파워 시스템의 회로

(5) 2.4MJ(300kJ × 8) 펄스파워 시스템

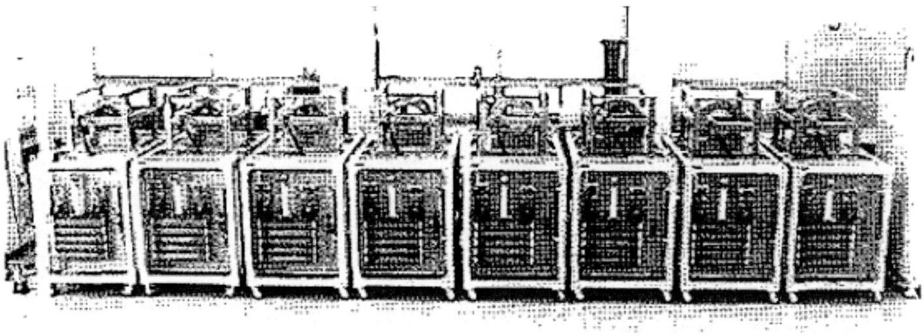

그림 3.13 그림 3.12의 실제 모습

(6) 2.4MJ(300kJ × 8) 펄스파워 시스템 제원

- 300kJ 모듈 8개 병렬로 연결(300kJ × 8개=2.4MJ)
- **충전기** : 3대의 25kV, 10kJ/sec 용량의 충전기를 병렬로 연결하여 8개의 커패시터 뱅크를 충전함.
- **케이블 콜렉터** : 각 모듈에서 발생한 전류는 고압 동축케이블을 통해서 콜렉터에 연결되어 모아진 후 부하와 연결됨.
- **주제어기** : 퍼스널컴퓨터를 이용하여 전체시스템의 제어 및 감시를 실행하고, 공통모듈제어기 및 8대의 모듈제어기와 다중 직렬 통신을 통해 전체 시스템을 감시 제어함.
- **전류펄스 성형을 위한 각 단계**
  사용할 모듈의 선정 → 제어용 릴레이 전원투입 → 비상지령 확인 → 선택된 모듈의 충전전압 설정 → 선택모듈의 점호시간 설정 → 충전 → 선택된 전 모듈 충전완료 대기 → 점호 지령

3.1.5 파괴특성

(1) 직류, 교류전압에 의한 파괴전압

고전압 펄스파워 분야의 내전압 시험에서 여러 가지 전압파형이 사용되고 있다. 인가전압을 전압계가 정확히 표시될 정도의 속도(3kV/s 이하)에서 상승시킬 때

① 코로나 개시전압

코로나 방전광 또는 코로나 방전전류가 측정되기 시작할 때의 전압.

② 파괴전압, 불꽃전압 혹은 플래쉬 오버전압(Flashover voltage)

파괴가 일어날 때의 전압을 수회 측정하여 측정치의 평균값을 취한다.

(2) 임펄스 전압과 50% 플래쉬 오버 전압

그림 3.5의 (a)는 뇌임펄스 전압(lightning impulse voltage), (b)는 개폐 임펄스 전압(Switching impulse voltage)을 나타내었다.

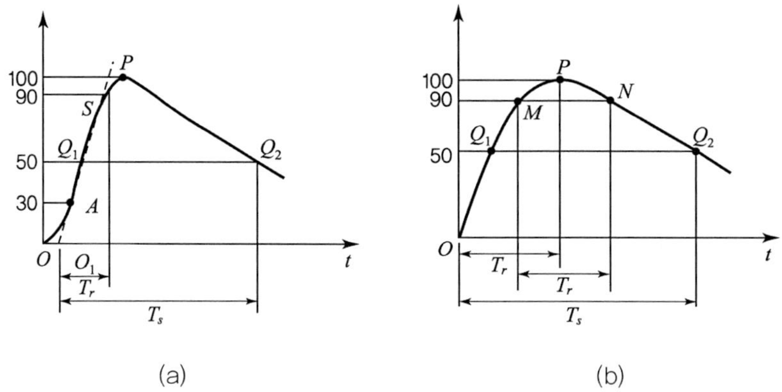

그림 3.14 (a) 뇌임펄스 전압 (b) 개폐임펄스 전압

① 그림 3.5(a)의 뇌임펄스 전압 파형의 각부 정의

- 파고점(Crest Point) : 전압 파형상의 최고점(P점)
- 파고치(Peak value) : 파고점에 대한 전압의 순시치
- 파두(Wave front) : 파고점 전의 부분
- 파미(Wave tail) : 파고점 후의 부분
- 규약원점(Virtual origin) : 파두에 대한 30% 파고점(A점)과 90% 파고점(B점)을 직선 연결한 시간축의 값(O_1점)
- 규약파두장(Virtual front time) : 파두에 대한 30% 파고점과 90% 파고점의 시간을 0.6으로 나눈값(T_f)
- 규약파미장(Virtual time of half value) : 규약원점과 파미에 대한 반(半) 파고점과의 시간(T_t)

② 표준 뇌임펄스 전압(Standard lightning impulse voltage):

- 파두장 T_f, 파미장 T_t가 $1.2 \times 50 \mu s$ 인 경우의 임펄스 전압.

※ 미국의 경우: $1.5 \times 40 \mu s$를 사용함

③ 그림 3.14(a)의 뇌임펄스 전류 파형의 각부 정의

- 파고점(Crest Point) : 전류파형상의 최고점(P점)
- 파고치(Peak value) : 파고점에 대한 전류의 순시치
- 파두(Wave front) : 파고점 전의 부분
- 파미(Wave tail) : 파고점 후의 부분
- 규약원점(Virtual origin) : 파두에 대한 10% 파고점(A점)과 90% 파고점(B점)을 직선 연결한 시간축의 값(O_1점)
- 규약파두장(Virtual front time) : 파두에 대한 10% 파고점과 90% 파고점의 시간을 0.6으로 나눈값(T_f)
- 규약파미장(Virtual time of half value) : 규약원점과 파미에 대한 반(半) 파고점과의 시간(T_t)

④ 표준 뇌 임펄스 전류(Standard lightning impulse current)

파두장 T_f, 파미장 T_t가 $8 \times 20\mu s$인 경우의 임펄스 전류

(3) 절연협조

전력 계통은 절연 협조와 지락 전류를 포함한 단락 협조로 이루어진다. 전력 계통에 발생하는 이상 전압은 외뢰와 내뢰로 구별된다. 외뢰는 뇌운의 방전에 의한 직접뢰와 유도뢰(50~100kV)가 이으며, 이에 대한 절연 협조는 피뢰기의 제한전압과 설치 기기의 기준 충격 절연 강도(Basic impuise insulation level)의 협조로 보호하게 된다. 내뢰는 전력 계통의 내부 원인으로 발생하는 이상 전압으로, 과도적 이상 전압의 대표적 예로는 차단기의 개폐 서지(Surge : 대지 전압의 2~4배 정도)가 있으며, 진공 차단기(VCB)의 개폐서지는 특히 유의하여야 한다. 특히 과도적 이상 전압은 1선 지락 또는 2선 지락시 비유효 접지계에서 발생하며, 비유효 접지계의 리액턴스와 대지간의 커패시터가 공진하는 경우에는 과도한 이상 전압이 발생할 수 있다.

① 기기의 절연

기기의 절연강도는 상용 주파수 내압과 기준 충격 절연강도(BIL-Basic Impulse Insulation level)로 규정되어 있다. 여기서 내전압과 관계되는 절연은 BIL이다.

BIL은 표준 임펄스 전압을 인가하여 시험하고 재단파 시험도 병행하여 실시한다.

② 절연계급과 BIL(유입 변압기, 차단기) 시험전압

정격전압(kV)	절연계급(호)	BIL(kV)	재단파(kV)	상용주파 내압(kV), 실효값
3.3	3A 3B	45 30	55 40	16 10
6.6	6A 6B	60 45	70 55	22 16
22	22A 22B	150 125	165 145	50 50
154	140A 140B	750 650	870 750	325 275

절연계급과 BIL(건식 변압기)

정격전압(kV)	BIL(kV)	상용주파 내압(kV)
3.3	25	10
6.6	35	16
22	95	50

- 주 1. A : 표준레벨, B : 1단 저감레벨.
- 주 2. 22.9kV와 154kV는 한전 측이 유효 접지 계통이므로 1단 저감 레벨 통용됨.
- 주 3. 3.3kV 및 6.6kV 기기는 일반적으로 표준레벨을 적용함.

③ 고전압 절연시험의 종류

- 절연특성시험
- 절연내력시험
  - 교류전압시험 : 상용주파수의 과전압을 일정시간 인가함.
  - 직류전압시험 : 직류회로에 사용되는 전력기기 절연내력 시험.
  - 뇌, 개폐 임펄스 전압시험 : 내전압시험, 50% 플래쉬 오버 시험, 파괴시험, 전압시간곡선 시험, 개폐임펄스전압 파두곡선 시험
- 내전압시험: 소정의 전압을 인가하여 절연계급의 절연강도를 확인.
- 50% 플래쉬오버 시험: 자기복귀성의 기기에 대하여 인가전압의 크기를 변화시켜, 50% 플래쉬오버 전압과 표준편차를 구하는 시험.
- 파괴시험: 비자기복귀성기기에 대해 파괴전압의 최저값을 구하는 시험.

④ 절연협조(정격전압 154kV기준):BIL의 크기-선로애자:920kV > 콘덴서:900 kV > 붓싱:825kV > 변압기:750kV > 피뢰기:625kV

3.2 충격 고전압 발생장치

3.2.1 충격고전압 발생장치

(1) 충격전압발생기의 기본회로

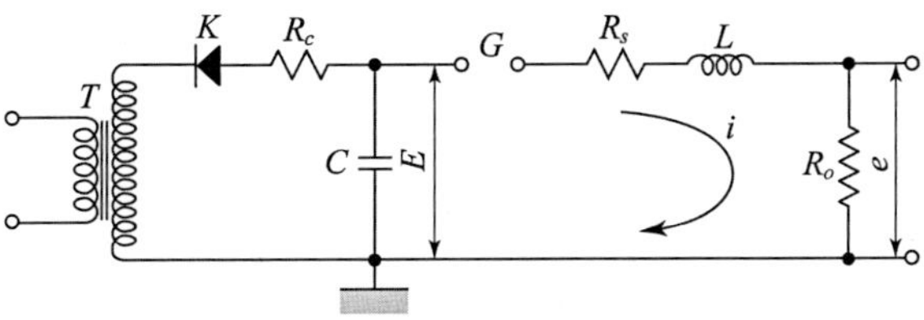

a. $R_s + R_0 = R > 2\sqrt{L/C}$ 일 때

b. $R = 2\sqrt{L/C}$ 일 때

c. $R < 2\sqrt{L/C}$ 일 때

$$L\frac{di}{dt} + (R_s + R_0)i + \frac{1}{C}\int_0^t i dt = E$$

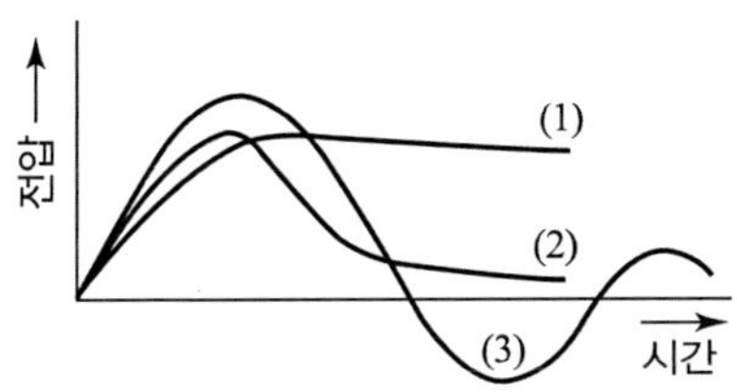

a. $R_s + R_0 = R > 2\sqrt{L/C}$ 일 때

b. $R = 2\sqrt{L/C}$ 일 때

c. $R < 2\sqrt{L/C}$ 일 때

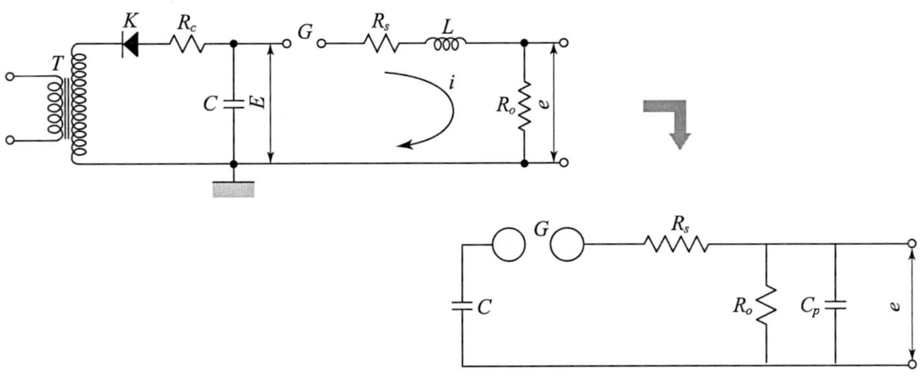

그림 3.15 충격전압 발생기의 회로

- 1개의 콘덴서로는 발생 전압의 한도
- 충격전압시험 → 수백~수천 kV 필요

(2) 다단식 충격 전압 발생기

① 병렬 충전 방식

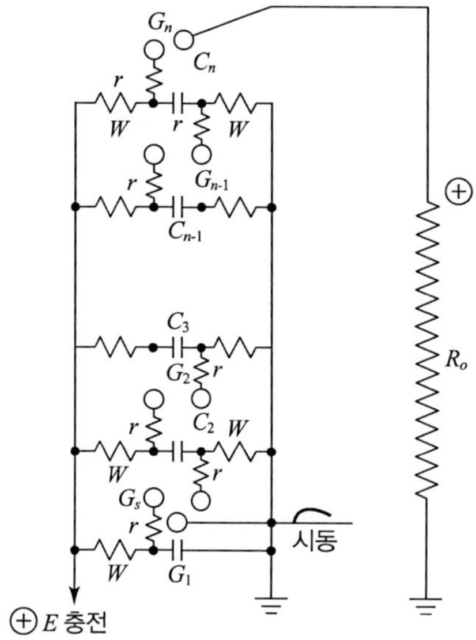

- 연락특성 용이
- 큰 전압을 견딜 충전저항 필요
- 구조가 복잡함

그림 3.16 병렬 충전 회로

② 직렬 충전 방식

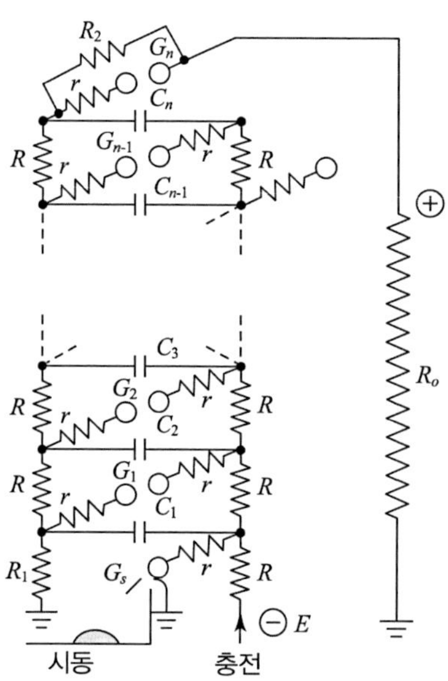

- 연락특성의 개선필요
- 충전의 시정수가 상이함
- 충전저항을 작게, 충분히 긴 시간 충전

그림 3.17 직렬 충전 회로

③ 직병렬 충전 방식

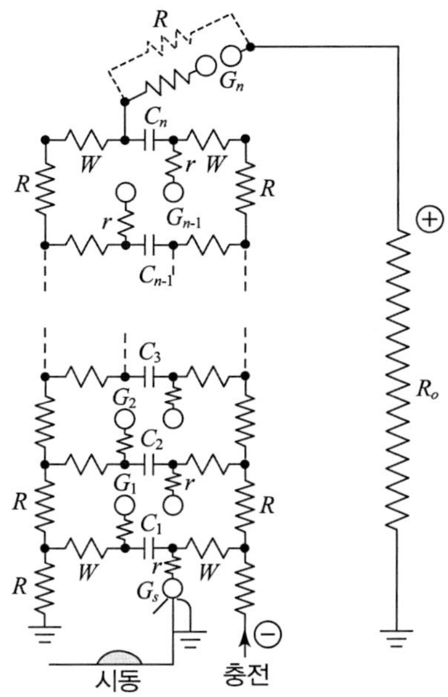

- 직렬 및 병렬로 충전저항을 접속
- 큰 내압의 저항필요
- 구조가 복잡함
- 거의 사용하지 않음

그림 3.18 직병렬 충전 회로

④ 배전압 충전 방식

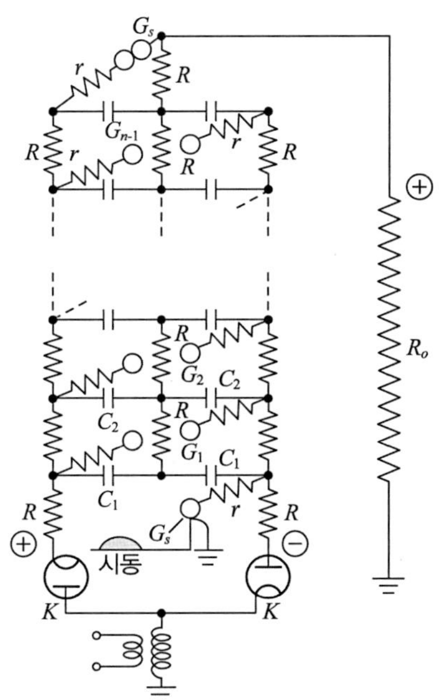

- 같은 단에 2개의 콘덴서 연결
- 단수의 감소
- 일반적으로 사용 중

그림 3.19 배전압 충전 회로

(3) 충격전압 발생기의 각 요소

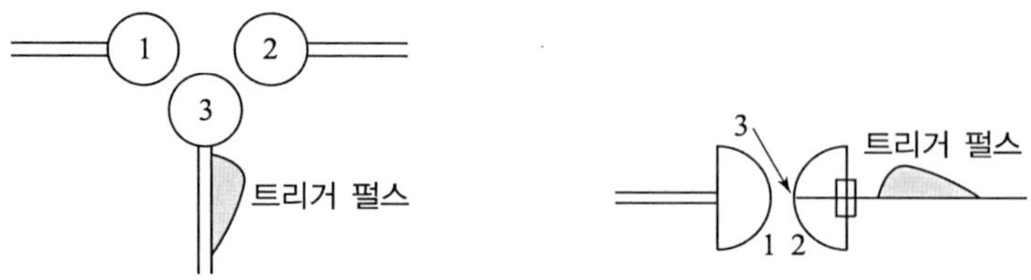

그림 3.20 트리거 펄스 발생법

- 충전저항 : 충전시간, 파형의 왜곡에 영향

(4) 재단파 전압 발생

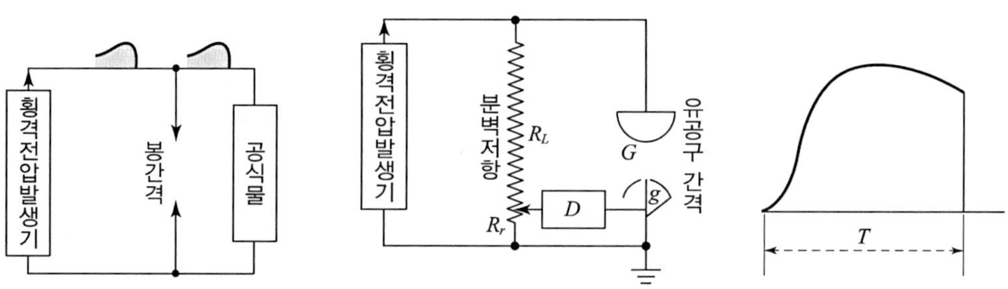

그림 3.21 재단파 전압 발생법

3.2.2 충격 전류 발생기

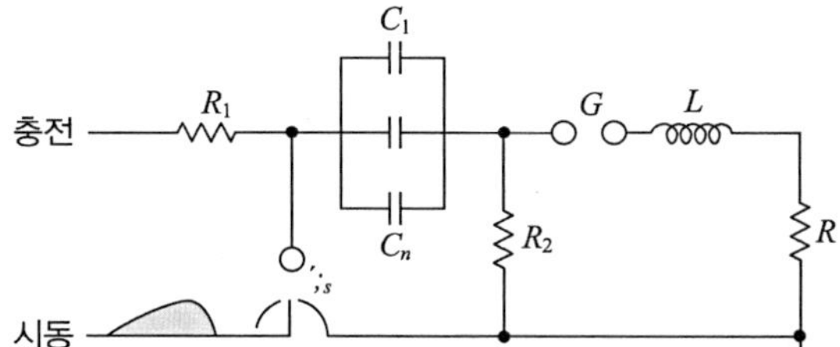

그림 3.22 충격 전류 발생기 회로

- 고전압, 소전류, 뇌방전은 대전류
  - 콘덴서를 병렬
  - 직렬저항 작게

- 인덕턴스 작게
- 도체의 길이를 짧게

3.2.3 고주파고전압 발생장치

(1) 감쇠고주파고전압의 발생

- Tesla 변압기 이용
- 고주파발전기 Alexanderson 발전기
- Arc 발진기 수소중에 점화된 아크에 자계를 가함
- 진공발진기 넓은 범위의 주파수를 갖는 지속파에 유리

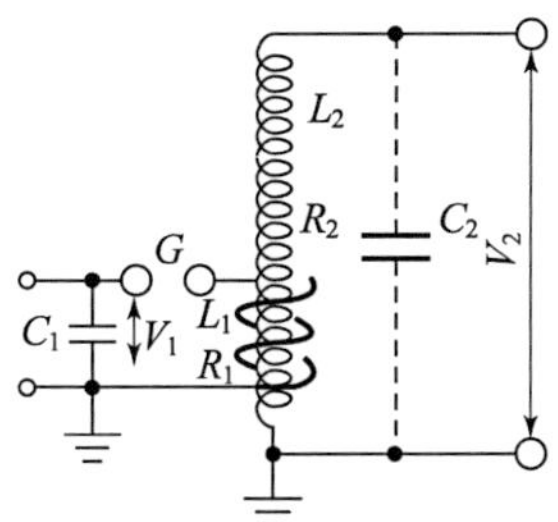

그림 3.23 고주파 발전기 개략도

3.2.4 입자가속기

① 1회 가속형

하전입자를 직류전계에서 1회 가속하여 고에너지를 얻는 것

② 자계를 사용하지 않은 가속기

- Van de Graaff형, Cockcroft형, Schenkel형 가속기
- 공진변압기형 가속기
- 선형가속기

③ 자계를 사용하는 가속기

- betatron
- cyclotron
- synchrotron

3.3 초퍼방식 레귤레이터

3.3.1 초퍼회로의 의미

(1) 초퍼회로

초퍼는 일정한 직류전원으로부터 스위치의 ON, OFF 동작에 의해 가변하는 직류전원을 얻는 회로를 의미한다. 따라서 이것을 DC-DC 변압기라고도 한다. 초퍼회로는 일정한 전압(또는 전류)을 잘라 이어 필터 등으로 평활하게 함으로서 전압(또는 전류)을 변환하는 장치이다. 인버터와 같이 파형 변환을 하는 것이 아니라 변성비를 조절하는 변압기적인 동작을 행하는 전력변환장치이다.

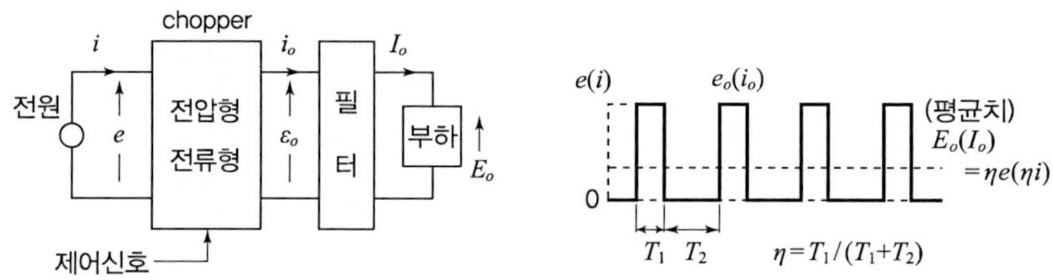

그림 3.24 초퍼회로와 발생파형

(2) 전원과 부하에 따른 분류

앞의 회로에서 출력 $e_o(i_o)$의 필터링 한 평균치 $V_O(I_O)$는 전압형 : $V_O = DV_S$, 전류형 : $I_O = DI$

단,

$$D = \frac{t_{on}}{t_{on} + t_{off}}$$

초퍼회로의 전원에는 그 극성의 변화가 있는지 없는지에 따라 **교류전원**, **직류전원**으로 나눠고 또 전원의 내부 임피던스나 부하시의 과도기적인 응답에 따라 **전압형 전원**, **전류형 전원**으로 나뉜다. 따라서 이들을 각각 전압형 초퍼, 전류형 초퍼라 부른다. 또한, 부하에 관해서도 똑같이 **전압형 부하**, **전류형 부하**라고 칭한다.

(3) 제어범위에 따른 분류

그림 3.25은 초퍼의 입력전압 E를 기준으로 하여 출력전압 E_O, 출력전류 I_O의 영역을 나타낸 것이다. 그림 3.25에서와 같이 4개의 영역으로 나누어 전력이 정인

Ⅰ, Ⅲ상한인 변환영역은 전력변환 초퍼동작이라 하며, Ⅱ, Ⅳ상한은 전력회생 초퍼동작이라 한다. 그림 3.26은 출력전압 제어영역에서 다시 분류한 것으로서 전원전압이 $E(>0)$인 경우에 있어서도, 어떤 크기와 극성의 출력전압을 발생시킬 수 있는가에 따라 회로구성이 달라진다. 강압초퍼는 출력전압이 $0 \le E_O \le E$가 되며, 승압초퍼는 $E \le E_O$가 된다. 극성반전 초퍼는 $E \le 0$으로 발생되며, 전압양극성 초퍼는 출력전압이 정, 부로 발생되는 초퍼이다. 전류형의 경우에도 똑같다.

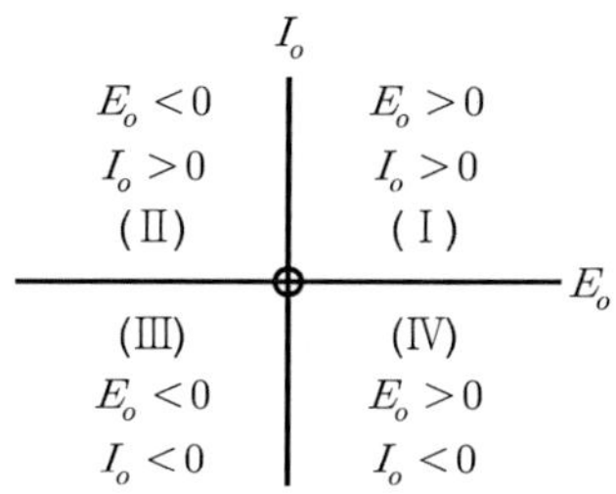

(Ⅰ, Ⅲ 상한: 변환, Ⅱ, Ⅳ 상한: 회생)

그림 3.25 전력변환영역

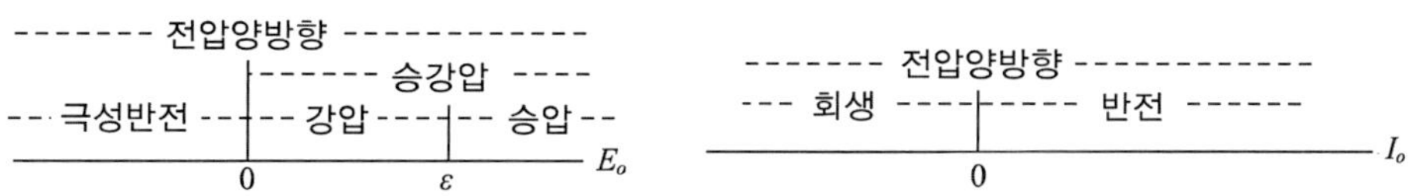

(a) 출력전압 제어범위 (b) 출력전류 제어범위

그림 3.26 전압, 전류 제어범위에 따른 초퍼분류

3.3.2 강압초퍼(step-down chopper)

(1) 강압초퍼의 정의

강압초퍼는 출력전압 V_O가 입력전압 V_S보다 낮기 때문에 붙여진 것으로, 가장 기본적인 것은 그림 3.28과 같다.

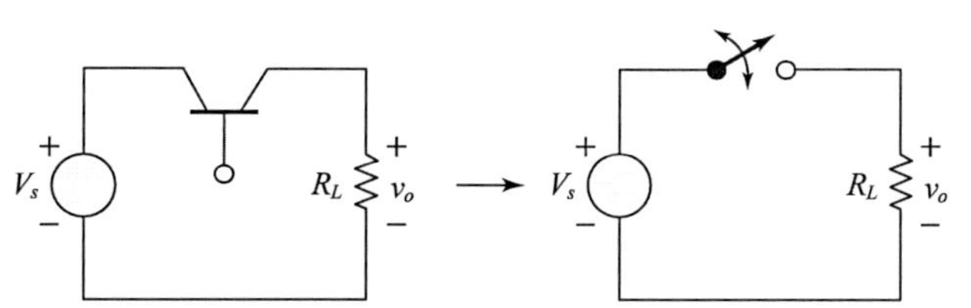

(a) a basic dc-dc switching (b) Switching equivalent

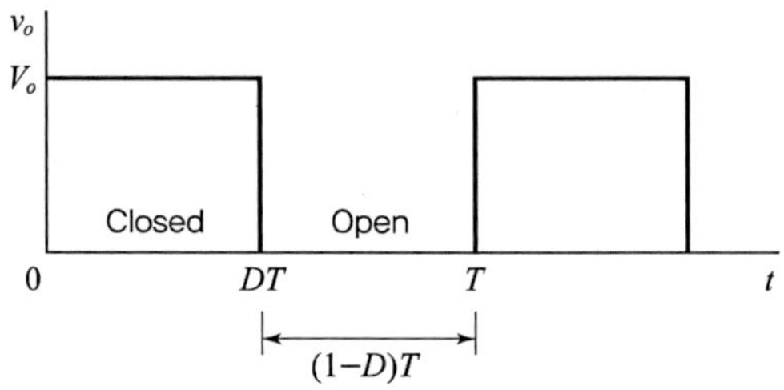

(c) Output voltage

그림 3.27 DC-DC Chopper의 기본동작

Duty ratio D를 제어함에 따라서 평균 출력전압 V_O는

$$V_O = \frac{1}{T}\int_0^T v_o(t)dt = \frac{1}{T}\int_0^{DT} V_S(t)dt = V_S D$$

로 주어지게 된다.

이때 $D = \dfrac{t_{on}}{t_{on}+t_{off}} = \dfrac{t_{on}}{T} = t_{on} f_s$ 이고,

이때 f_s는 스위칭 주파수이다

그림 3.28은 실제 사용되는 step down chopper로서 그림 3.27 회로에서 L, C 필터와 스위치 S가 off될 때 인덕터에 흐르는 전류를 환류시키기 위한 다이오드 D로 구성된다. 또 이 회로를 buck형 DC-DC converter라고도 부른다.

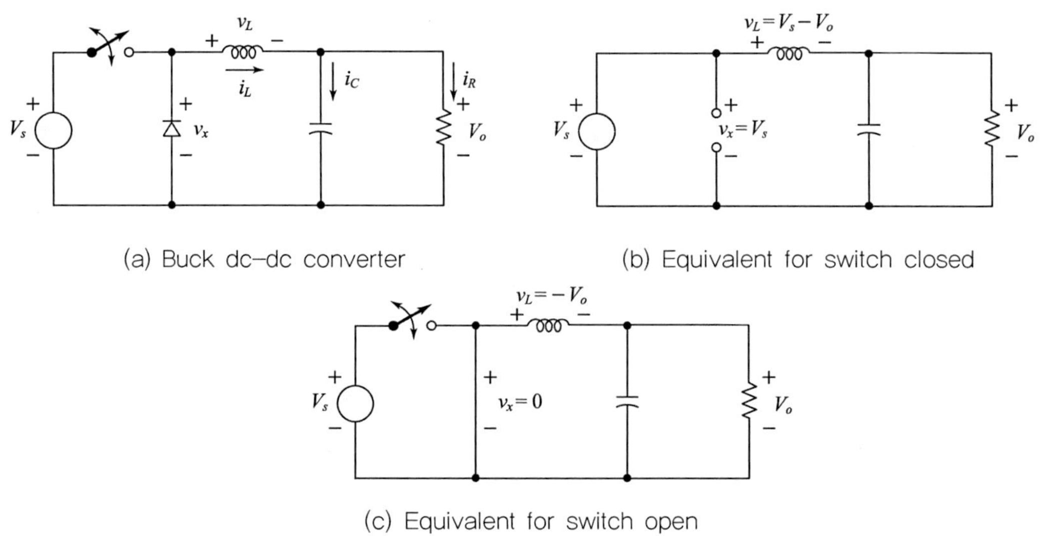

그림 3.28 Buck형 DC-DC 컨버터

(3) 강압초퍼의 해석

- Buck형 초퍼는 정상상태의 동작이 이루어질 때 인덕터의 전류는 주기적이다.

$$i_L(t+T) = i_L(t)$$

- 인덕터에 걸리는 평균전압은 zero이다.

$$V_L = \frac{1}{T}\int_t^{t+T} v_L(\lambda)d\lambda = 0$$

- 콘덴서의 전류의 평균치는 zero이다.

$$I_C = \frac{1}{T}\int^{t+T} i_C(\lambda)d\lambda = 0$$

시스템이 lossless일 때 $P_S = P_O$이다.

인덕터의 전류는 연속적이고, C가 매우 커서 출력전압 V_O가 일정하며 각 소자가 이상적이라고 가정하면 다음과 같이 해석할 수 있다.

- 스위치가 ON일 때

그림 3.9의 (b)와 같은 등가회로에서 $v_L = V_S - V_O = L\frac{di_L}{dt}$이 성립하므로

$$\frac{di_L}{dt} = \frac{\Delta i_L}{\Delta t} = \frac{\Delta i_L}{DT} = \frac{V_S - V_O}{L} \quad (\Delta i_L)_{on} = \left(\frac{V_S - V_O}{L}\right)DT$$

이 된다.

- 스위치가 OFF일 때

그림 3.9의 (c)와 같은 등가회로에서 $v_L = -V_O = L\frac{di_L}{dt}$이 성립하고 그림 3.10을 참조하면

$$\frac{\Delta i_L}{\Delta t} = \frac{\Delta i_L}{(1-D)T} = -\frac{V_O}{L} \quad (\Delta i_L)_{off} = -\left(\frac{V_O}{L}\right)(1-D)T$$

로 됨을 알 수 있다. 따라서 정상상태에서는 스위칭 ON 끝점과 스위칭 OFF 끝점에서의 i_L는 같아야 하므로 $(\Delta i_L)_{ON} + (\Delta i_L)_{OFF} = 0$이 성립하고, 앞의 식에서 $\left(\frac{V_S - V_o}{L}\right)DT - \left(\frac{V_O}{L}\right)(1-D)T = 0$을 정리하면

$$V_O = DV_S$$

가 된다.

그러므로 $0 < D < 1$인 관계로부터 출력전압 V_O은 입력전압 V_S보다 낮은 강압형 초파로 동작하게 된다. 그리고 인덕터 전류의 평균치 I_L는 부하저항 R의 평균전류 I_R와 같아야 하므로

$$I_L = I_R = \frac{V_O}{R}$$

이 되고 정상상태에서의 콘덴서 C에 흐르는 전류의 평균치는 zero가 됨을 알 수 있다.

그림 3.10에서와 같이 인덕턴스 L에 흐르는 전류 i_L의 I_{max}와 I_{min}을 구하여 보면

$$\begin{aligned} I_{max} &= I_L + \frac{\Delta i_L}{2} = I_L + \frac{1}{2}\left(\frac{V_s - V_o}{L}\right)DT \\ &= \frac{V_O}{R} + \frac{1}{2}\left[\frac{V_o}{L}(1-D)T\right] = V_O\left[\frac{1}{R} + \frac{(1-D)}{2Lf}\right] \end{aligned}$$

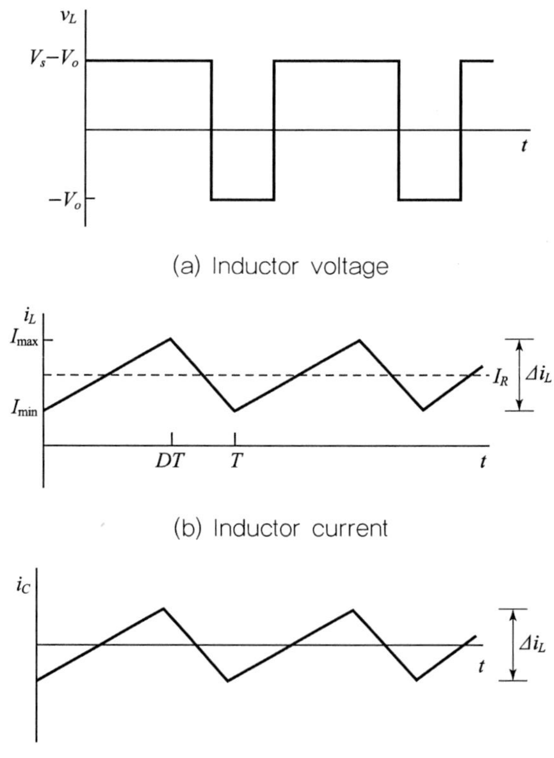

그림 3.10 Buck Converter의 파형

$$I_{\min} = I_L - \frac{\Delta i_L}{2} = \frac{V_O}{R} - \frac{1}{2}\left[\frac{V_O}{L}(1-D)T\right]$$
$$= V_O\left[\frac{1}{R} - \frac{(1-D)}{2Lf}\right]$$

위의 관계식으로부터 부하전류가 연속되거나 불연속되는 경계조건은 duty ratio D가 일정한 경우에 L과 f에 의해 정해지므로 $I_{\min} = 0$으로부터

$$I_{\min} = 0 = V_O\left[\frac{1}{R} - \frac{(1-D)}{2Lf}\right] \quad I_{\min} \geq \frac{(1-D)R}{2f}$$

로 L값을 선정하면 전류 연속 동작이 가능하다

3.3.3 승압초퍼(step-up chopper)

(1) 초퍼회로

승압초퍼는 입력전압보다 높은 출력전압을 얻는 회로로서 boost형 초퍼라 부르기도 한다. 그림 3.30은 승압초퍼의 기본회로와 스위치의 ON, OFF에 따른 등가회로를 나타낸 그림이다.

해석에 앞서 다음과 같이 가정한다.

- 동작 상태는 정상상태이고 회로요소는 이상적이다.
- 스위칭 주기는 T이고, D_T 동안 스위치가 ON되며 $(1-D)T$ 동안은 OFF된다.
- 인덕턴스에 흐르는 전류는 연속적이다.
- 커패시턴스가 매우 커서 출력전압 $V_O = \text{const}$하다.
- 스위치가 ON일 때

  그림 3.30(a)와 같은 등가회로가 되며,

  $V_s = L\frac{di_L}{dt}$인 관계로부터 $\frac{\Delta i_L}{\Delta t} = \frac{\Delta i_L}{DT} = \frac{V_s}{L}$이 되므로

$$(\Delta i_L)_{on} = \frac{1}{L} V_S DT$$

  가 성립한다.
- 스위치가 OFF일 때

  그림 3.30의 (c)와 같은 등가회로로부터 $v_L = V_S - V_O = L\frac{di_L}{dt}$인 관계로부터

$$\frac{\Delta i_L}{\Delta t} = \frac{\Delta i_L}{(1-D)T} = \frac{V_S - V_O}{L}$$

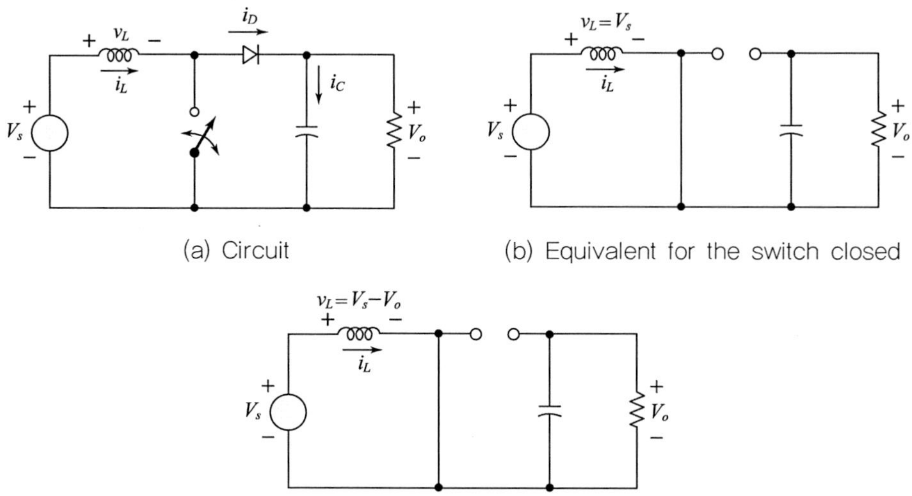

(a) Circuit (b) Equivalent for the switch closed

(c) Equivalent for the switch open

그림 3.30 Boost Chopper

따라서

$$(\Delta i_L)_{off} = \frac{(V_s - V_o)(1-D)T}{L}$$

인 관계가 주어진다.

따라서 정상상태에서는 $(\Delta i_L)_{ON} + (\Delta i_L)_{OFF} = 0$이므로

$$\frac{V_s DT}{L} + \frac{(V_s - V_o)(1-D)T}{L} = 0$$

으로 주어진다.

$$V_o = \frac{V_S}{1-D}$$

앞 식에서 $0 < D < 1$의 범위이므로 D를 제어하면 $V_O > V_S$인 승압형으로 동작함을 알 수 있다. 그리고 이 초퍼회로의 손실을 무시하면, 전원에서 공급된 전력은 부하 R에서의 소모전력과 같다.

즉, $P_O = \dfrac{{V_O}^2}{R}$이고

$$V_S I_S = V_S I_L \quad V_S I_L = \frac{{V_O}^2}{R} = \frac{1}{R}\left(\frac{V_S}{1-D}\right)^2 = \frac{{V_S}^2}{(1-D)^2 R}$$

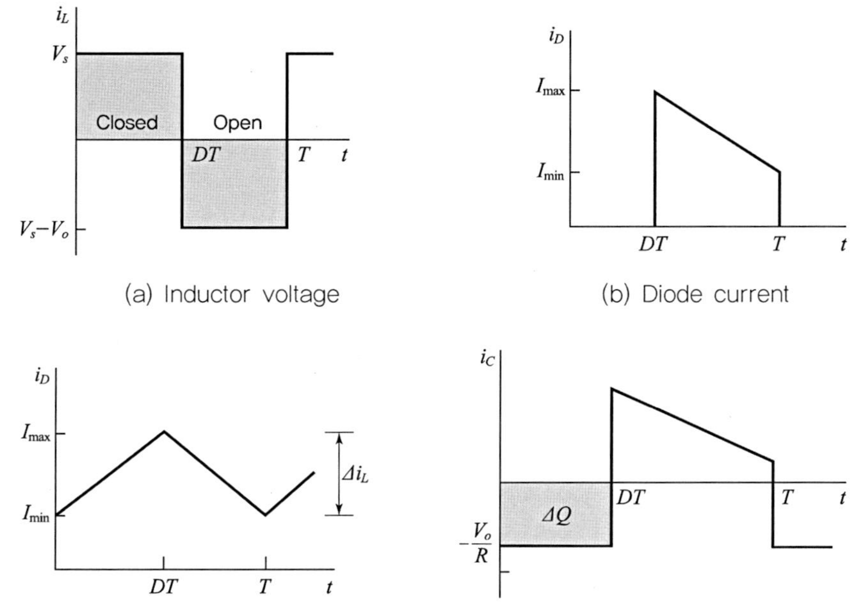

(a) Inductor voltage (b) Diode current

(c) Inductor current (d) Capacitor current

그림 3.31 Boost Converter 의 파형

또는 $I_L = \dfrac{V_S}{(1-D)^2 R}$의 관계가 주어지므로 부하조건에 따라 회로 설계의 기준을 삼을 수 있다. 또한, 인덕턴스에 흐르는 전류 i_L의 I_{max}와 I_{min}을 구해보면, 그림 3.31로부터

$$I_{max} = I_L + \frac{\Delta i_L}{2} = \frac{V_S}{(1-D)^2 R} + \frac{V_S DT}{2L}$$

$$I_{min} = I_L - \frac{\Delta i_L}{2} = \frac{V_S}{(1-D)^2 R} - \frac{V_S DT}{2L}$$

이 되고, i_L의 연속조건으로부터

$$I_{min} = 0 = \frac{V_S}{(1-D)^2 R} + \frac{V_S DT}{2L}$$

또는

$$\frac{V_S}{(1-D)^2 R} = \frac{V_S DT}{2L} = \frac{V_S D}{2Lf}$$

이 되므로

$$L_{\min} = \frac{D(1-D)^2 R}{2f}$$

로 구할 수가 있다.

3.3.4 Buck-Boost 초퍼

그림 3.32는 buck-boost 초퍼의 기본회로이다. 이 회로는 duty ratio에 따라서 승압 또는 감압이 가능하다. 이 회로의 정상상태의 동작해석은 앞서 언급한 가정들을 수용하고 해석해 보자.

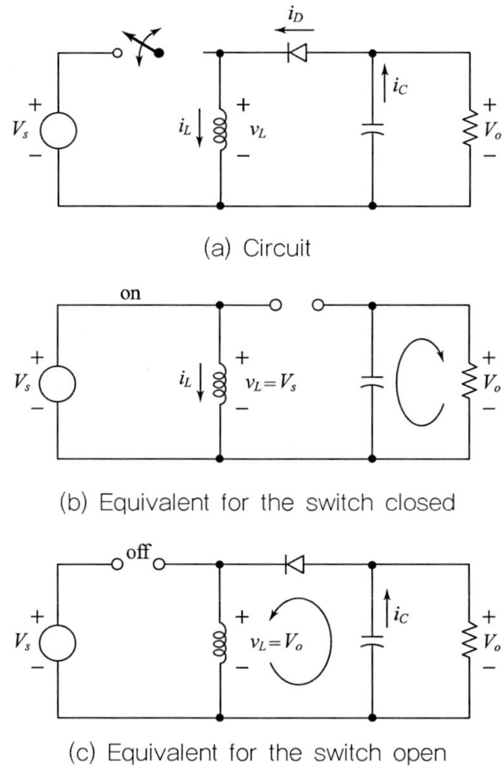

그림 3.32 Buck-Boost converter

- 스위치가 ON일 때

  그림 3.32(b)와 같은 등가회로에서 $v_L = V_S = L\dfrac{di_L}{dt}$ 인 관계로부터

  $\dfrac{\Delta i_L}{\Delta t} = \dfrac{\Delta i_L}{DT} = \dfrac{V_S}{L}$ 이고, 이로부터

$$(\Delta i_L)_{on} = \frac{1}{L} V_S DT$$

가 구해진다.

- 스위치가 OFF일 때

그림 3.32(c)와 같은 등가회로에서 스위치가 OFF될 때 인덕턴스 L에 흐르는 전류는 순간적으로 변할 수가 없으므로 다이오드 D는 순방향으로 바이어스 되고 i_L에는 R과 C로 흐르게 된다.

따라서 이때에는 $v_L = V_O = L\frac{di_L}{dt}$ 인 관계로부터

$$\frac{\Delta i_L}{\Delta t} = \frac{\Delta i_L}{(1-D)T} = \frac{V_O}{L}$$

가 구해진다.

그러므로 정상상태의 동작에 있어서도 $(\Delta i_L)_{ON} + (\Delta i_L)_{OFF} = 0$인 관계로부터

$$\frac{V_S DT}{L} = \frac{V_O(1-D)T}{L} = 0$$

가 성립하고 출력전압 V_O은

$$V_O = -V_S\left(\frac{D}{1-D}\right)$$

가 된다.

또한, 여기에서도 인덕턴스 L에 흐르는 전류와 전류 연속이 될 L의 크기를 구해보자.

그림 3.33은 전류 연속인 경우에 정상상태 동작시 각 파형을 나타낸 것이다.

전원에서 공급한 전력은 부하 R에서 소모한 전력과 같다. 따라서

$$P = \frac{{V_O}^2}{R},\ P_S = V_S I_S,\ \frac{{V_O}^2}{R} = V_S I_S$$

전원에서 공급된 평균전력과 인덕턴스 전류와는 $I_S = I_{LD}$이므로

$$\frac{{V_O}^2}{R} = V_S I_L D$$

가 성립한다. 즉,

$$I_L = \frac{{V_O}^2}{V_S RD} = \frac{P_O}{V_S D} = \frac{V_S D}{(1-D)^2 R}$$

가 성립한다.

따라서 출력전압은 입력전압의 극성과 반대로 되고 D의 크기에 따라서 승압 또는 감압이 가능함을 알 수 있다.

또한, I_{max}과 I_{min}은

$$I_{max} = I_L + \frac{\Delta i_L}{2} = \frac{V_S D}{(1-D)^2 R} + \frac{V_S DT}{2L}$$

$$I_{min} = I_L - \frac{\Delta i_L}{2} = \frac{V_S D}{(1-D)^2 R} + \frac{V_S DT}{2L}$$

그러므로 인덕턴스의 전류 I_L의 연속 경계조건으로부터 부하전류 연속일 최소 인덕턴스 L_{min}은 $I_{min} = 0$인 관계를 구하면

$$\frac{\Delta V_O}{V_O} = \frac{D}{RCf}$$

로 주어진다.

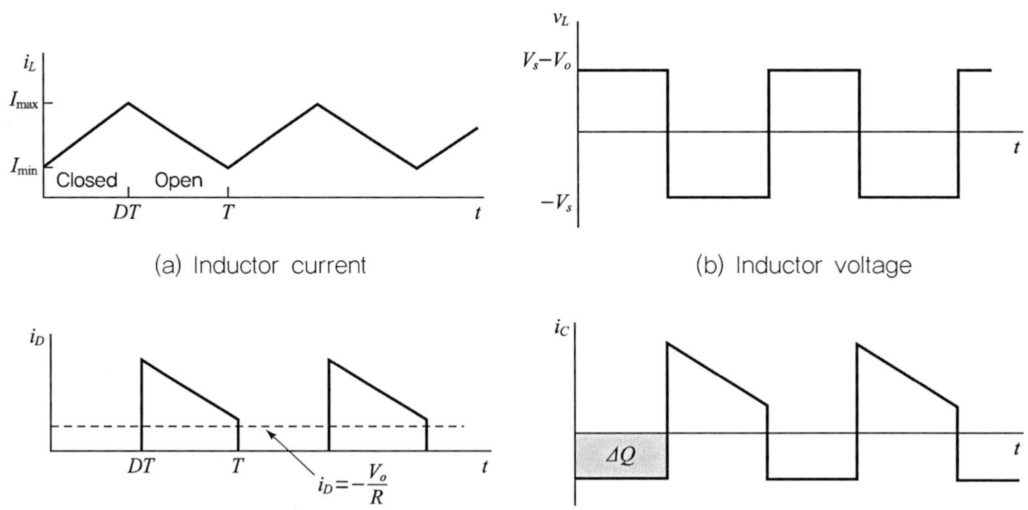

(a) Inductor current (b) Inductor voltage

(c) Diode current (d) Capacitor current

그림 3.33 Buck–Boost converter의 파형

3.3.5 전류 불연속모드의 동작해석

DC-DC 초퍼회로에서 앞 절에서는 L에 흐르는 전류가 연속적이라는 가정 하에서 해석하였다. 그러나 고주파 스위칭 레귤레이터에서와 같이 높은 스위칭에 따른 스위칭소자의 ON, OFF 손실은 결코 무시할 수 없는 매우 큰 비중을 갖게 되어 효율이 매우 낮아진다. 따라서 ZVS, ZCS을 위해서는 전류 불연속모드의 동작이 바람직하게 된다.

(1) Buck Converter의 전류 불연속 동작 해석

그림 3.28과 같은 Buck형에서 L의 전류가 불연속인 경우의 파형을 그림 3.34에 나타내었다.

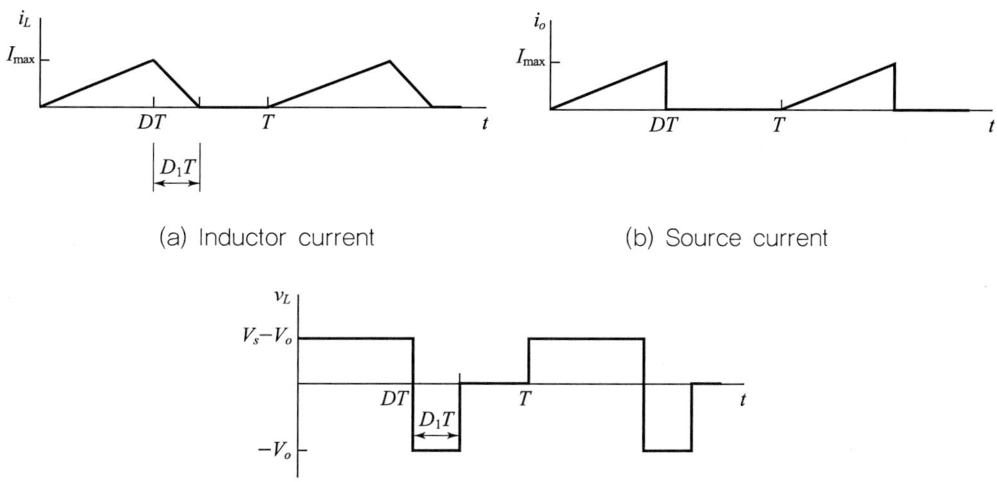

(a) Inductor current (b) Source current

(c) Inductor voltage

그림 3.34 전류 불연속인 경우의 Buck 컨버터의 파형

그림 3.34(c)를 참고하면

$$(V_S - V_O)DT - V_O D_1 T = 0$$

인 관계가 성립한다.

이로부터

$$\frac{V_O}{V_S} = V_S\left(\frac{D}{D+D_1}\right)$$

가 된다.

또한, 콘덴서 전류의 평균치는 0이므로 $I_L = I_R = \frac{V_O}{R}$로 되고

그림 3.34(a)로부터

$$I_L = \frac{1}{T}\left(\frac{1}{2}I_{\max}DT + \frac{1}{2}I_{\max}D_1 T\right) = \frac{1}{2}I_{\max}(D + D_1)$$

가 되므로, 따라서

$$\frac{1}{2}I_{\max}(D + D_1) = \frac{V_O}{R}$$

인 관계를 얻을 수 있다.

한편, 전류 불연속인 모드 동작에서는 그림 3.34(a)에서 알 수 있듯이 스위치가 DT시간 동안 ON되어 i_L이 0으로부터 증가하여 $I_{\max}$에 도달한 후 스위치가 OFF 되면 $D_1 T$시간 동안에 다시 0으로 감소하게 된다.

그리고 스위치 ON 구간에서 인덕턴스 L에 걸리는 전압은 $v_L = V_S - V_O$이고

$$\frac{di_L}{dt} = \frac{V_S - V_O}{L} = \frac{\Delta i_L}{\Delta t} = \frac{\Delta i_L}{DT} = \frac{I_{\max}}{DT}$$

이 성립한다.

따라서 $I_{\max}$이 되므로

$$I_{\max} = \Delta i_L = \left(\frac{V_S - V_O}{L}\right)DT = \frac{V_O D_1 T}{L}$$

$$\frac{1}{2}I_{\max}(D + D_1) = \frac{1}{2}\left(\frac{V_O D_1 T}{L}\right)(D + D_1) = \frac{V_O}{R}$$

i_L 전류가 0이 되는 시간구간 D_1은

$$D_1 = \frac{1}{2}\left[-D + \sqrt{D^2 + \frac{8T}{RT}}\right]$$

로 구해지므로,

전류 불연속모드에서의 출력전압 V_O

$$V_O = V_S\left(\frac{D}{D + D_1}\right) = V_S\left[\frac{2D}{D + \sqrt{D^2 + \frac{8T}{RT}}}\right]$$

가 구해진다.

3.3.6 MAX634에 의한 극성 반전형 초퍼의 설계

(1) MAX634의 특징

(+)전원으로부터 (-)전원을 또는 (-)전원으로부터 (+)전원을 만들려면 극성 반전형의 초퍼를 사용한다.

그림 3.35는 MAX634의 구성이다.

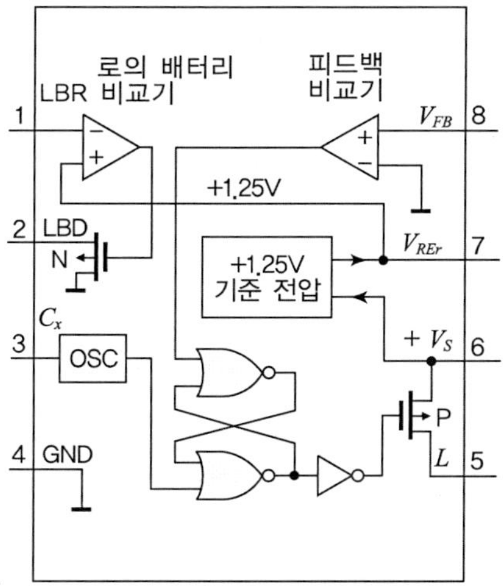

그림 3.35 MAX634의 구성

(2) 극성 반전형 초퍼 동작의 구성

그림 3.36에서는 동작 원리도를 나타낸다.

스위치 S가 ON하면 입력 전원 V_{IN}으로부터 전류 i_1이 흐른다. 이 전류는 코일 L을 흘러 에너지를 축적한다. 스위치 S가 ON하고 있는 기간 t_{on}으로 하면 i_1의 최대값 i_{1p}는

$$i_{1p} = \frac{V_{IN}}{L} t_{on}$$

이 된다.

여기서 t_{on} 뒤에 스위치 S가 OFF하면 코일 L에는 역기전력이 발생한다.

이 역기전력에 의해 전류 i_2가 콘덴서 C, 다이오드 D를 통하여 흐르기 시작한다. 그리고 이 i_2에 의해 콘덴서의 양단에는 그림의 극성에서의 직류 전압이 발생한다. 이 전압이 음극성의 출력 전압 V_O가 된다.

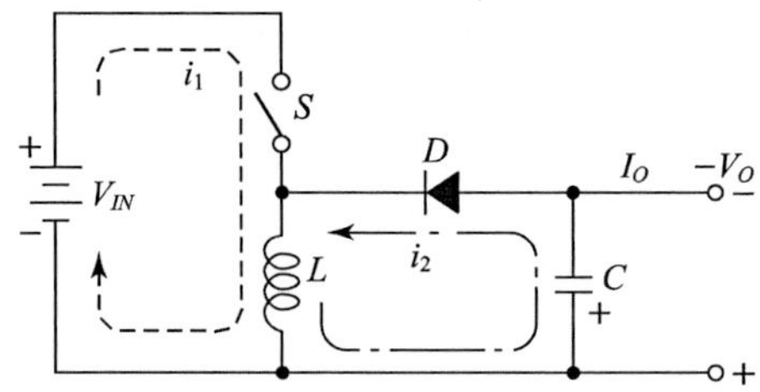

그림 3.36 극성 반전형 초퍼의 동작 원리

직류 출력 전류를 I_O로 하면 코일에 축적된 에너지 PL이 직류 출력 전력과 같게 되기 때문에

$$V_O I_O = \frac{{V_{IN}}^2 {t_{ON}}^2}{2L} f$$

가 된다.

이것으로 알 수 있듯이 출력 전류나 입력 전압이 변화해도 스위치의 ON 기간을 변화시켜주면 출력 전압을 안정화할 수 있다.

그림 3.37에서 콘덴서 C를 충전하는 전류 i_2는 코일의 역기전력에 따른 것이지만 코일을 흐르는 전류는 불연속으로 되는 성질을 갖고 있다. 따라서 스위치 S의 ON시의 최대 전류 i_{1p}로부터 감소하는 경향의 파형이 된다. 즉,

$$i_2 = i_{1p} - \frac{V_O}{L} t$$

이 식에서 i_2는 $t = t_{off}$로 최저값을 취한다. 그리고 i_2의 전류의 파형폭은 상당히 크기 때문에 출력의 리플 전압 ΔV_O가 크게 된다. 따라서 평활 콘덴서는 용량이나 내부 임피던스에 여유를 가진 값의 것을 사용해야 한다.

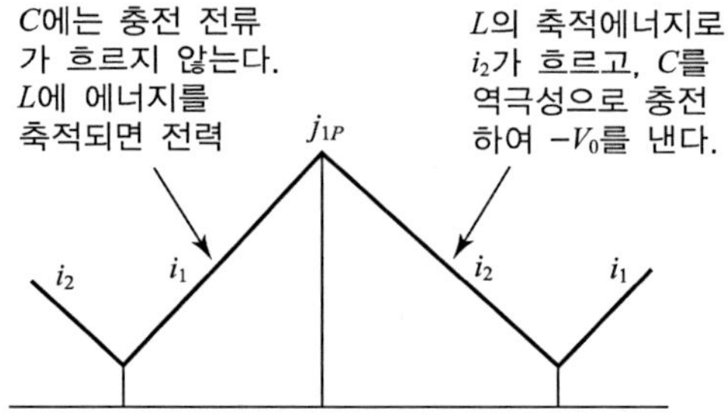

그림 3.37 극성 반전형 초퍼의 전류파형

CHAPTER

04 펄스파워의 응용 및 실제 적용사례

4.1 펄스파워의 레이저 적용

4.1.1 펄스파워의 CO_2 레이저 적용

(1) CO_2 레이저 시스템의 구성

① CO_2 레이저 시스템의 구성요소

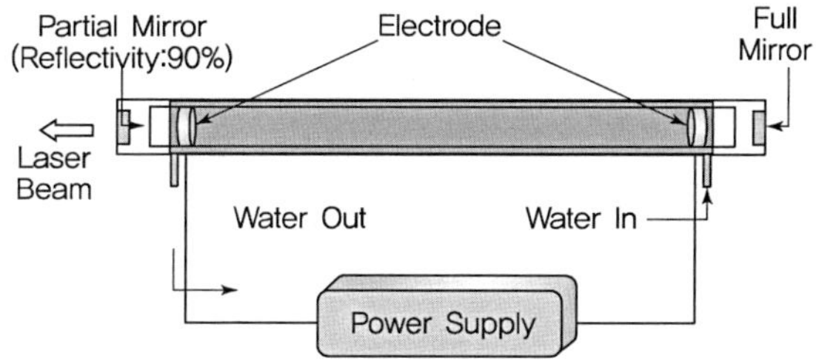

그림 4.1 저속 축류형 CO_2 레이저

② CO_2 시스템

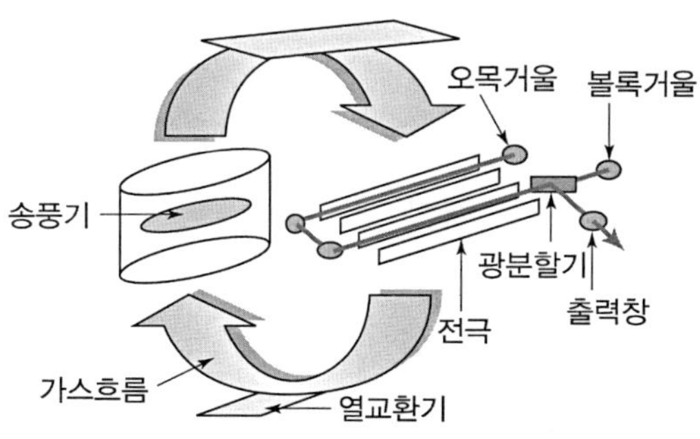

그림 4.2 횡류형 CO_2 레이저

(2) CO_2 레이저의 발진이론

① CO_2 분자의 진동모드

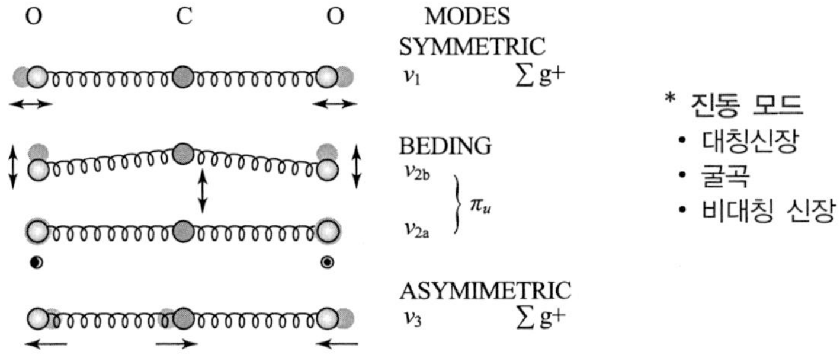

그림 4.3 CO_2 분자의 3가지 진동모드

② CO_2 레이저의 에너지 준위

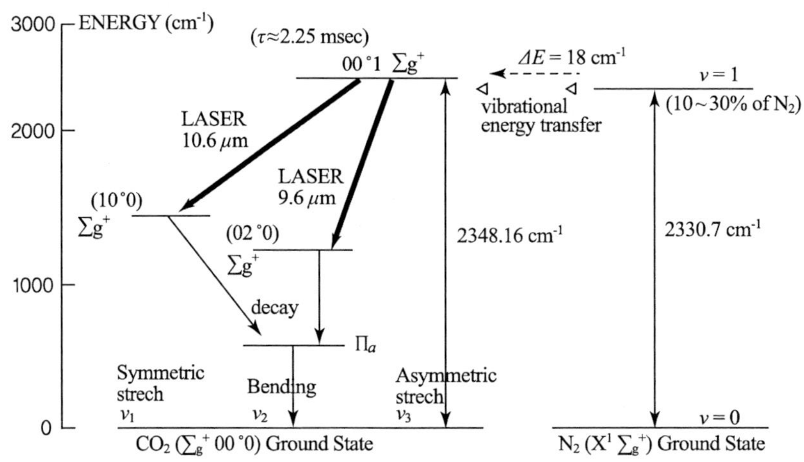

그림 4.4 The vibrational energy level diagram of CO_2 laser

- 분자의 에너지 준위 → 모드 수에 의해 결정(n_1, n_2, n_3)

③ CO_2 레이저의 출력과 능동매질

- 대표적인 능동 매질 Typical active materials

N_2 : v = 1의 진동 준위와 CO_2 분자의(0, 0^0, 1)과 비슷 → 영구 쌍극자 모멘트가 0 이어서 기저 상태로의 붕괴가 불가능하기 때문에 N_2의 수명이 매우 길다.

He : 레이저 출력의 안정화, The stabilization of laser output 레이저 밀도 반전 유지에 큰 공헌.

(3) CO_2 레이저의 여기 과정

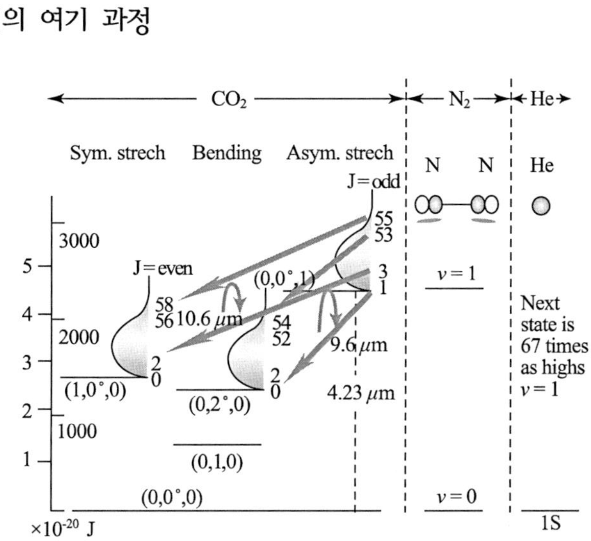

그림 4.5 CO_2 레이저의 여기 과정도

(4) CO_2 레이저의 종류 및 분류

냉각 방식	여기 방식	공진기 형태
저속 축류형	직류 글로우 여기	안정형(single/multi mode)
고속 축류형	축 방향 방전 여기형 횡 방향 방전 여기형	링 모드
횡류형	분할 방전 여기형 고주파 방전 여기 (무성방전형, RF방전형)	FAIR 공진기

① 저속 축류형 레이저 시스템

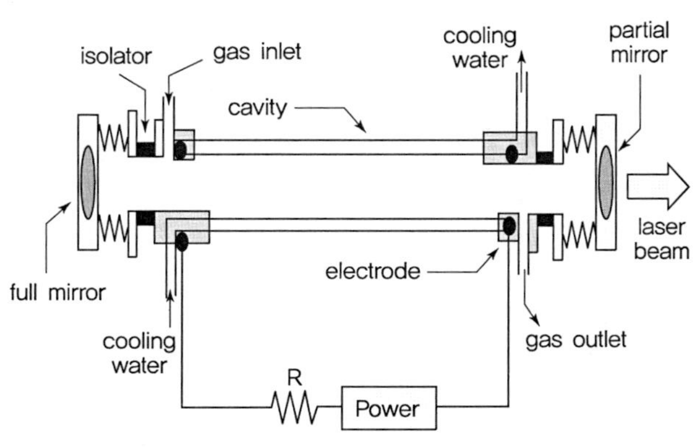

그림 4.6 저속 축류형의 구조

② 고속 축류형 냉각형 레이저 시스템

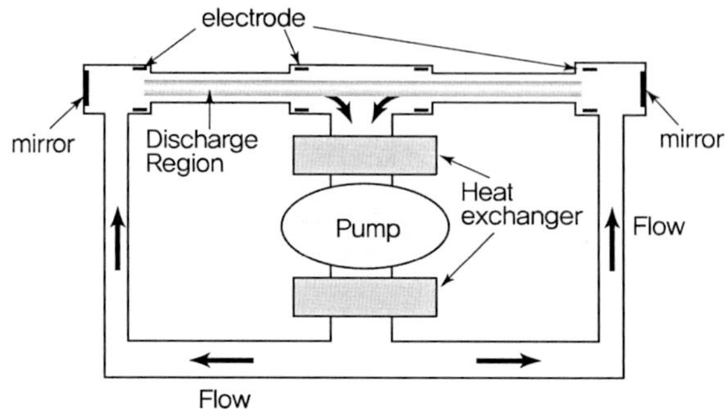

그림 4.7 고속 축류형의 구조

③ 횡류형 CO_2 레이저 시스템

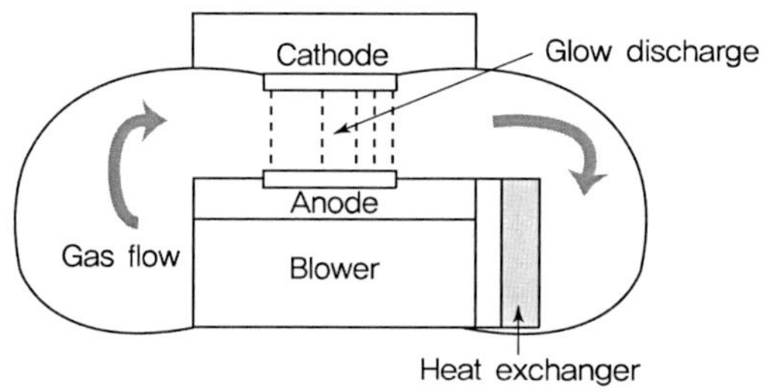

그림 4.8 횡류형의 구조

(5) 실제 제작된 CO_2 레이저

그림 4.9 제작된 저속 축류형의 CO_2 레이저

(6) CO_2 레이저 절단 및 실험 결과

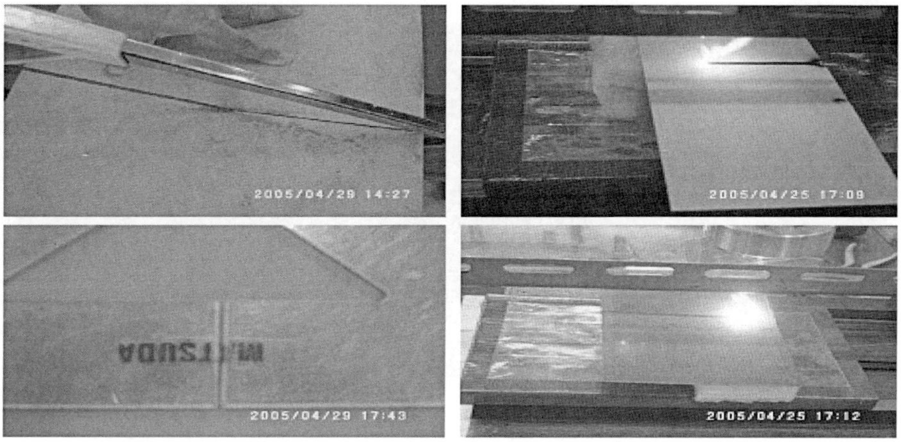

그림 4.10 CO_2 레이저 절단 모습

(7) 회로분석

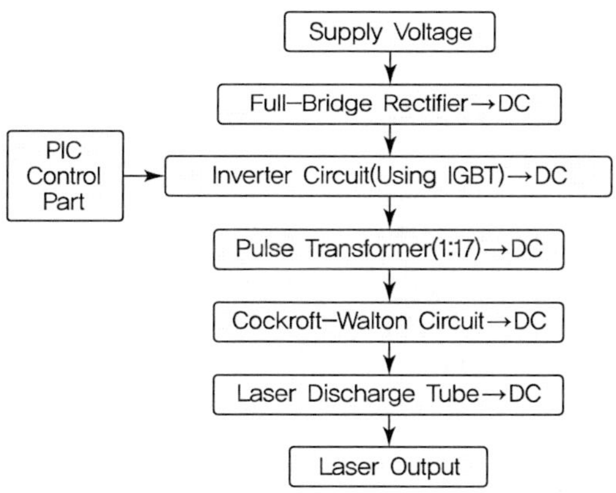

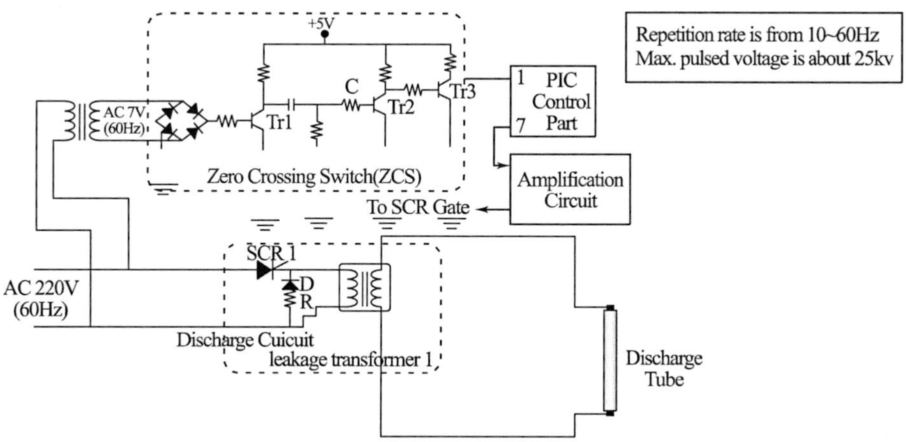

그림 4.11 고반복 펄스 CO_2 레이저 회로

① CO_2 레이저에서 빔이 나가는 모습

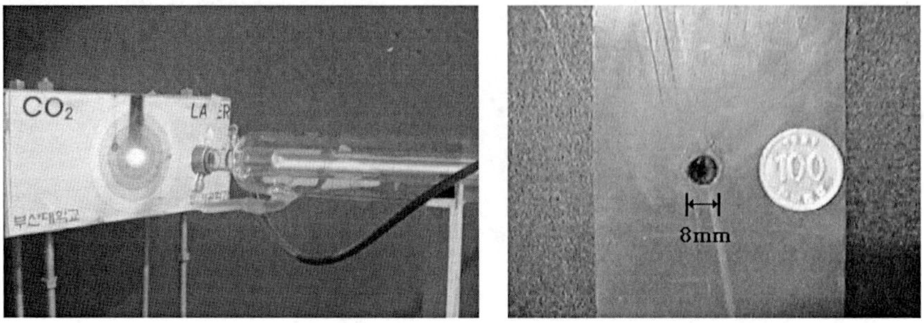

그림 4.12 발생된 빔 모양

4.1.2 Nd-YAG 레이저

(1) Nd:YAG Laser

그림 4.13 Nd : YAG 레이저의 종류

- was first demonstrated by Geusic et al. at Bell Laboratories in 1964
- Wavelength: 1064nm
- Continuous and pulsed types
- Medium: Nd-YAG(Yttrium, Aluminium, Garnet)
- Usage: Etching, Marking, Welding, Dentistry, Laser designator

① Second Harmonic Generation

- is also called as frequency doubling
- Change the output wavelength: 1064nm → 532nm (Green color)

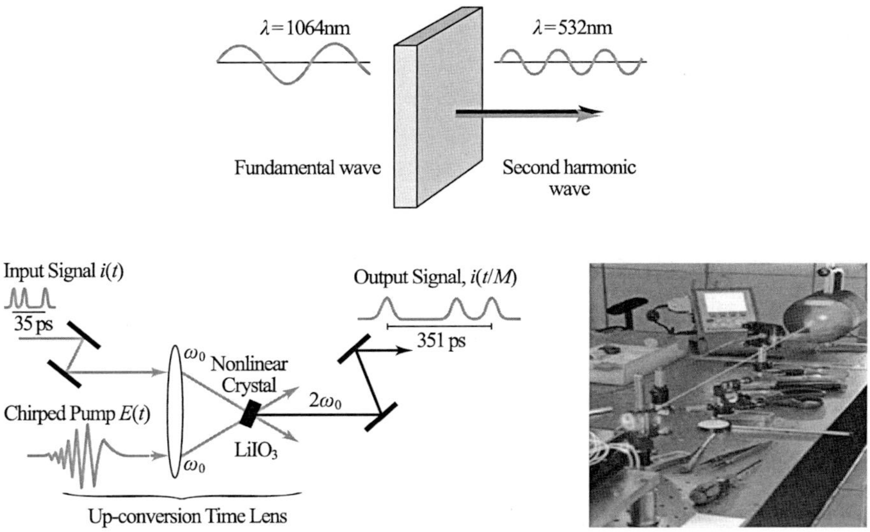

그림 4.14 제2고조파 발생법

② Ruby Laser

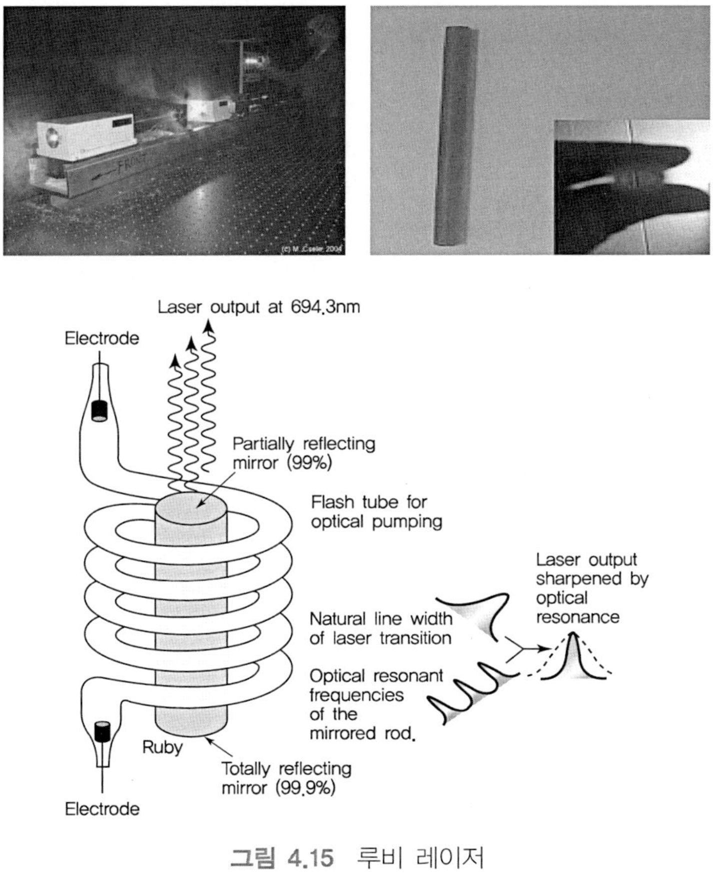

그림 4.15 루비 레이저

- was invented by Theodore Maiman in 1960
- Wavelength : 694.3nm
- High pulsed power and good coherence length
- Medium : Ruby crystal
- Usage : Holography, Tattoo and hair removal

(2) Nd:YAG 레이저 회로 및 원리

① Atomic Transitions

- The frequency of the emitted photon going from level 2 to 1 is given by

$$v = \frac{E_2 - E_1}{h}$$

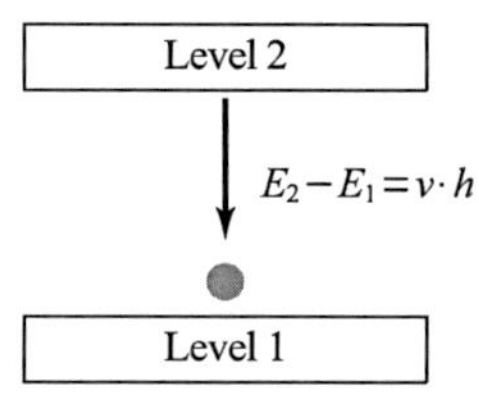

그림 4.16 주파주 결정

- Ni = The electron population of level i
- Considering the Boltzman equation which describes the relation between the electrons in level 1 and 2 at thermal equilibrium

$$N_2 - N_1 = \exp\left(-\frac{E_2 - E_1}{k_B T}\right) \quad (k_B = \text{Boltzman constant})$$

giving that $E_2 > E_1$ and $T > 0 => N_1 > N_2$!

② Population Inversion in Laser Pumping System

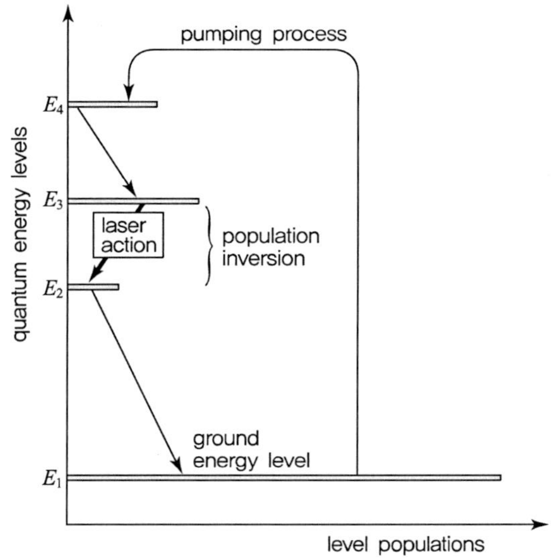

그림 4.17 반전분포 개념도

③ Emission Properties

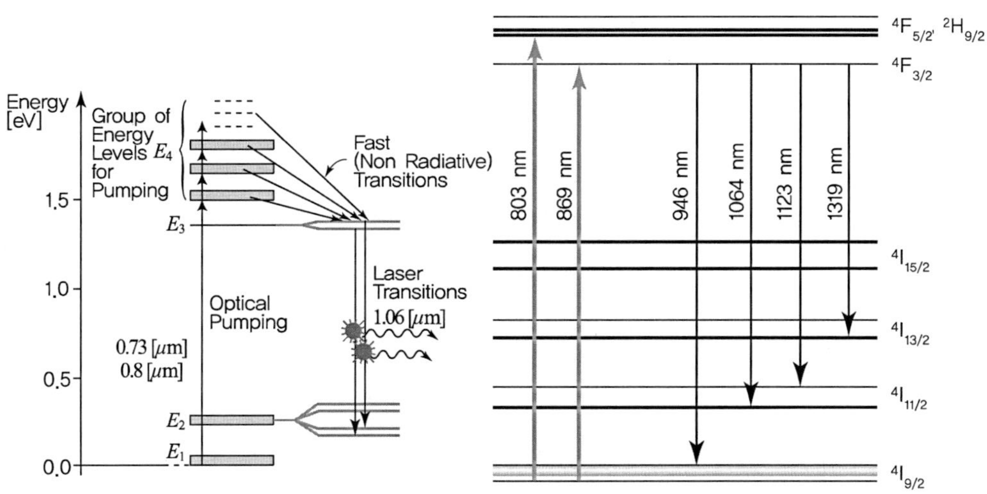

그림 4.18 Nd : YAG 레이저 에너지 밴드 구조

- 4 level laser
- $^4F_{3/2}$ – Upper laser level

- 4 ways emission can occur
- $^4F_{3/2} \rightarrow {}^4I_{9/2}$ (946nm)
- $^4F_{3/2} \rightarrow {}^4I_{11/2}$ (1064nm)
- $^4F_{3/2} \rightarrow {}^4I_{13/2}$ (1123nm)
- $^4F_{3/2} \rightarrow {}^4I_{15/2}$ (1319nm)

(3) Nd:YAG 레이저 시스템 구성

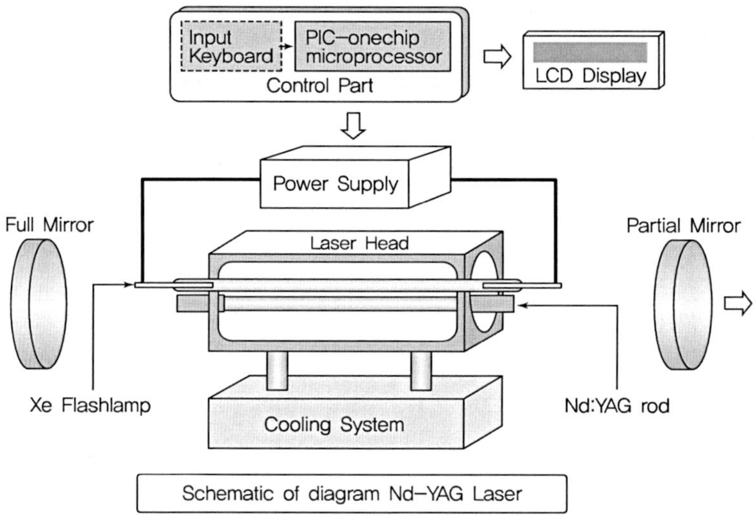

그림 4.19 Nd : YAG 레이저 시스템

① 공진기

빛의 효율적 전달을 위한 타원형 구조의 공진기 채택

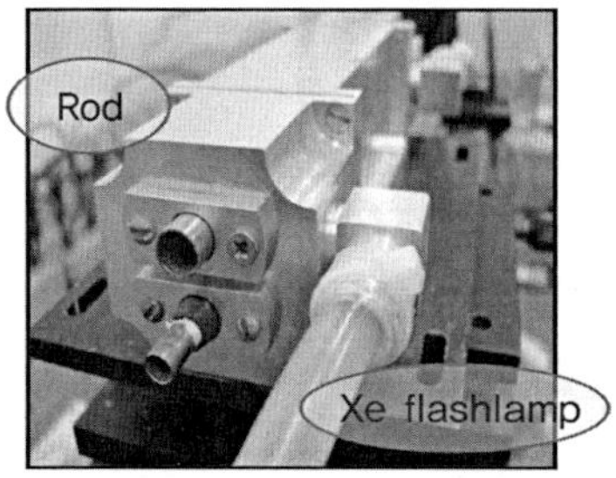

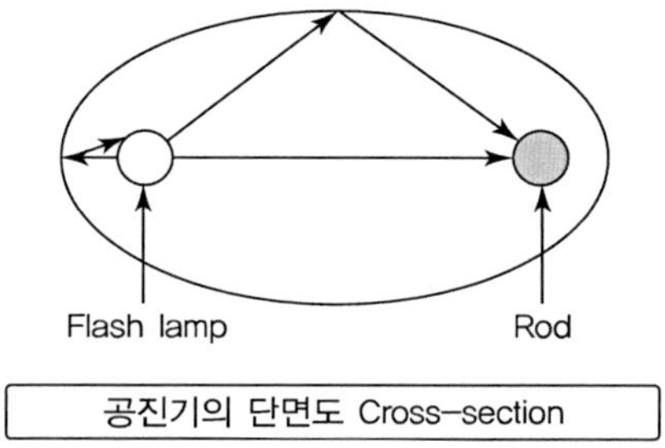

그림 4.20 타원형 공진기의 구조

② Cavity

- Elliptical laser cavity

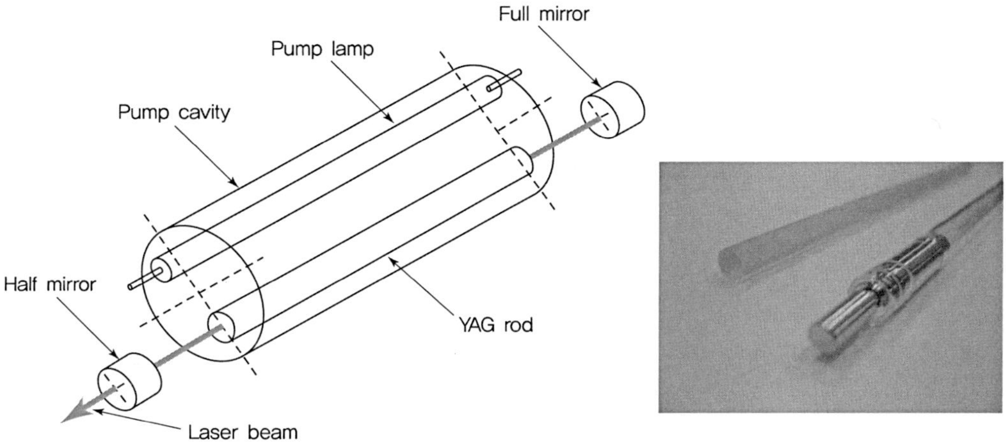

그림 4.21 타원형 공진기 3D 모습, 로드, 램프

- Affects the uniformity, divergence, and optical distortion of the laser beam

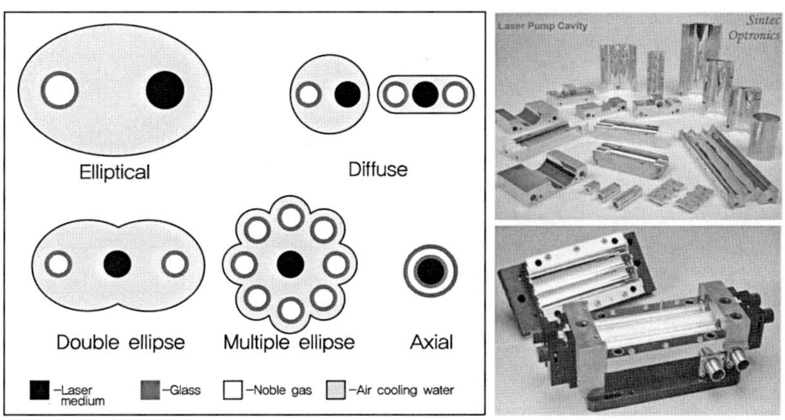

[Various laser cavities]

그림 4.22 여러 가지 형상의 공진기

③ Elements of a Laser

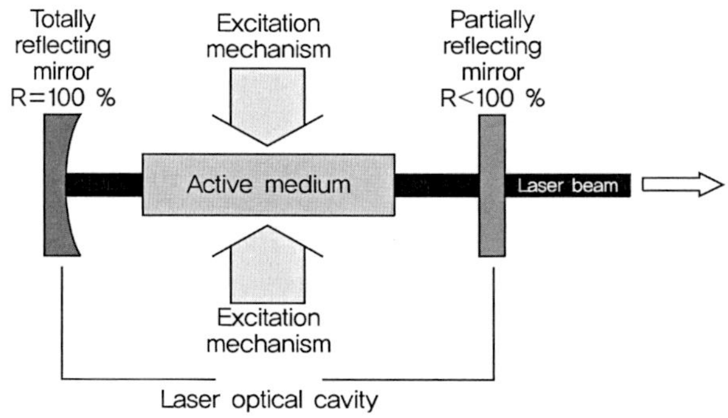

그림 4.23 레이저 발진 과정

④ Nd:YAG Crystal

- YAG Crystal($Y_3Al_5O_{12}$)
  - Stable compound
  - Mechanically robust
  - Physically hard
  - Optically isotropic

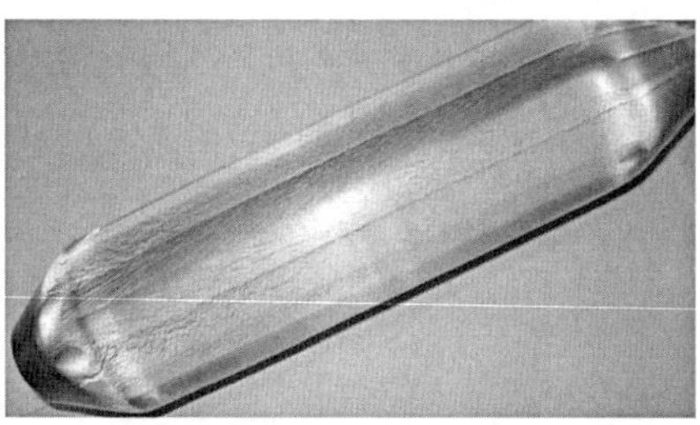

- Nd:YAG Crystal
  - Y^{3+}: the rare earth dopant
  - YAG is doped with Nd^{3+} at the 0.2 to 1.4% level
  - Efficient 4-level laser material

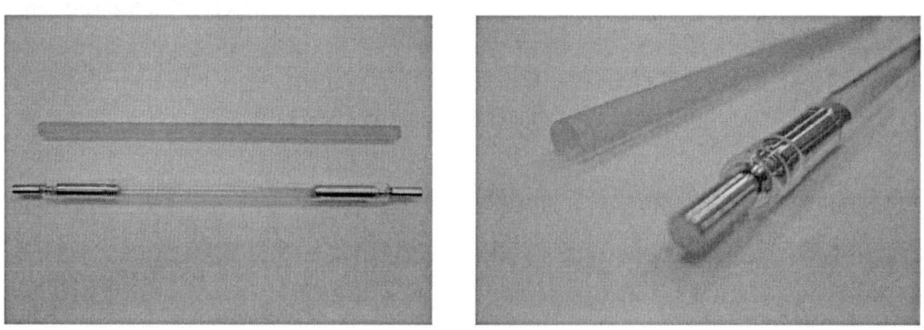

그림 4.24 Nd : YAG rod 및 Xe 플래쉬 램프

⑤ Nd:YAG Crystal Growth Methods

- Verneuil Process
  1. Starting material is finely powdered and placed in the container.
  2. Oxygen is supplied into the furnace.
  3. Hydrogen is also supplied.
  4. Combustion occurs with a flame of at least 2000℃ at its core.
  5. The powder melts into small droplets.
  6. The droplets gradually form a sinter cone on the rod.
  7. The seed crystal eventually forms at the tip
- Czochralski process

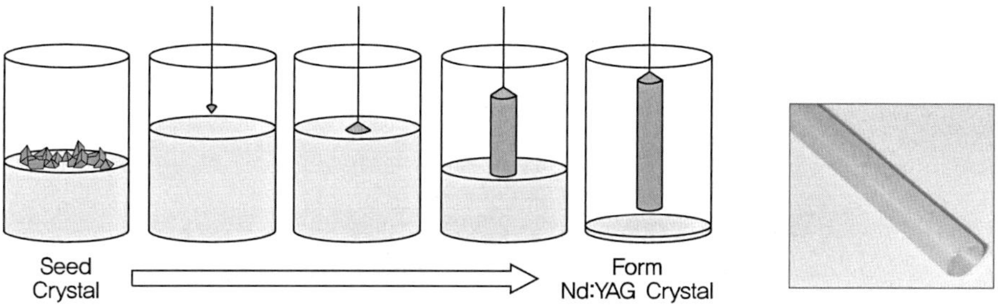

그림 4.25 결정 성장 방법

  1. Molten material is prepared.
  2. Crystal seed dipped in the melt.
  3. Seed then rotated and slowly pulled out of molten material.
- 1918년 쵸크랄스키에 의해 개발
- 이리듐 도가니 속에 넣고 고온으로 가열하여 완전한 용액 상태로 만든다.
- 종자를 서서히 회전시키면서 끌어올리면 결정의 정출 작용이 종자 결정 끝에서부터 시작되고, 인상된 용액이 고화되면서 막대 모양의 원통형 결정이 성장된다.
- 단점: 시설비용이 매우 높다.

그림 4.26 쵸크랄스키 도가니

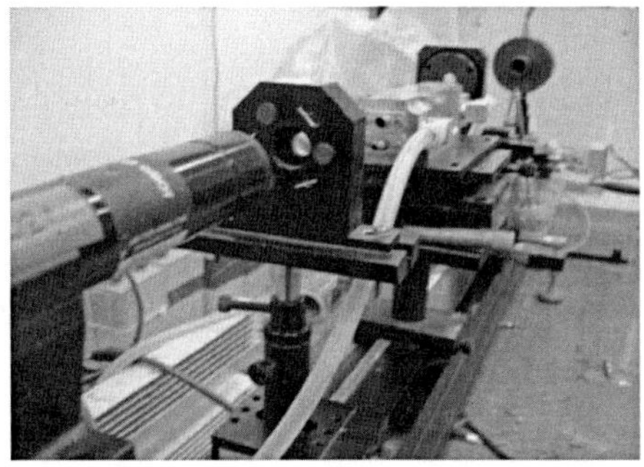

그림 4.27 Nd : YAG 레이저 모습

⑥ 레이저 구조–반사경

- 전 반사경(Full mirror): 반사율 99.5%이상, 곡률 반경 2m인 오목거울 사용
- 부분 반사경(Partial mirror) : 반사율 80%인 평면경을 사용

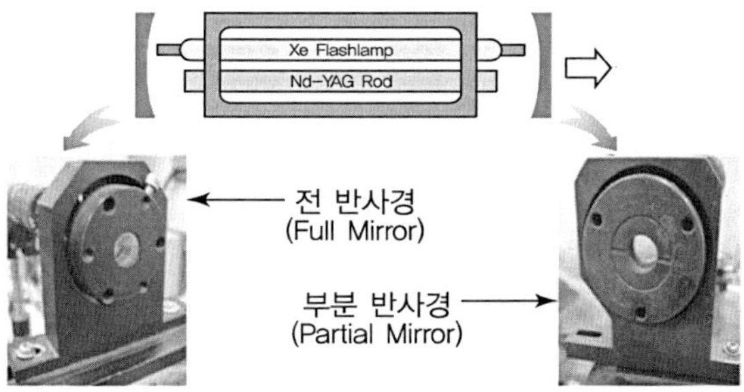

그림 4.28 전반사경과 부분 반사경

⑦ 레이저 구조 - He–Ne 레이저

- 기체 레이저의 한 종류
- 적색(632.8nm)의 빔 방출
- 전반사경 뒤에 위치
- 전반사경, 공진기, 부분반사경의 정렬(Alignment)를 위하여 사용

⑧ 레이저 구조 - 정렬 (Alignment)

- 전 반사경, 공진기, 부분 반사경의 정렬이 맞지 않을 경우 레이저 발진 안 됨.
- 레이저 발진을 위한 가장 중요한 사항

그림 4.29 정렬용 He-Ne 레이저

⑨ Nd:YAG laser system - Cooling system

- To prevent the damage of Nd:YAG rod and flash lamp
- High pulse laser system → Heat!!! → cooling is important!!!
- Methods of the cooling system
  1. Air cooling system
  2. Water cooling system : More effective method

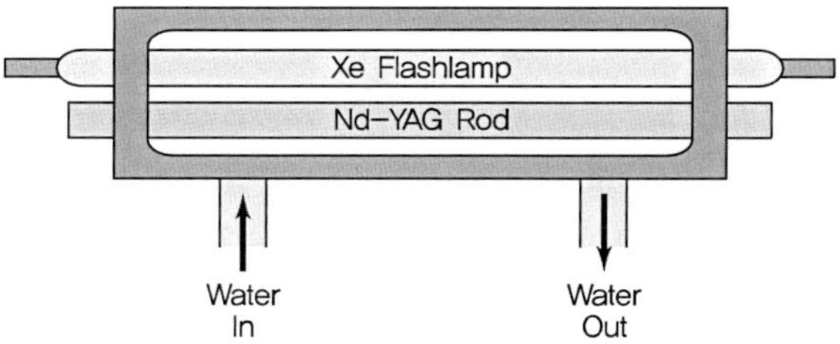

그림 4.30 냉각 구성도

⑩ SCADC 방식 레이저 회로(Sequential Charge And Discharge)

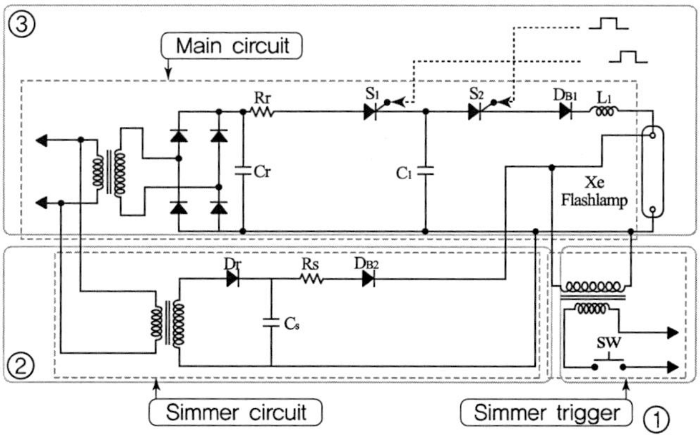

그림 4.31 순차 충·방전 전원 장치의 회로도(Circuit diagram of SCADAC power system)

⑪ 레이저 회로 - Simmer Starter

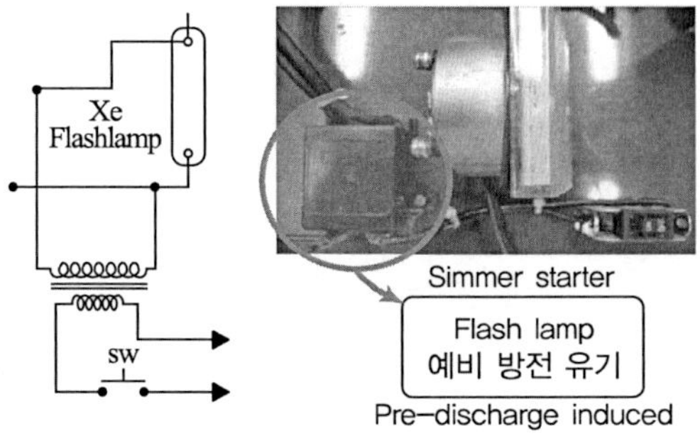

그림 4.32 예비방전 유기법

⑫ 레이저 회로 - Simmer Circuit

- 예비방전을 계속 유지 시켜주는 역할
- 700V ~ 1kV의 고전압 인가

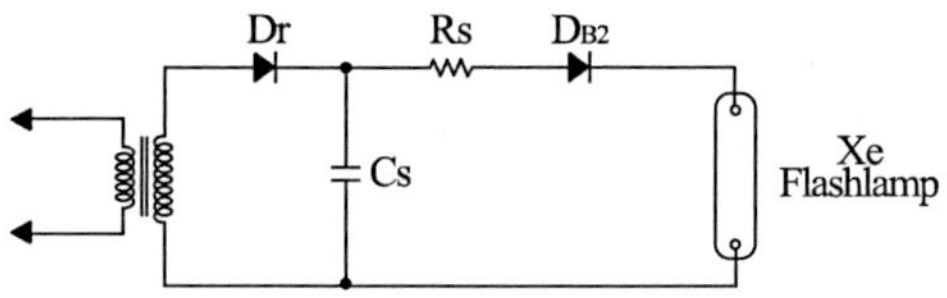

그림 4.33 예비방전 회로

⑬ 전반적 Simmer 회로 이해

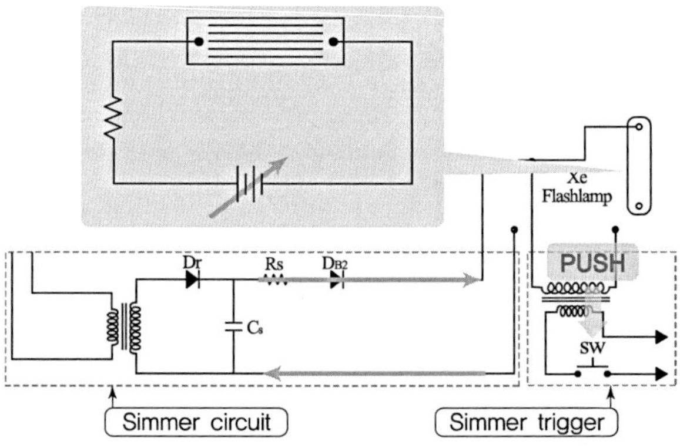

그림 4.34 예비방전 유지에 대한 이해도

⑭ Simmer 회로 구성

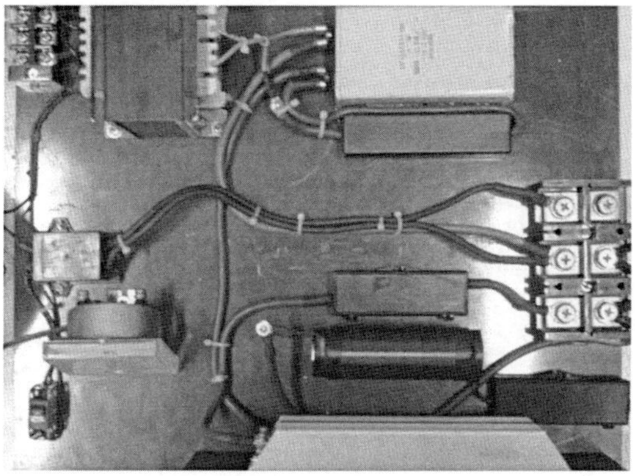

그림 4.35 실제의 예비방전 회로

⑮ 레이저 회로 - Main Circuit

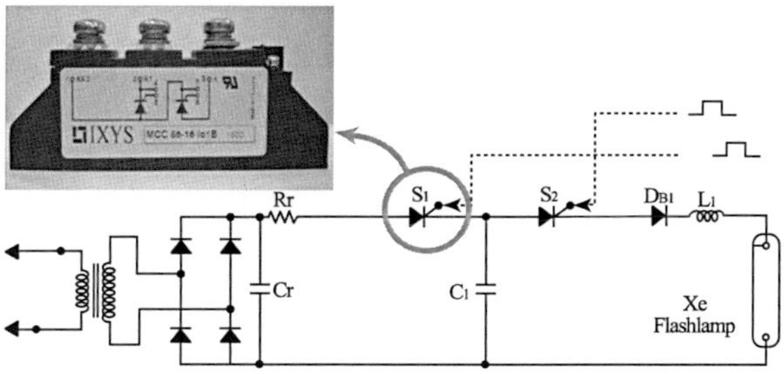

그림 4.36 주회로의 개략도

- Main Circuit - Rectifier

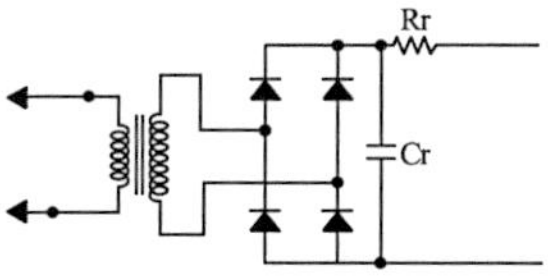

실제 구성된 Rectifier

그림 4.37 정류부

- Main Circuit-C와 L

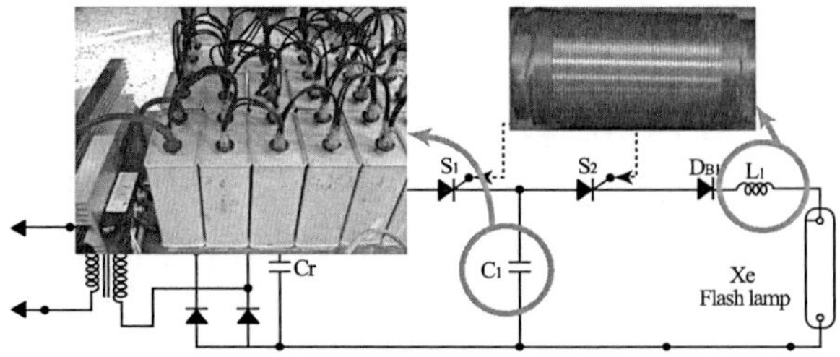

그림 4.38 충전콘덴서 및 인덕터

- 전반적 Main 회로 이해

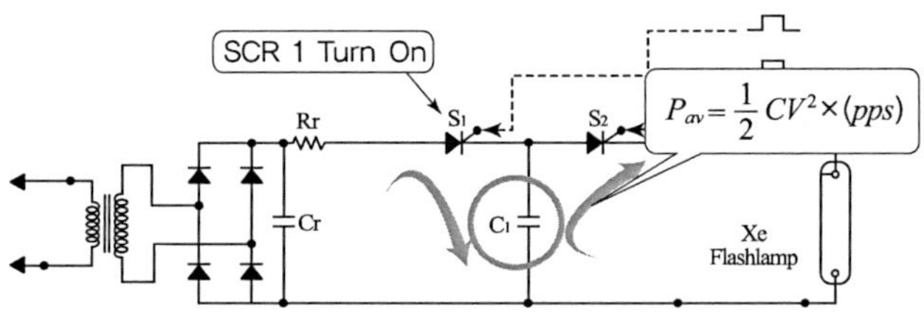

그림 4.39 충전 및 방전 이해도

- 실제 구성된 Main 회로

그림 4.40 주회로의 실제 사진

- 실제 제작된 레이저 전원 회로

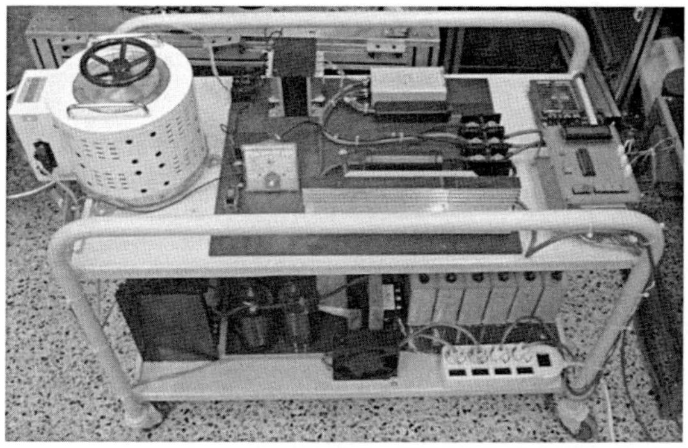

그림 4.41 레이저 전원부 전체 사진

(4) Nd:YAG 레이저 제어부

① PIC 개요 및 특징

- 제조사: MICROCHIP (미국) www.microchip.com
    1. 8비트(bit) CMOS Micro Controller
    2. RISC 구조 Reduced Instruction Set Computer
    3. 명령어의 수가 매우 적다(35개 수준)
    4. 최고 20MHz의 고속동작 (Max. 20 MHz: Fast access time)
    5. ROM: 8k Byte, 내부 internal EEPROM: 256 Byte
    6. Brown Out 디텍션 기능

② PIC 주요 Pin

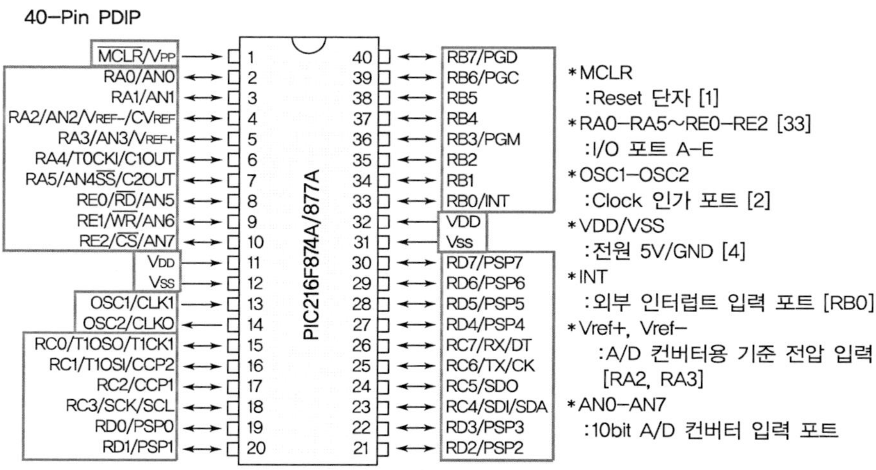

그림 4.42 PIC 주요 핀 구조 및 기능

③ PIC 명령어

- 비트 제어 관련 명령
  - BIT_CLEAR(var,bit)

```
ex) bit_clear(portb,3)
```

  - BIT_SET(var,bit)
  - BIT_TEST(var,bit)
  - ROTATE_LEFT(address,bytes)

```
ex) x=0x86 // 0b10000110
    rotate_left(&x,1) 0b00001101
```

  - ROTATE_RIGHT(address,bytes)
- I/O 제어 관련 명령
  - SET_TRIS_A(value) PORTA는 6비트
  - SET_TRIS_B(value) PORTB는 8비트
  - SET_TRIS_C(value) PORTC는 8비트
  - SET_TRIS_D(value) PORTD는 8비트
  - SET_TRIS_E(value) PORTE는 3비트

  해당 포트의 입출력 방향 결정 → 당 비트가 1이면 입력, 0이면 출력)
- Delay 관련 명령
  - DELAY_CYCLES(count) 시간 지연 함수

```
    count = 변수 또는 1~255
Ex) #use_delay(clock=4000000)
    ...
    delay_cycles(1)  = NOP , 1us delay
```

  - DELAY_MS(time) → ms delay 함수

```
Ex) #use_delay(clock=4000000)
        while(1)
        {
                output_high(pin_bo);
                delay_ms(100);
                output_low(pin_b0);
                delay_ms(100);
        }
```

- 인터럽트 관련 명령
  - 종류
    - Edge 인터럽트
    - Timer 0,1,2 인터럽트
    - CCP1,2 인터럽트 (Capture Compare PWM)
    - A/D 변환 완료 인터럽트
    - 병렬 SLAVE PORT의 R/W 인터럽트
  - 인터럽트 벡터: 04H번지
  - 인터럽트 우선순위: 제일 먼저 체크하는 인터럽트
  - DISABLE_INTERRUPT (level)–해당 인터럽트를 금지시킴
  - ENABLE_INTERRUPT (level)–해당 인터럽트를 활성화시킴

```
ex) ext_int_edge(0,h_to_1);  // Falling Edge 선택
        enable_interrupts(int_ext);  // Edge 인터럽트 사용
        enable_interrupts(global);  // Global 인터럽트 Enable
```

  - ENABLE_INTERRUPT (int_rb)

    –PORTB(4~7) 체인지 인터럽트 Enable
- Timer, Counter 관련 명령
- A/D 관련 명령 프로세서 제어 명령

④ Program cording

```
#include<D:₩ND_YAG₩16f877.h>
#device pic16f877 *=16 adc=10
#use delay(clock=10000000)
#zero_ram
.
void busycheck()    //lcd busy check function
.
void sendchar(char bf)        //lcd char write function
.
void gotoxy(int x,int y)      //lcd position function
.
void main()
{
ext_int_edge(0,H_TO_L);       //falling edge select
enable_interrupts(int_rb);    //portb(4~7) change interrupt enable
enable_interrupts(int_ext);   //ext edge(portb,0) interrupt enable
enable_interrupts(global);
```

```
#int_ext
ext_isr()
{
portc=0x00;

if (pps==1)
{
  while(1)
 {  bit_set(portc,0);    1st scr signal
    delay_us(500);
    bit_clear(portc,0);    1st scr signal
    delay_ms(499);
    bit_set(portc,1);    2nd  scr signal
    delay_us(500);
    bit_clear(portc,1);    2nd  scr signal
    delay_ms(499);  } }
if (pps==2)
{
  while(1)
 {  bit_set(portc,0);    1st scr signal
    delay_us(250);
    bit_clear(portc,0);    1st scr signal
    delay_ms(249);
    bit_set(portc,1);    2nd  scr signal
    delay_us(250);
    bit_clear(portc,1);    2nd  scr signal
    delay_ms(249);  } }
}
#int_ext
ext_isr()
{   portc=0x00;
       a=(500/pps)-1;
       while(1)
       {       bit_set(portc,0); 1st scr signal
               delay_us(500);
               bit_clear(portc,0); 1st scr signal
               delay_ms(a);
               bit_set(portc,1); 2nd  scr signal
               delay_us(500);
               bit_clear(portc,1); 2nd  scr signal
               delay_ms(a+1);
        }    }
```

⑤ PIC Emulator(MR.PIC)

- PIC12/14/16 패밀리 지원(일부 디바이스는 지원하지 않음)
- 실시간 인서키트 에뮬레이션 기능 내장
- 롬라이터 기능 내장(PRO ENGINE-2와 동등한 기능)
- 신규디바이스 추가 시; 칩 보드(고가) 교환방식이 아닌 에바 칩 교환 방식
- 프린터포트 또는 USB 인터페이스 윈도우9X, 2000, XP에서 사용 가능
- 통합개발환경지원(MRPIC-IDE) 에디터, 컴파일러, 디버거, 프로그래머 모두 지원

그림 4.43 PIC Emulator

⑥ LCD Module

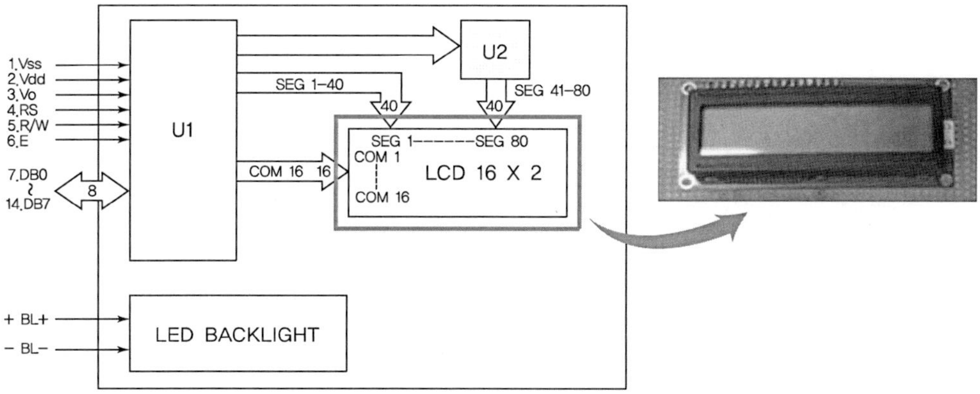

LCD 모듈의 내부 Block Diagram

- LCD Module Pin

그림 4.44 LCD 모듈구조 및 핀 구성

Pin No.	Simbol	Function
1	Vss	Ground
2 3	Vdd Vo	+5V LCD contrast adjust
4	RS	Resister select
5	R/W	Read/write
6	E	Enable
7	DB0	Data bit 0
8	DB1	Data bit 1
9 10	DB2 DB3	Data bit 2 Data bit 3
11	DB4	Data bit 4
12	DB5	Data bit 5
13 14	DB6 DB7	Data bit 6 Data bit 7
+	BL+	Power Supply for BL+
−	BL−	Power Supply for BL−

- PIC와 LCD의 Interface

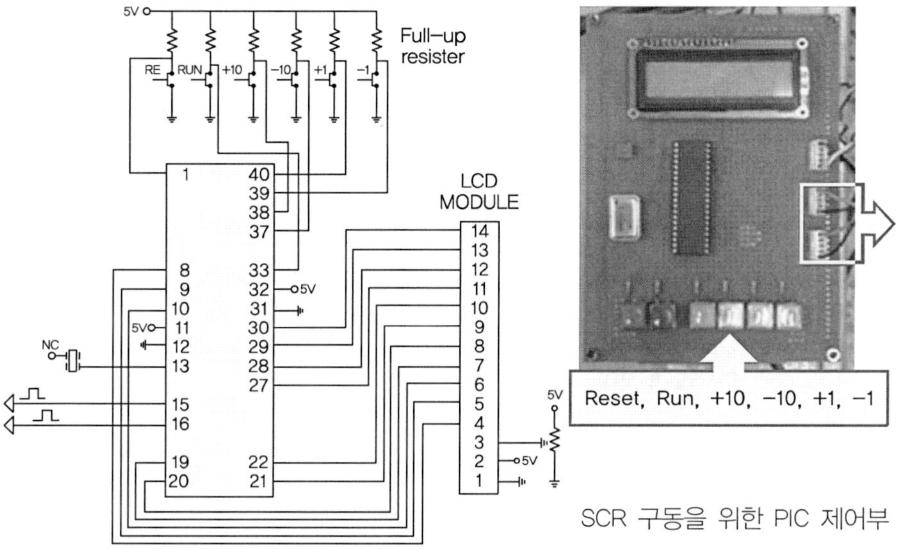

SCR 구동을 위한 PIC 제어부

그림 4.45 PIC와 LCD의 연결

- LCD Display

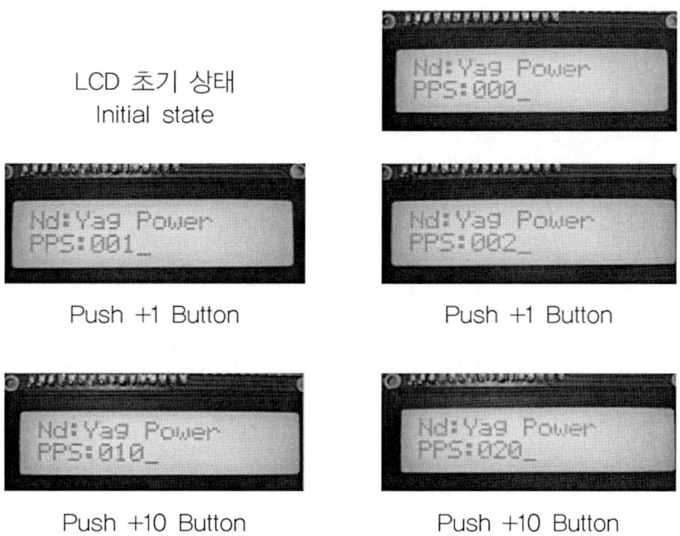

그림 4.46 LCD 표시

⑦ 제어부 동작 원리

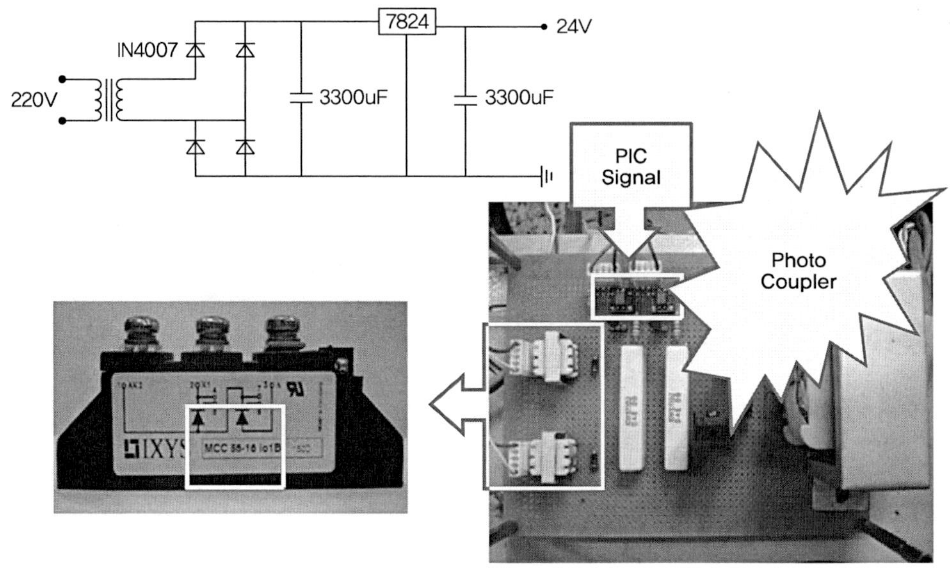

그림 4.47 PIC 신호 증폭부의 회로도
Circuit diagram for PIC signal amplification part

- SCR 제어 신호

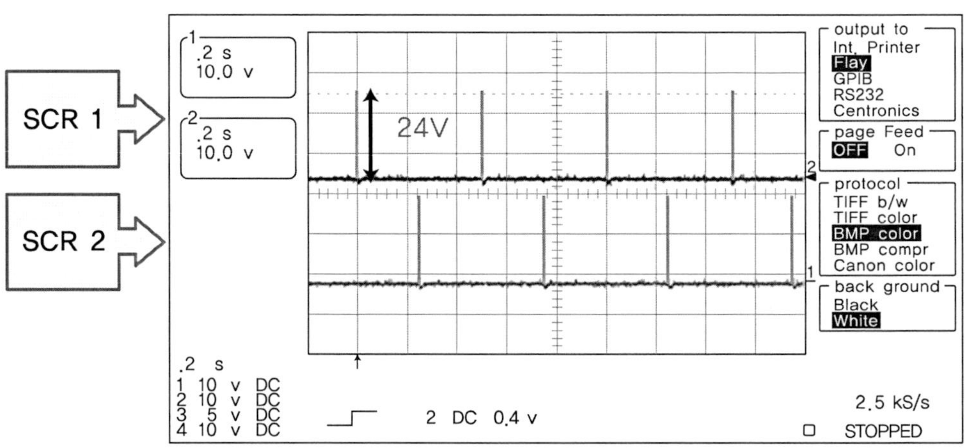

그림 4.48 증폭된 SCR 구동 제어신호
Amplified SCR driving control signal

4.2 오·폐수 내 서식 미생물 제거의 적용한 사례

4.2.1 펄스발생기

① 연구배경

- 최근 환경오염원 증가로 인한 친환경장치 요구
  → 현재 국가적 차원에서 다양한 해결방법모색
- 온실가스 및 유해가스 방출량 급증(자동차, 발전소 등)
  → 대체설비 필요, 교토기후협약 체결
- 오폐수의 미생물로 인한 수질오염 심각
  → 정수처리+대체설비 필요
- 부하전극을 사용하는 설비(E/P, DeNox/DeSox) 임피던스 부정합으로 Loss가 큼
  → 임피던스 가변기술 요구 (Length, gap, c.v에 따라 비선형성)

② 연구내용

- 친환경장치 개발 및 동작특성에 관한 연구
  1. 오폐수 내 서식 미생물 및 수포 제거특성에 관한 연구
  2. 금속 표면의 금속산화물 제거특성에 관한 연구
- 탈황/탈질시스템을 위한 소형반응기의 부하임피던스 제어법
  1. 전극 길이 및 충전전압에 따른 부하임피던스 가변특성
  2. 펄스에너지 전송효율과 부하임피던스와의 상관관계
  3. 펄스에너지 전송효율과 소비전력과의 상관관계

③ PULSE POWER SYSTEM의 산업적 응용분야

- High power energy 이용분야(Ozon generator, Laser, Rock crusher)
- 환경분야(Electrostatic Precipitator, DeNOx/DeSOx)
- 식품처리 분야(살균, Mushroom cultivation--나가오카 대학)
- 우주/방산분야(Plasma Jet--NASA, Plasma rail gun-KERI/ADD)
- Bio 산업분야(병원균제거-러시아)

(1) 펄스발생회로

① 펄스발생회로 및 MOSFET 제어회로

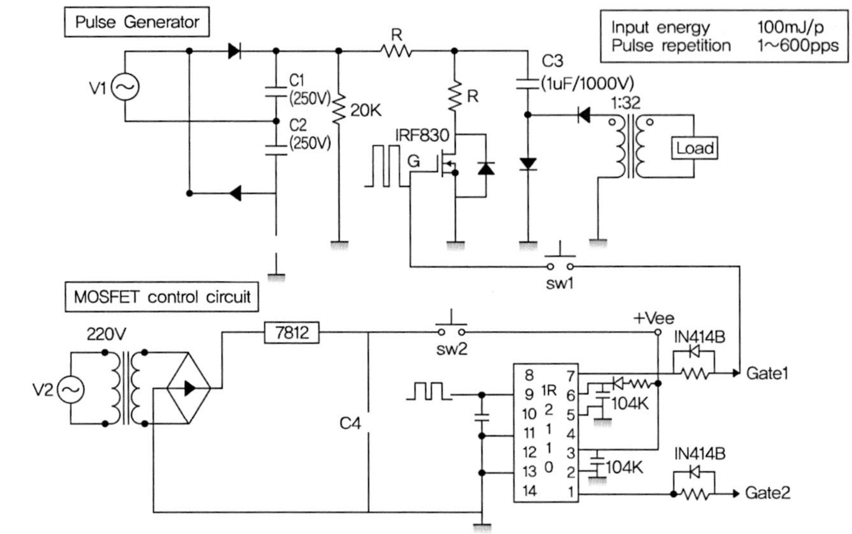

그림 4.49 MOSFET 제어회로 및 펄스발생 기법

② 펄스 반복율 제어회로[PIC]

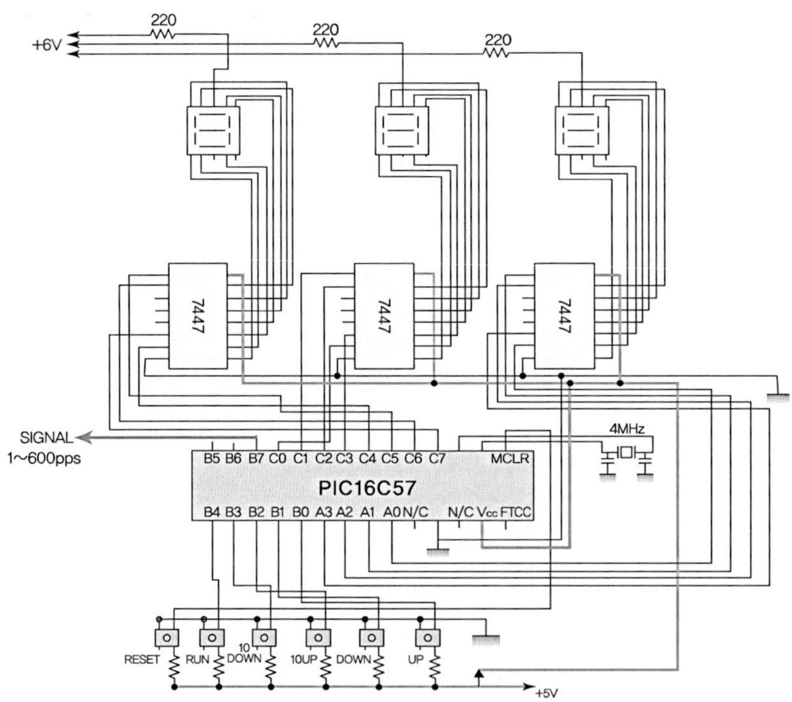

그림 4.50 펄스반복율 조절법 이해도

(2) 장치구성도

① 미생물제거를 위한 장치구성도

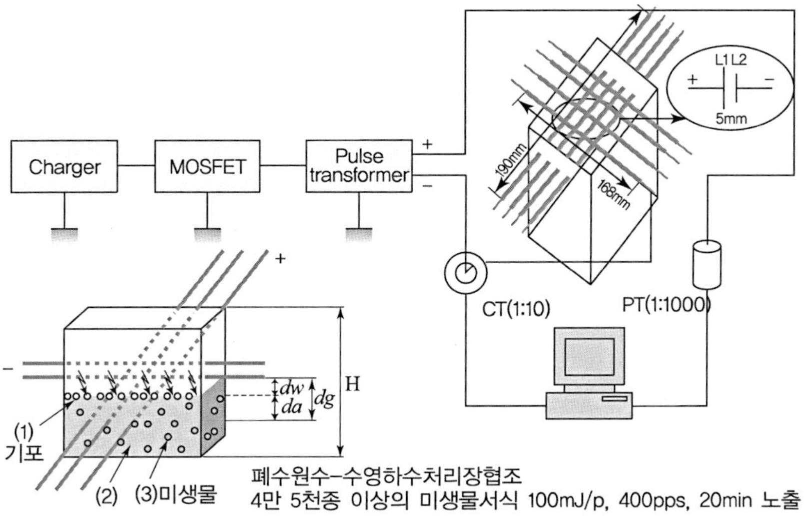

그림 4.51 미생물 제거용 전체 시스템

② 전극 길이에 따른 전압파형

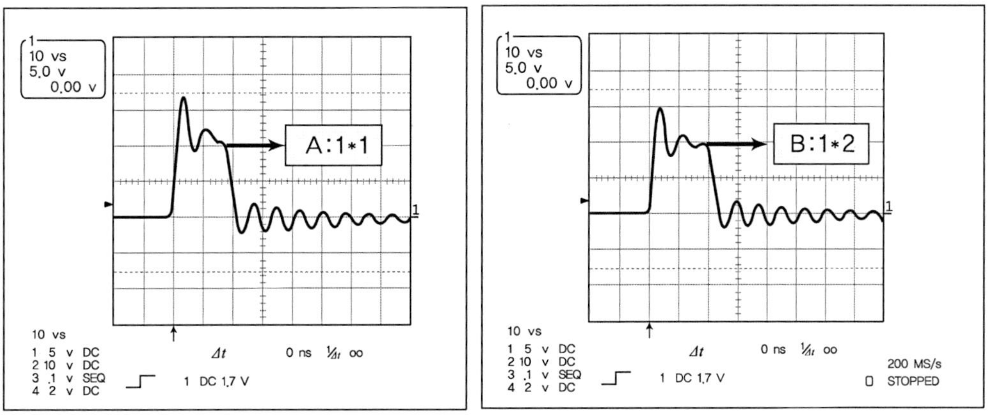

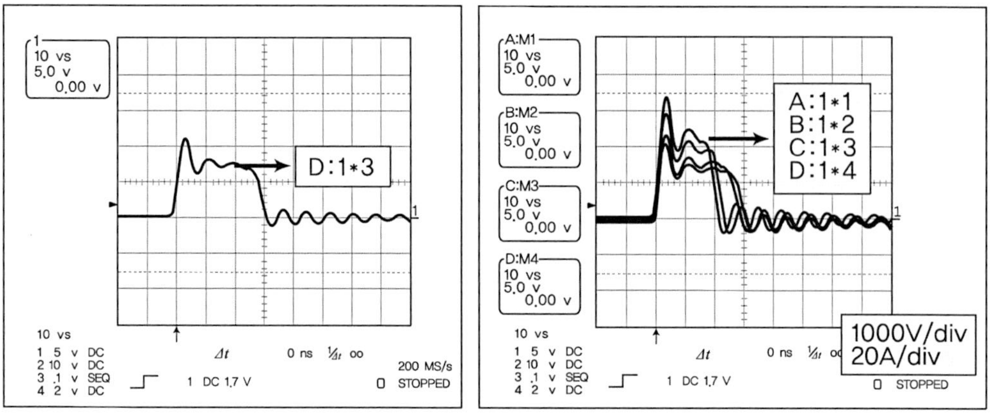

그림 4.52 전극 길이에 따른 전압파형

③ 부하임피던스 및 펄스에너지 변화특성

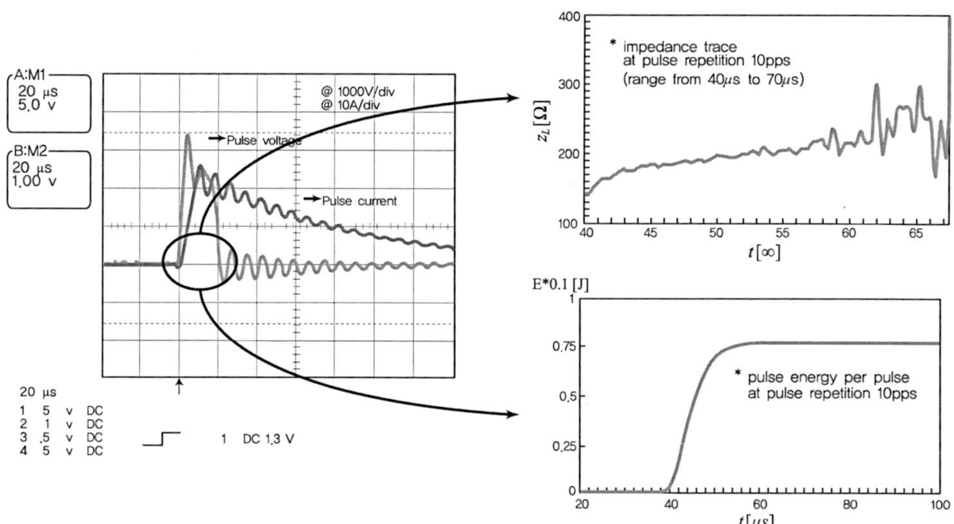

유해가스제거–pulse width 수백ns, 미생물제거–수십us

그림 4.53 부하임피던스 및 펄스 에너지 변화특성

(3) 펄스전압 및 전류특성

① 부하임피던스 및 펄스코로나 임계전압의 변화

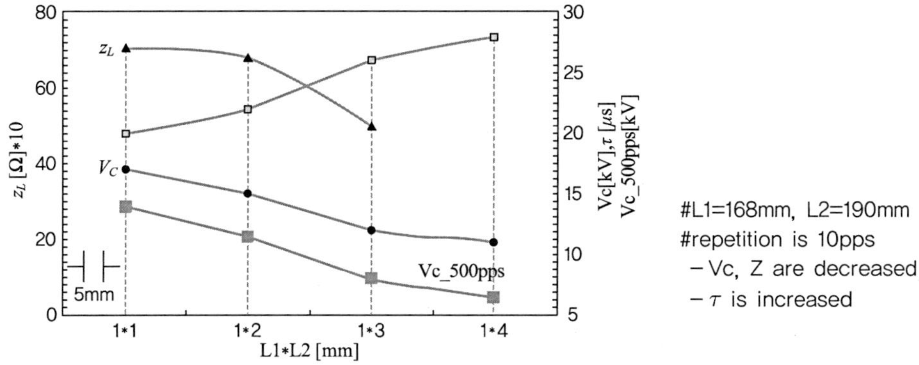

그림 4.54 펄스전압 및 전류특성

② 정/부 전극 길이에 따른 Vc의 변화특성

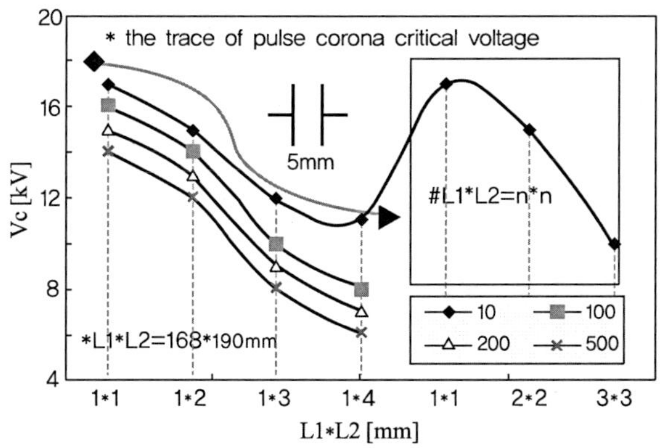

그림 4.55 정/부 전극 길이에 따른 Vc의 변화특성

③ 아크 전압/전류 파형

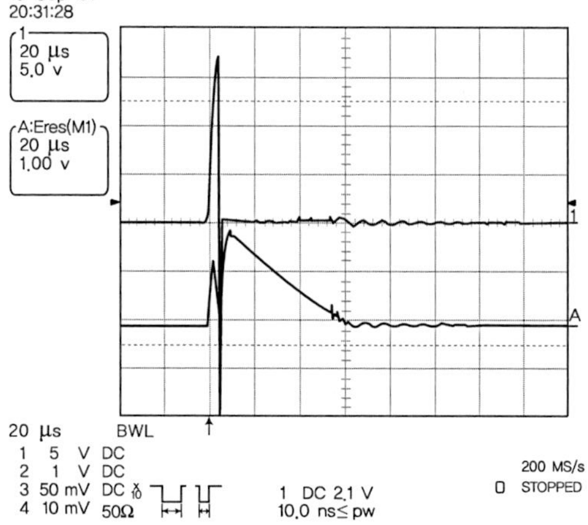

그림 4.56 아크 전압/전류 파형

(4) 펄스파워를 적용한 결과

① 펄스에너지 인가시 미생물의 변형 TEM 사진(20K)

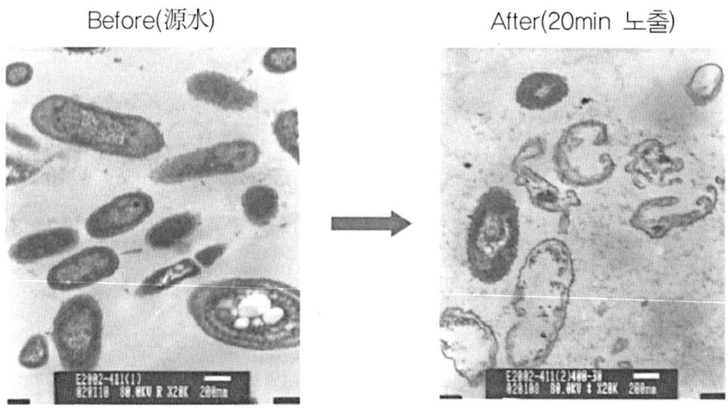

그림 4.57 펄스에너지 인가시 미생물의 변형 TEM 사진(20K)

② 미생물 배양분석 사진 및 제거율

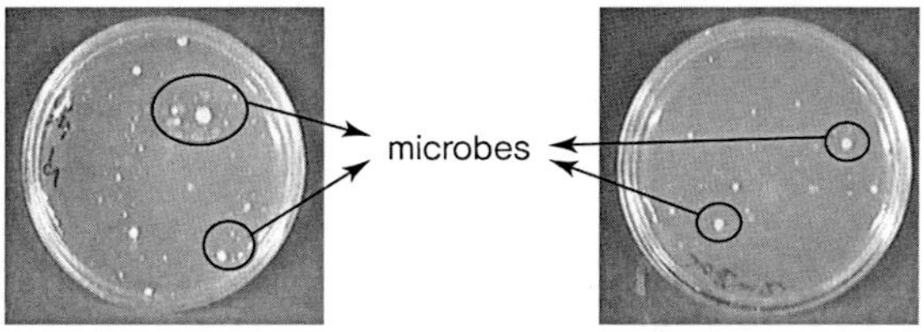

(a) 400pps, 3min (b) 400pps, 20min

그림 4.58 미생물 배양분석 사진 및 제거율

4.2.2 광촉매를 이용한 타원형 반응기의 살균 특성

① 연구배경

- 물 부족국가 : 이집트, 모로코, 리비아, 남아프리카 공화국, 태국, 오만, 대한민국
- 여름철 식중독
- 기존 살균방식
  - 염소를 이용한 화학적 방법
  - 열처리 처리
  - 오존처리
  - 자외선 살균
  - 산화티타늄 + 자외선

(1) 살균반응기 구조 및 구동회로

① 살균반응기의 구조

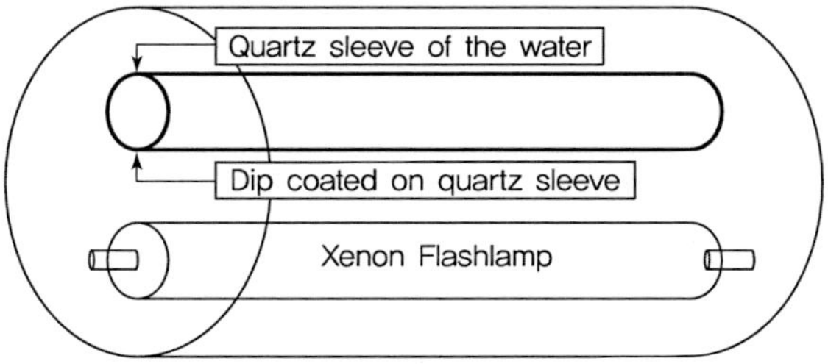

그림 4.59 살균반응기의 구조

② 살균반응기 사양

타원 반응기 재료	알루미늄 합금
타원 반응기 내부 코팅된 재료	알루미늄과 은
타원 반응기 길이	156mm
타원반응기의 이심률(離心率)	0.536
타원의 장축 길이(a)	28mm
타원의 초점간의 길이(c)	24mm
석영 유리관 반경	8mm
Xenon flashlamp의 반경	7mm

③ 살균반응기 구동회로

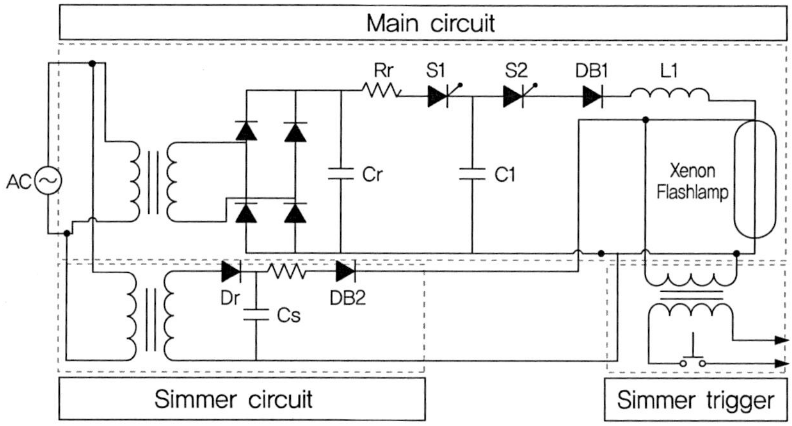

그림 4.60 살균반응기 구동회로

(2) 광촉매란 무엇인가

빛을 받아들여 화학반응을 촉진시키는 물질을 말하고 이러한 반응을 광화학반응이라고 한다.

대표적인 예로는 산화타이타늄 TiO_2이 있다.

- 광촉매에 UV가 조사되면 e^-(전자)와 h^+(정공)이 생성
- 공기 중의 O_2 와 e^- 가 반응하여 O_2^-가 발생
- 공기 중의 H_2O와 h^+가 반응하여 OH가 발생
- O_2^-와 OH 두 종의 활성산소가 강력한 유기물 분해 작용

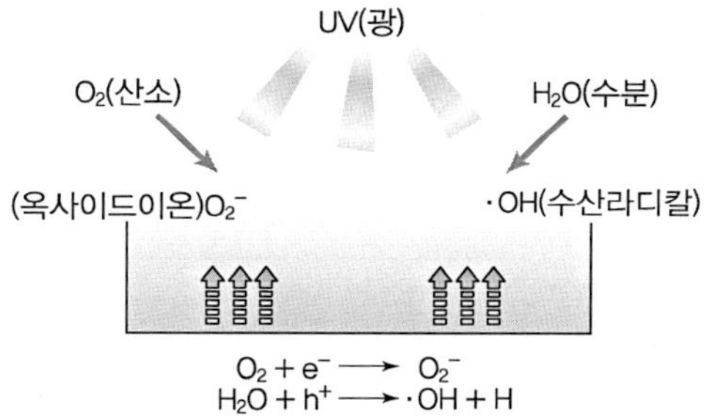

그림 4.61 광촉매 설명도

① Dip coating 방법

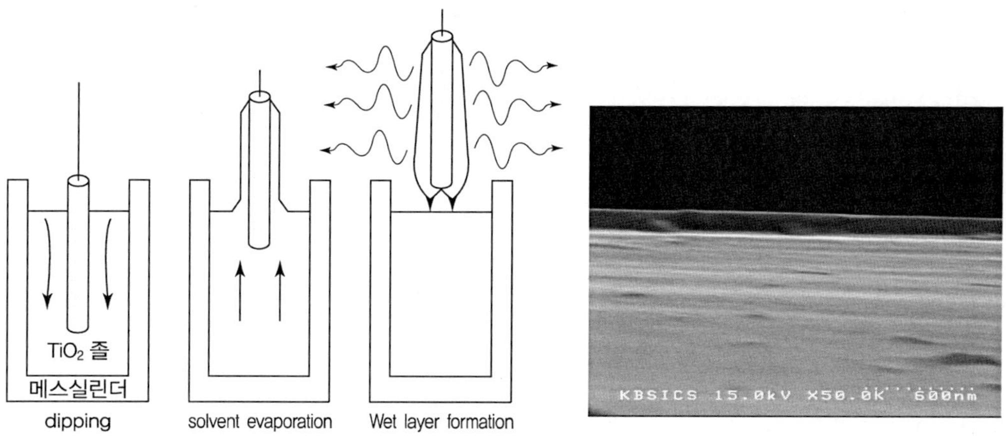

그림 4.62 Dip 코팅 모습 및 SEM 사진

(3) 실험 및 결과

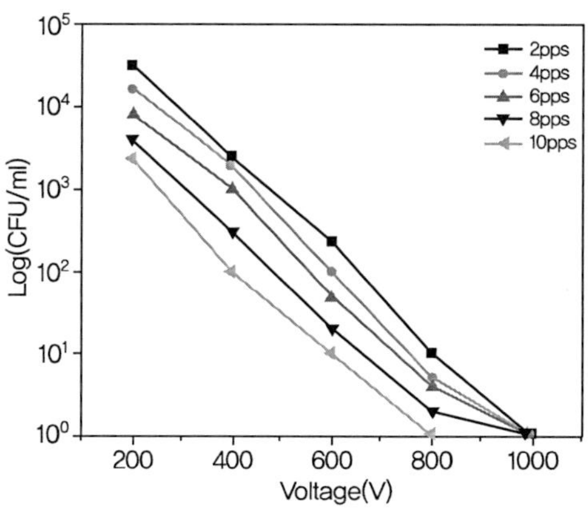

코팅전 살균효과

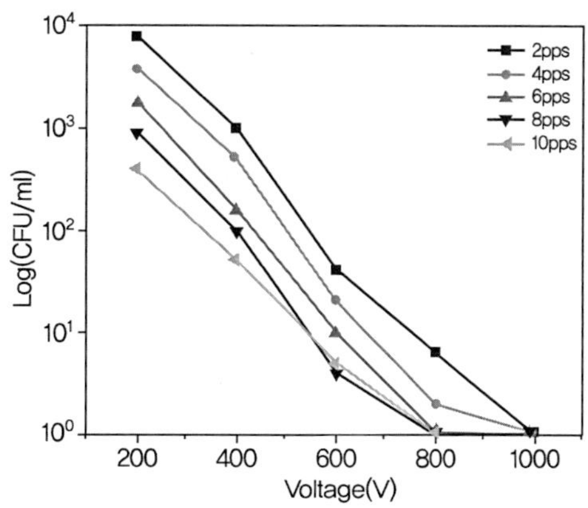

코팅 후 살균효과

그림 4.63 살균효과의 비교

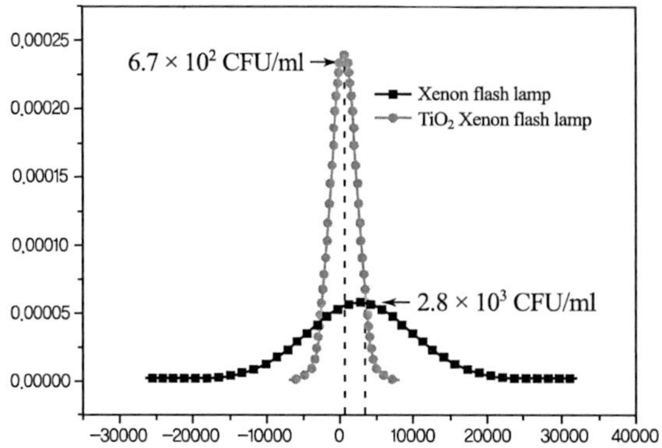

그림 4.64 살균방법에 따른 살균분포

살균 반응기의 빛의 집광도

장 치	측정 범위		감쇠(%)
타원형 반응기	빛의 세기		38.11
	외 부	808	
	내 부	500	
유리관	투 과 도		11.3
	석영 유리관	11.42	
	TiO2 코팅된 석영 유리관	10.08	

본 실험 결과로부터, 타원반응기 내부에서 자외선의 투과도 보다는 타원의 구조상에 따른 빛의 집광도 및 광촉매에 의한 산화·환원 반응이 대장균의 살균력을 크게 지배한다. 또한, Xenon flashlamp와 광촉매를 함께 사용하여 대장균인 경우, 99.99%의 살균효과를 얻었다. 기타 살모넬라 등의 다른 세균에 대해서도 효과가 있을 것으로 판단된다.

4.3 금속산화물 제거 및 공기 청정기 적용 사례

4.3.1 금속산화물의 산화과정

금속의 고유한 성질파괴 및 수명에 부정적 영향을 끼친다.

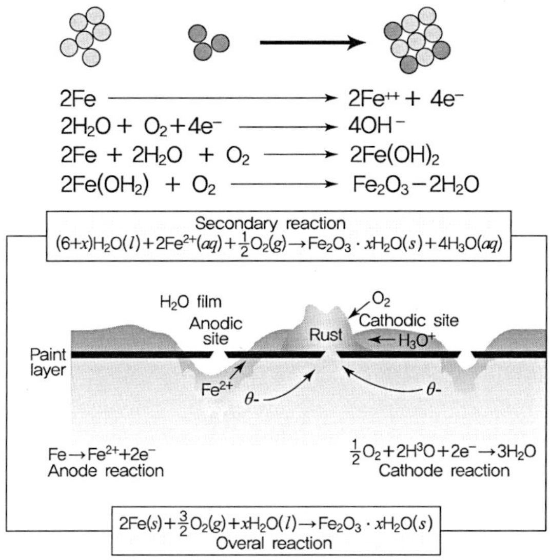

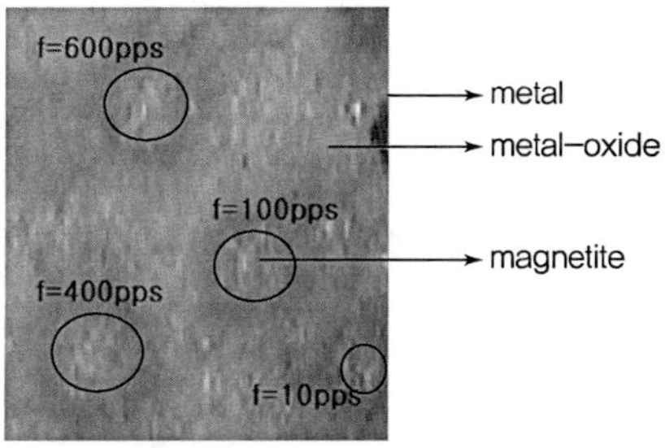

100mJ/p, 10~600pps, 60초 인가

그림 4.65 금속산화물 제거 설명도

4.3.2 펄스파워를 적용한 금속산화물 제거 과정

f[pps]	10	100	400
d[mm]	8	11	16
S[cm^2]	2	3.8	8

◀ 펄스반복율에 따른 제거 면적

동일한 입력에너지를 위한 전극간격
(펄스반복율 4배 증가→제거 면적 2배 증가)

$2Fe+3/2O_2$ → $Fe2O_3$(금속산화물)+ev → Fe_3O_4(마그네타이트)

4.3.3 펄스파워를 이용한 공기청정기의 특징

(1) 집진장치의 개요

① 집진장치의 중요성

- 대기오염 문제가 국가적인 사회문제로 대두
- 점차 강화되고 있는 환경오염에 대한 규제

② 분류: 공기를 거르는 방식

구 분	전기집진식	필 터 식
장점	유지관리비 적음 집진극 일부 훼손시 운전 가능	초기 투자비 적음
단점	초기 투자비 많음	여과포의 주기적 교체 유지관리비가 많이 소요 여과포 손상시 전체 운전 불가

- 전기집진식 사용이 점차 확대되고 있는 실정

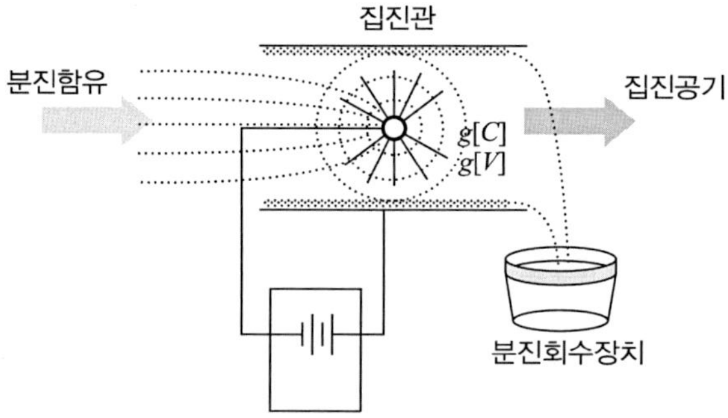

그림 4.66 전기집진기의 구조

(2) 전기집진기의 원리

① 전기집진의 구성

- 하전장치 : 먼지를 모으는 장치
- 회수장치 : 먼지를 회수하는 장치
- 제어장치, 통신장치, 유속평형장치 등

※ 집진효율↑= 포집력 + 회수능력

② 전기집진 과정

- 전압인가시 방전극에서 코로나 발생
  → 중성기체(M)에 전자부착(이온화)
  → 집진판(+)에 고착
- 전원전압↑ → 이온화율↑ → 집적율↑

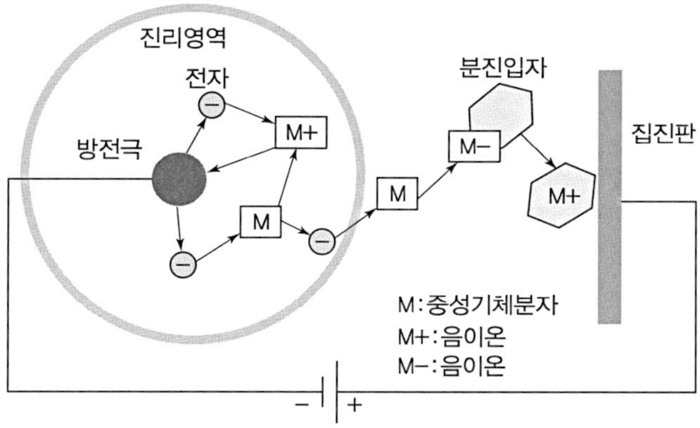

그림 4.67 전기집진 과정 모식도

(3) 하전장치의 종류

	구분	주요사항	도면
직류하전	Si-T/R	• Transformer/si-rectifier • 구조 간단(위상제어 및 정류) • 초기 투자비 저렴 • 집진면적이 충분한 곳 사용 • 소비전력 많이 소모	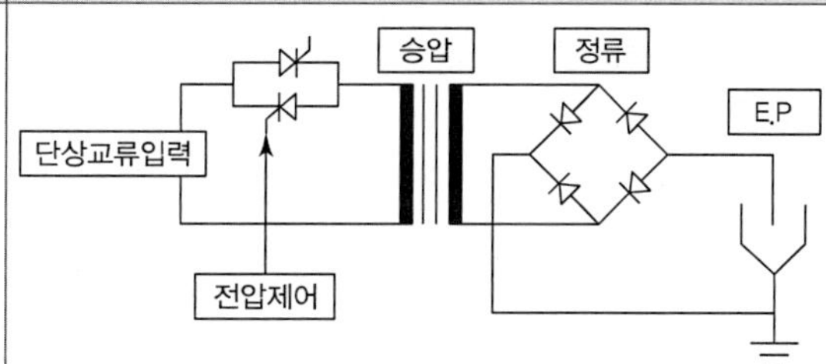
	SMPS	• Switching Mode Power Supply • 높은 주파수 사용 (3상교류→직류변환→25KHz) • 승압용 변압기 소형화 • 불필요한 손실이 생김	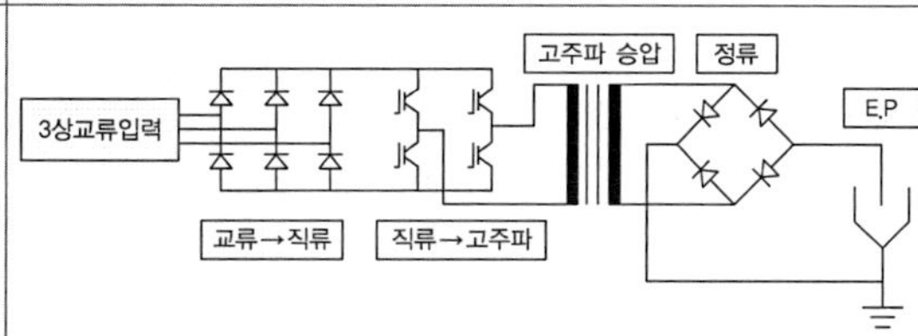
펄스파워	Micro-Pluse 방식	• 스위칭소자에 의해 짧은 시간에 출력 • 펄스형태의 강력한 코로나로 이온화율이 높음 • 순간 하전전압을 높이므로 평균전압은 내려감 • →고착현상 감소	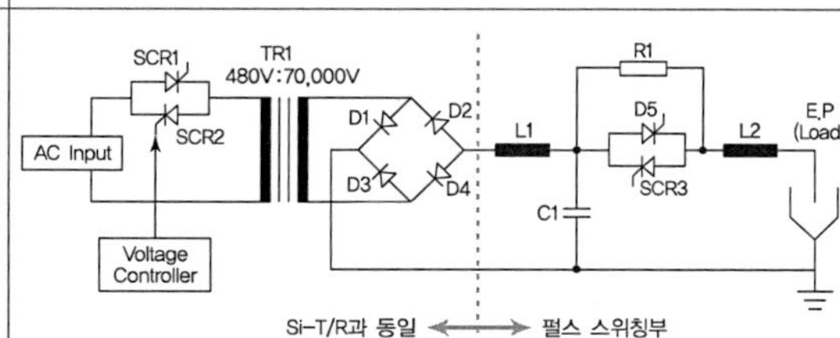

(4) 하전방식별 비교 및 집진성능 향상 조건

① 하전방식별 출력전압 파형비교

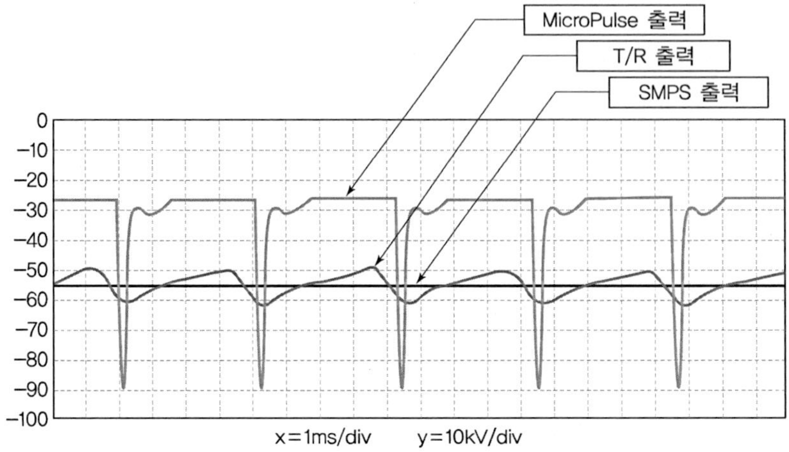

그림 4.68 하전방식별 출력전압 파형비교

② 하전방식별 코로나분포

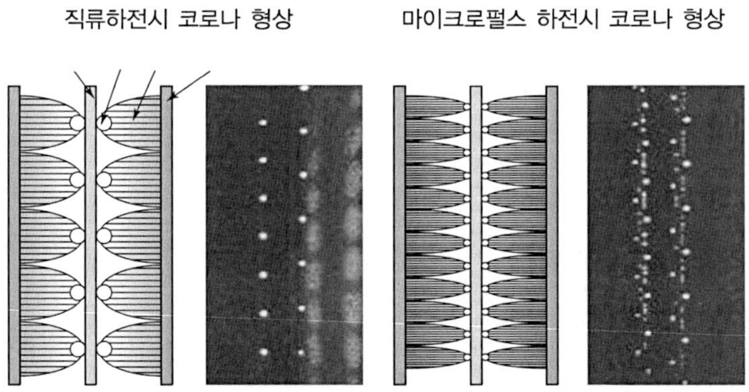

그림 4.69 하전방식별 코로나분포

③ 분진배출량

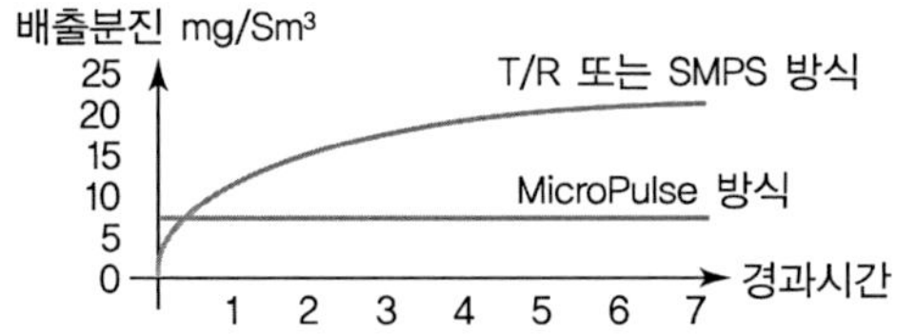

그림 4.70 분진배출량

④ 실제 운전 DATA

	T/R 방식	SMPS 방식	MicroPulse 방식
소비전력	50 (kW)	55 (kW)	5 (kW)
저압 선전류	200 (A)	220 (A)	20 (A)
전원 왜율	45 (%)	30 (%)	6 (%)
사용 주파수	50/60 (Hz)	50/60 (Hz)	50/60 (Hz)
전원 상수	단상	3상	단상/3상
취급 주파수	50/60 (Hz)	25 (kHz)	100/120 (pulse/sec)
Power Factor	0.92	0.94	0.98
Noise filter	필요 없음	필요함	필요 없음
%Ripple kVp-p	10~20	3~5	30~50 (120μs)
출력전압 max	70 (kV)	70 (kV)	75 (kV)
출력전류 max	2000 (mA)	2000 (mA)	200 (A)
섬락 제거시간	8.33 (ms)	30 (μs)	120 (μs)

- 집진성능 향상조건 : 하전전압↑, 평균하전전압↓, Rapping 타격력 증가

4.3.4 펄스파워를 이용한 공기청정과정

(1) 펄스형 공기청정장치 구조

① 펄스전원장치

- 펄스반복율 : 10~60Hz, 최대펄스전압 : 31kV
- ZCS(Zero Crossing Switch): 상용교류 정현파의 영전압 검출, Tr1의 정현파 전압이 0되는 지점에서 Tr3에서 펄스폭 200us, 5V 구형파 펄스 발생
- PIC one-chip 마이크로프로세서 제어부: SCR 트리거신호를 원하는 주파수에 맞도록 정밀하게 제어
- SCR 트리거부
- SCR, 고압누설변압기
  → 2차측 방전전극에 고압의 펄스인가

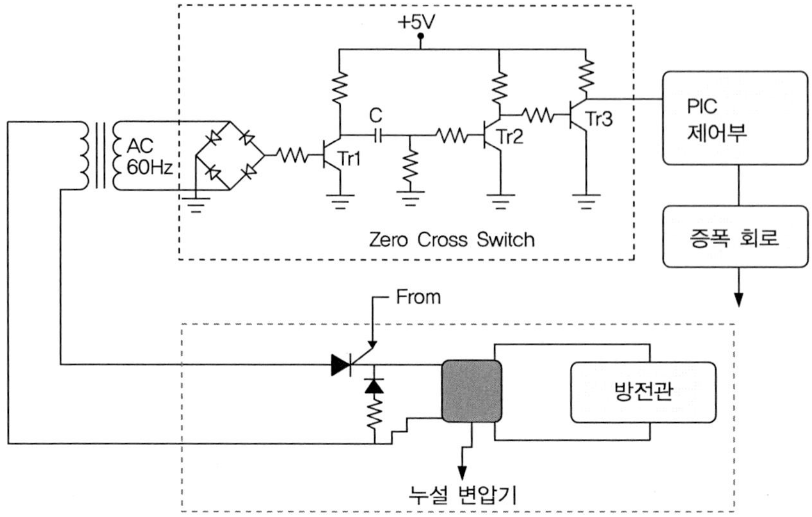

그림 4.71 간략한 펄스 전원 장치

② 방전전극, 집진전극 구성

- 재질 : 스테인리스스틸, 판구조에 3각형 모양의 펀칭, 2중 구조
- 전극에 고전압 펄스→코로나방전 유도

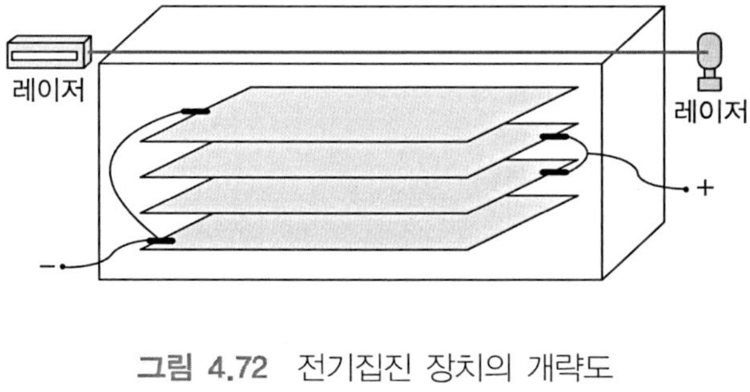

그림 4.72 전기집진 장치의 개략도

(2) 마이크로 프로세서를 이용한 제어

① 공기청정과정

- 동작순서
  1. ZCS로부터 제로전압 신호를 PIC의 RTCC에서 받아들임 (1초 120개)
  2. 마이크로프로세서 내부에서 영전압 감출신호(120개)를 원하는 주파수에 맞게 분주
  3. SCR 트리거회로에서 전압, 전류 증폭

4. SCR 게이트에 신호인가

5. 방전전극, 집진전극에 펄스전압인가

② 청정과정

1. 방전극-집진극간 고압인가→전계형성

2. 코로나개시전압 초과시 가스분자의 전기적 파괴발생

3. 파괴된 가스분자의 전극면 흡착

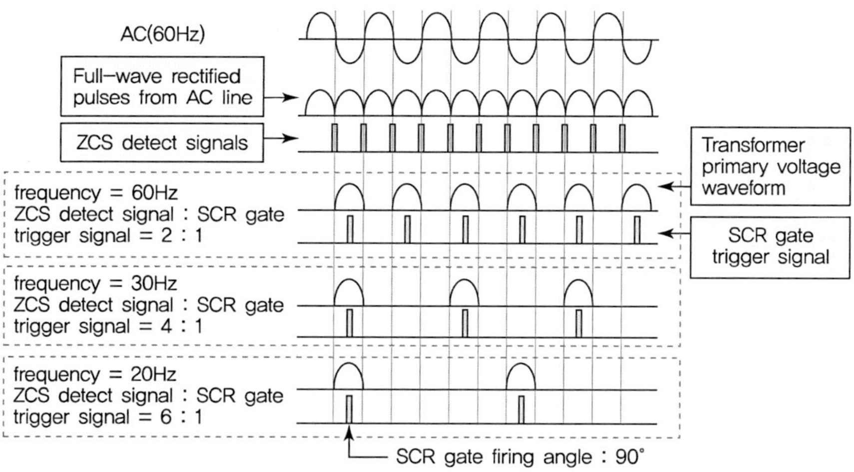

그림 4.73 SCR 게이트 신호 인가 모습

4.3.5 펄스파워를 이용한 공기청정결과

(1) 공기청정 실험결과

① 연기제거시간

60Hz, 점호각 90°에서 최소

② 코로나 임계전압

60Hz, 점호각 90°에서 최소

※ 펄스반복율 20Hz와 40Hz에서 비슷한 결과

- 20Hz의 경우 ZCS→PIC로 인가되는 펄스가 6개당 1회 트리거 신호 발생
- 40Hz의 경우 ZCS→PIC로 인가되는 펄스가 3개당 1번 트리거 신호발생→2회 중 1회는 입력전압이 음의 반주기에서 발생

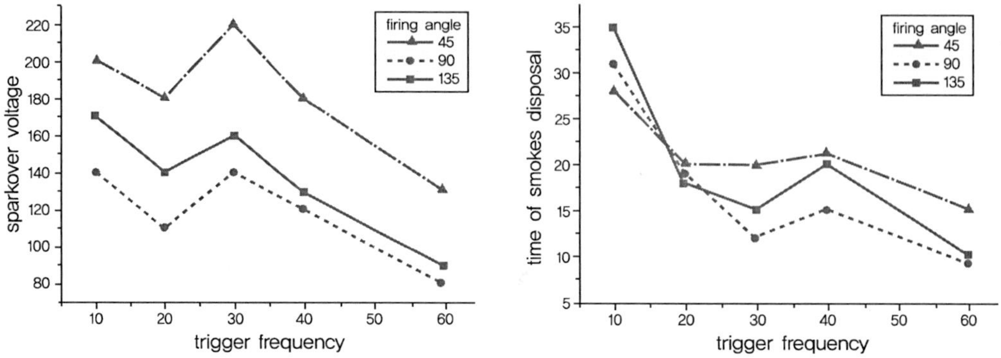

그림 4.74 제연 특성

4.3.6 Smoke removal characteristics with resonant DC-DC converter

(1) Introduction

① A DEFINITION OF "Electrostatic Precipitator (ESP)"

An Electrostatic Precipitator (ESP) is a device for removing particulate pollutants in the form of either a solid (dust or fumes) or a liquid (mist) from a gas using an electrostatic force

② Model ESP

In this study, we introduce a model ESP using a half-bridgeZCS resonant inverter and Cockcroft-Walton voltage multiplier for a discharge source of electrode.

③ THE PURPOSE OF THIS STUDY

The purpose of this study is to investigate the smoke removing characteristics. So we introduce dirty gas containing particulate pollutants into test chamber and investigate the smoke removing characteristics by adjust frequency and duty ratio from identical test environment

(2) The principle of dust collecting

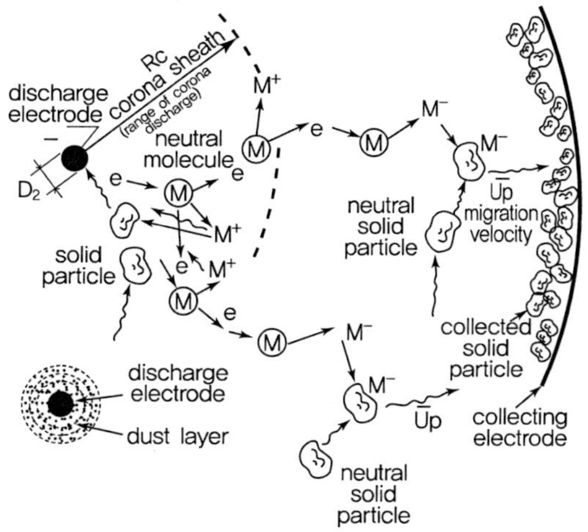

그림 4.75 집진의 원리

(3) Experimental diagram of Model ESP

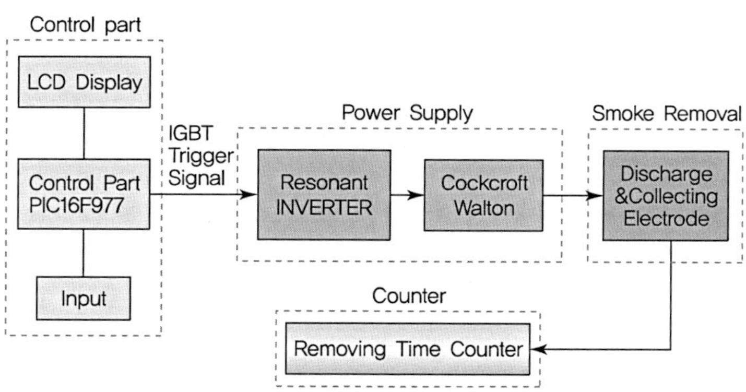

그림 4.76 실험장치 개략도

(4) Control Circuit

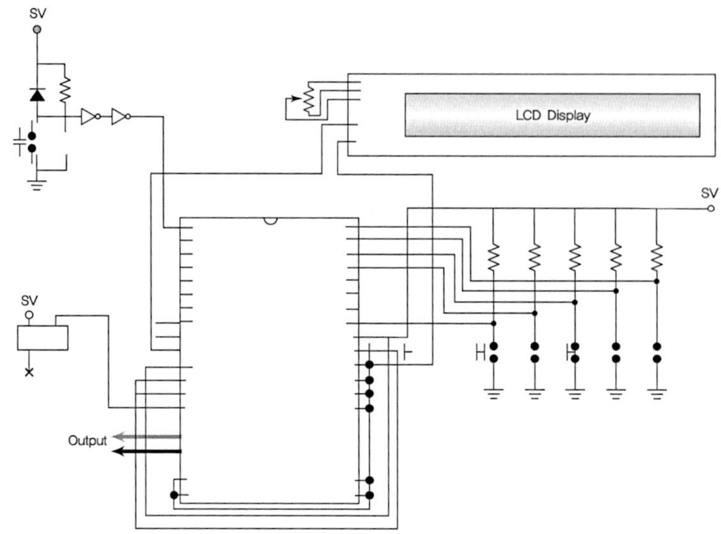

그림 4.77 펄스반복율 조절기

(5) Output Signal by PIC microprocessor

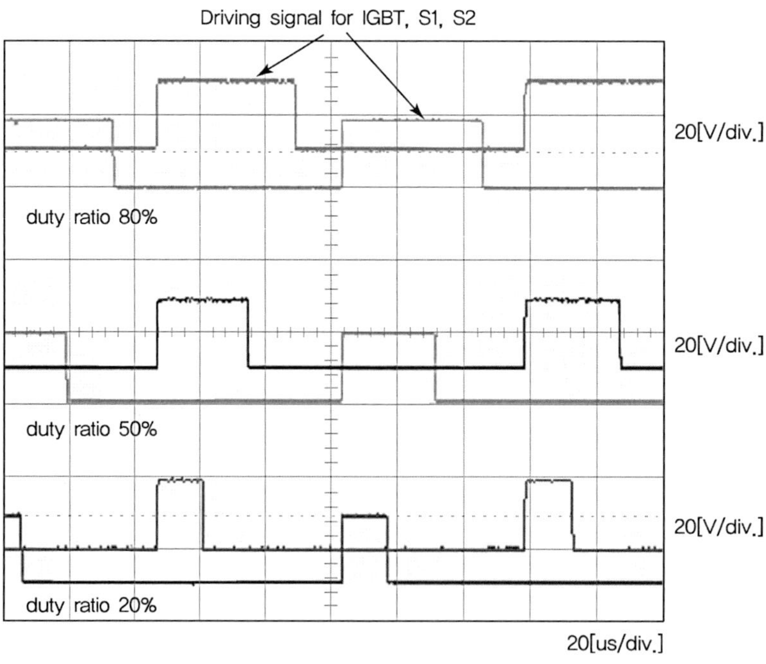

그림 4.78 IGBT driving signal versus switching frequency

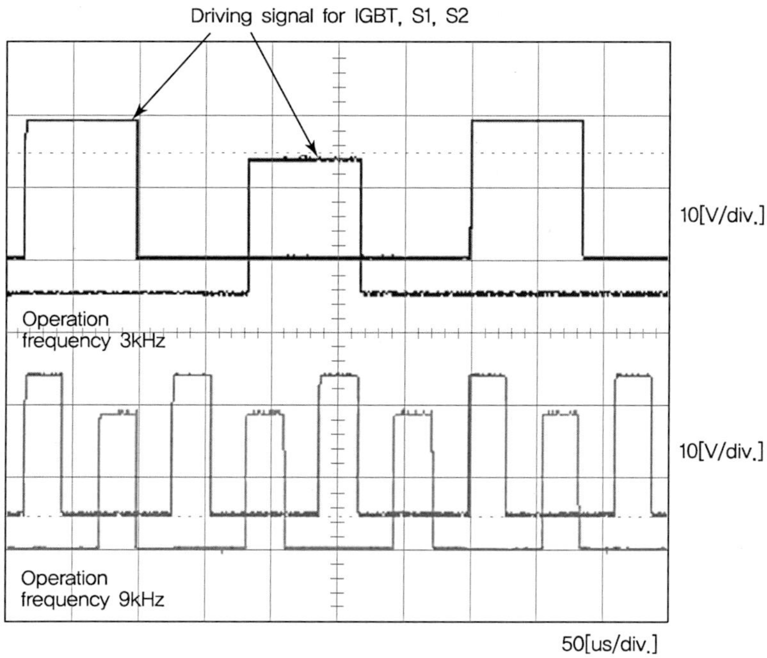

그림 4.79 IGBT driving signal versus duty ratio

(6) Power supply

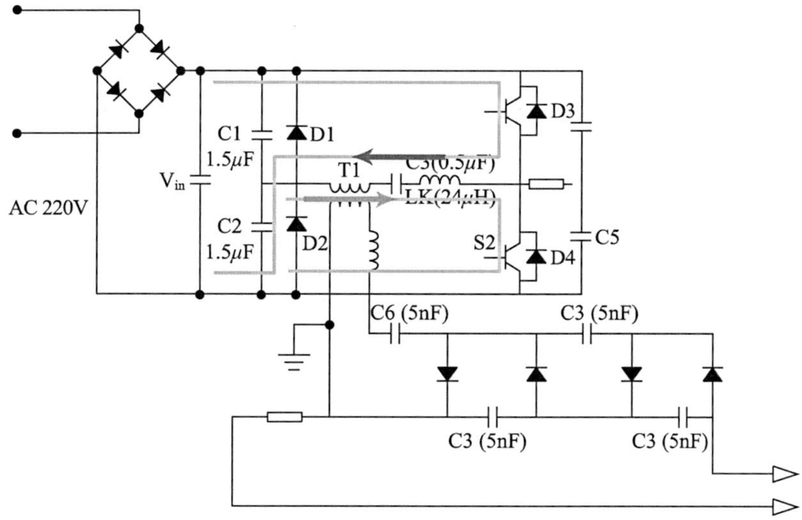

그림 4.80 전원장치 구성 및 동작

(7) Transformer Primary Current versus switching frequency

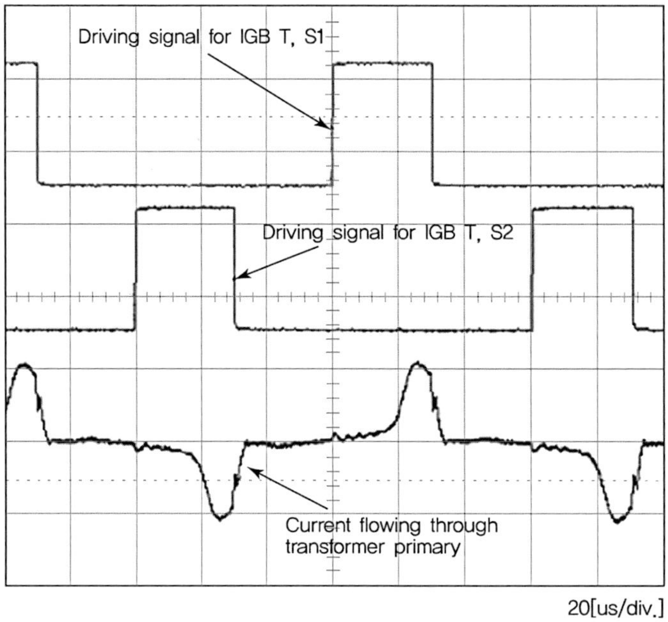

그림 4.81 IGBT driving signals and current waveform flowing through the transformer primary

(8) Schematic diagram of discharge electrode and collecting electrode

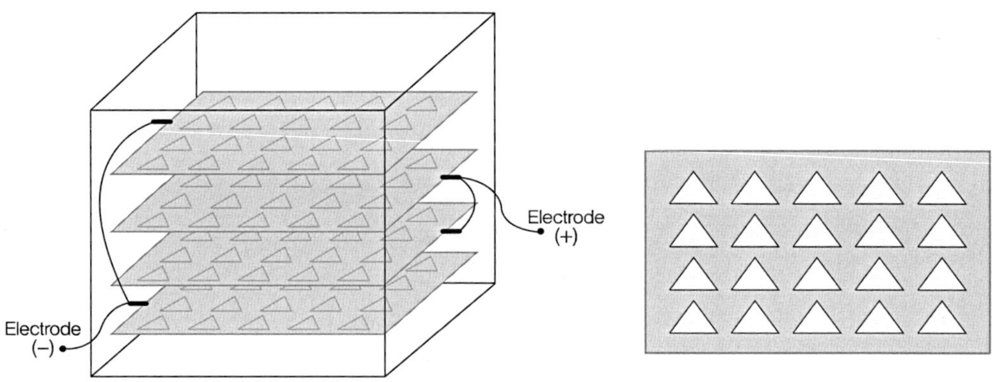

그림 4.82 Schematic diagram of discharge electrode and collecting electrode

(9) Measuring instrument

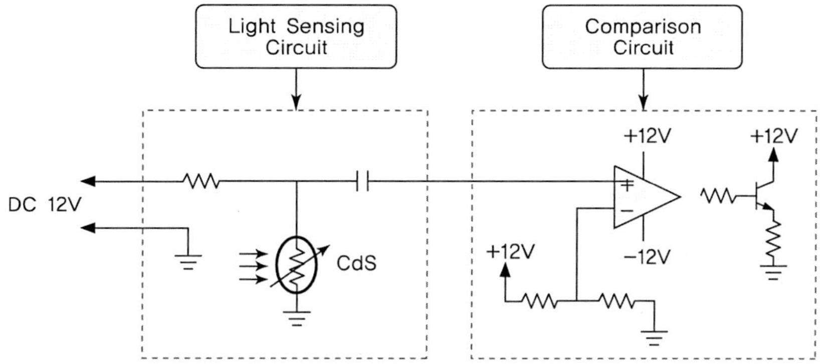

그림 4.83 Measuring instrument

(10) The smoke removing time versus switching frequency and duty ratio

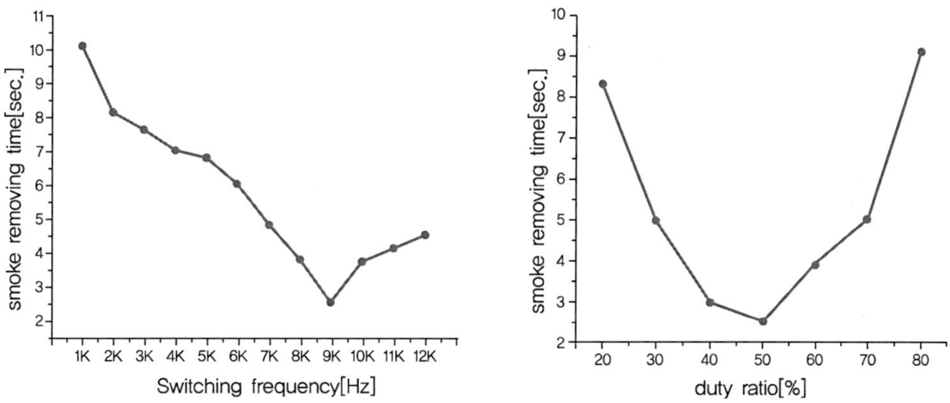

그림 4.84 The smoke removing time versus switching frequency and duty ratio

(11) Conclusion

In this study, we investigated the operational characteristics of this ESP as a function of a switching frequency and a duty ratio. The obtain results are as follows.

- As the switching frequency changes from 2 kHz to 12 kHz, the least smoke removing time is obtained at the switching frequency of 9 kHz, and the applied voltage of 15kV.
- As the duty ratio changes from 20% to 80% at the condition of

switching frequency(9kHz), the least smoke removing time is obtained 2.56s at the duty ratio of 50% and the applied voltage of 15kV.

- From these experimental results, the best operational condition is obtained at the switching frequency of 9 kHz and the duty ratio of 50 % in this ESP.

4.4 탈황/탈질용 펄스발생기 적용 사례

4.4.1 펄스발생기

- 플라즈마 탈황/탈질법(건식법)

	설치위치	제거율	전력소모율
전자빔법	Ebara(일본)	탈황:95% 탈질:80%	발전량의 2.5%
플라즈마법(1)	Marghera (이태리)	탈황:85% 탈질:50~60%	5%
플라즈마법(2)	KERI, KIMM, Dusan, KEPCO	탈황:95% 탈질:70%	2%

그림 4.85 플라즈마 탈황/탈질법(건식법)

(1) 펄스발생회로

- 탈황/탈질시스템 요구사항: Tr-200ns, PW-500ns이하, 100kV이상

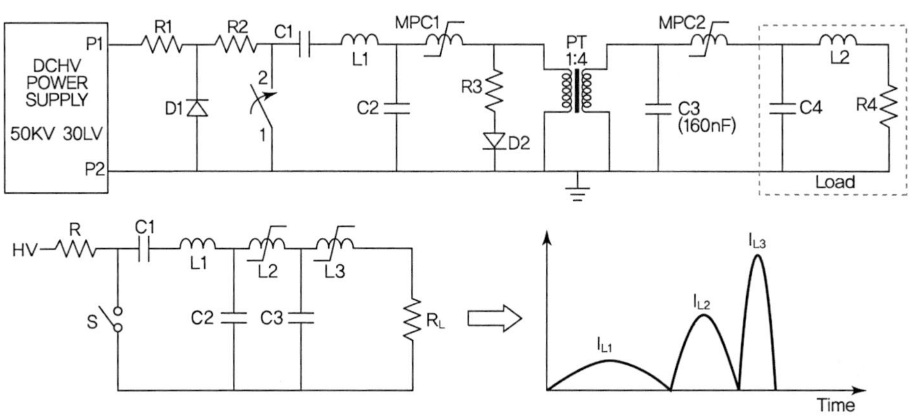

그림 4.86 펄스발생 및 압축

(2) 전력용 스위치의 종류 및 특성

스위치종류	동작 전압	동작 전류	펄스 반복율	스위칭 시간	di/dt [A/s]	수명 [pulse]
Spark gap	< MV	< MA	< 10Hz	< 10ns	大	$< 10^{4}$
Ignitron	< 50kV	< 100kA	< 100	< ms	< 1010	$< 10^{6}$
Thyratron	< 100kV	< 數十kA	< 1000	< 100ns	< 1011	$< 10^{9}$
Superconductor switch	< 數 kV	< 數 kA	< 10kHz	< 10μs	< 109	$< 10^{9}$
MPC	< MV	< 數 MA	< 1000	< 數十ns	大	$< 10^{10}$

4.4.2 반응기의 형상

(1) 소형반응기 전극형상 및 배치도(50m)

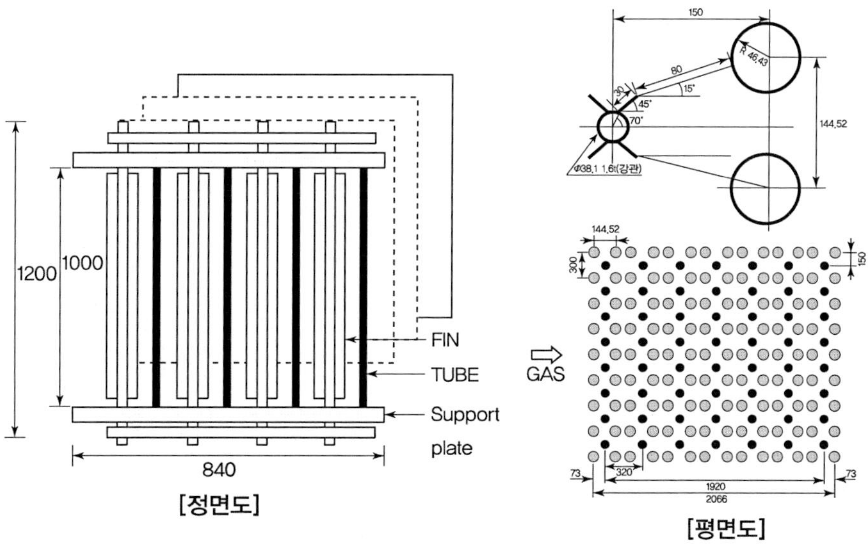

그림 4.87 소형반응기 전극형상 및 배치도

(2) 방전 사진

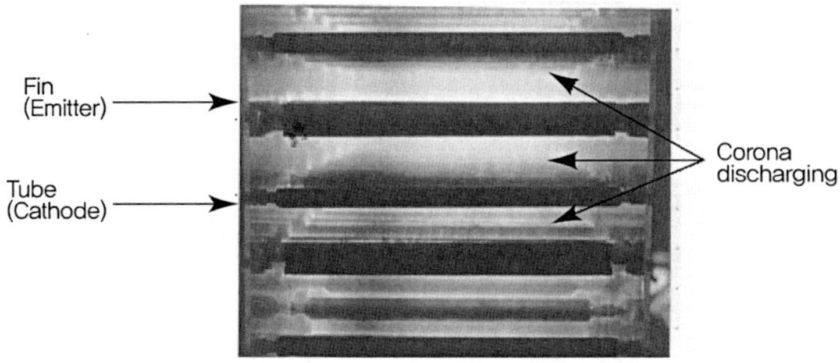

그림 4.88 반응기 내부의 스트리머성 코로나방전

(3) 부하임피던스의 변화특성

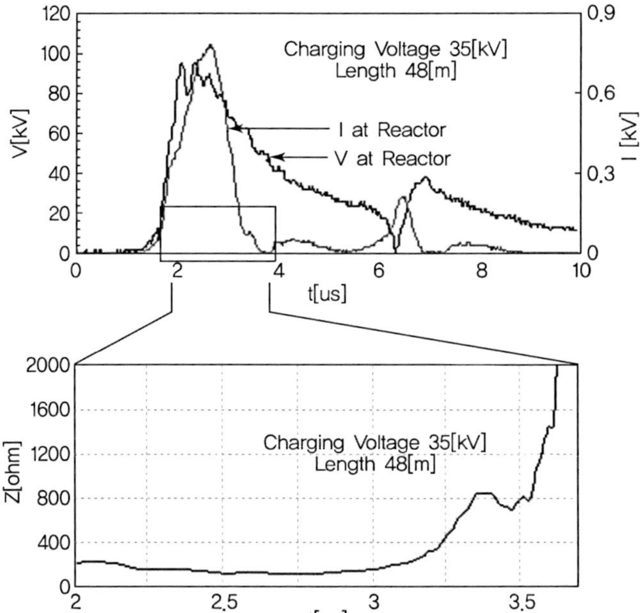

그림 4.89 부하임피던스의 변화특성

(4) 펄스전압/전류파형

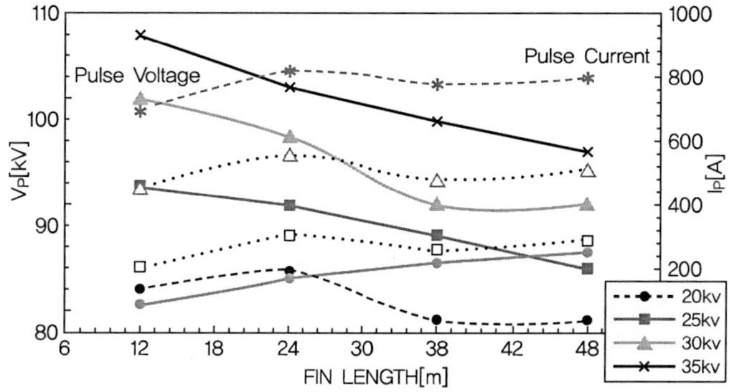

그림 4.90 반응기의 전극 길이 및 충전전압에 따른 충전전압 및 전류 변화특성

(5) 펄스파워를 적용한 결과

① 펄스전송효율 & 부하임피던스와의 상관관계

- 전극면적 S 증가 → 부하커패시턴스 증가 → 부하임피던스 감소
- 전극길이 24m → 48m로 2배 증가시 효율은 최대 2배 상승(20kV인 경우)

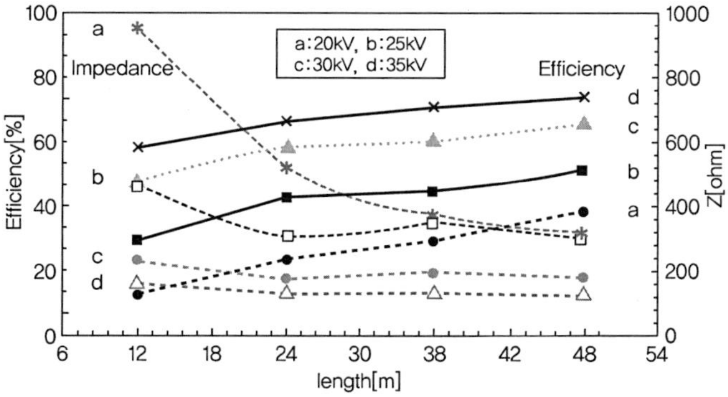

그림 4.91 펄스전송효율 & 부하임피던스와의 상관관계

② 펄스전송효율 & 소비전력과의 상관관계

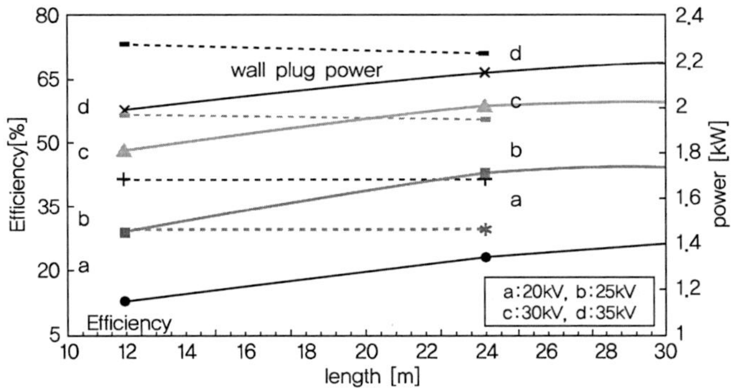

그림 4.92 펄스전송효율 & 소비전력과의 상관관계

③ 전압파형

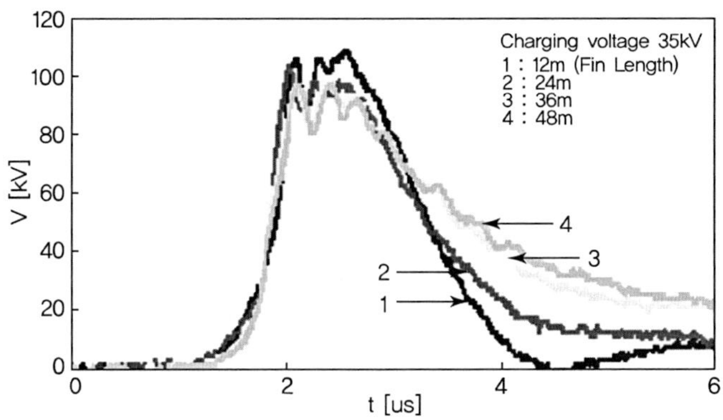

그림 4.93 전압파형

④ 10MW 탈황/탈질 설비

- Namhae 10 MW Coal plant

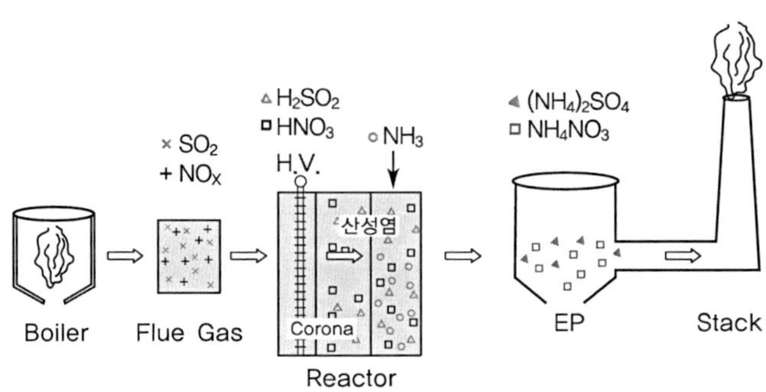

그림 4.94 10MW 탈황/탈질 설비

⑤ 탈황/탈질 시스템 사진

Electrode length : 100m*2EA
Pulse energy : 100J/p, 200pps

그림 4.95 탈황/탈질 시스템 사진

4.4.3 결론

① 오폐수 내 서식 미생물제거를 위한 펄스파워 발생장치에 관한 연구

- 부하 전극 길이에 따른 부하임피던스 및 펄스코로나 임계전압 특성
- 펄스에너지 100mJ, 펄스반복율 400pps에서 20분간 미생물에 노출시킨 결과 미생물의
- 제거효과를 얻었으며, 펄스에너지 및 펄스반복율이 증가시 그 제거효과가 증대하였다.
- 악취의 원인인 수포는 99% 이상 제거되었다.

② 금속산화물제거를 위한 펄스파워 발생장치에 관한 연구

- 금속산화물 시료에 60초 동안 펄스에너지 인가시 금속산화물의 제거효과를 얻었으며,
- 펄스반복율이 증가할수록 제거면적이 증가하였다. → 검은색의 마그네타이트발생
- 펄스반복율 100pps → 400pps, 제거면적 2배 증가

③ 탈황/탈질 시스템을 위한 소형반응기의 동작특성에 관한 연구

- 정/부전극 길이를 이용한 부하임피던스 가변 특성
- 부하임피던스 감소 → 펄스에너지 전송효율 증대효과
- 펄스에너지 전송효율 증대 → 소비전력 거의 동일(경제적 효과)

4.5 고주파 치료기에 관한 연구

4.5.1 고주파 치료기

(1) 고주파 치료기의 필요성

의료기술의 발달로 인류의 평균 수명이 늘어나고 각종 질병을 치료할 수 있는 여건이 마련되었으나 이와 동시에 복잡한 생활 패턴 및 업무와 스트레스로 인한 피로와 질병이 발생하고 있는 상황이다.

특히, 직접적인 형태로 외부에 표출되는 질병 중 가장 대표적인 것으로 탈모를 들 수 있다.

탈모의 주요한 원인은 스트레스와 두피에 기생하는 모낭충이다.

(2) 개요

① 전기 치료

인체에 전기장을 인가하여 분자들 간의 충돌을 이용하는 치료

열 발생
(고주파일 경우 화학적 반응 무시
신경근, 섬유근, 지방 등을 자극) → 뱃살 제거, 피부미용, 발모,
마사지, 혈류량 증가,
종양 제거, 통증완화

기존의 전기 치료기	출력 · 주파수 가변형 고주파 발생장치
1. 신체 적용 부분에 따라 기기의 특성이 다름 2. 치료기의 출력이 고정 3. 인체 치료시 안전성에 미흡	1. DSP를 이용하여 주파수 가변 2. DA 변환을 통한 출력 조절 3. Feedback 제어를 통하여 안전성을 개선

② 국내 · 외 관련 기술과의 비교

- 국내 치료 기술
  - 레이저와 화학약품으로 피부를 벗겨내는 필링
  - 피부 손상이 크다
  - 1주일 이상의 회복기간
  - 사회생활에 지장

③ 고주파 발생기 기술

- 200 kHz이상의 고주파(2 kV p-p, 성형된 펄스) 이용
- 피부 손상이 없는 치료
- 전류를 피부조직에 침투시켜 열을 발생

- 겉으로 피부 변화가 없어 사회생활을 하는데 지장을 받지 않는다

(3) 고주파 치료의 원리

- 고주파수의 에너지가 가해지면 전류의 방향이 바뀔 때마다. 조직을 구성하는 분자들이 진동, 마찰 생체열을 발생
- 다른 전류형태와 달리 감각신경 및 운동신경을 자극하지 않아 체내 불편함이나 근 수축을 일으키지 않고 특정부위 가열
- 조직의 온도를 상승으로 세포의 기능을 증진시켜 혈류량 증가
- 조직의 국소온도를 40℃ 이상으로 올려 동맥 및 모세혈관 확장, 신체 방어 기전이 향상, 혈액 순환 촉진 및 신진대사가 증진
- 심부열 발생에 의한 모세혈관의 혈류량 증가는 휴식시보다 4-5배 증가(산소, 영양물질, 항체, 백혈구 등의 공급이 증가)
- 혈관 확장으로 모세혈관의 정수압이 증가되므로 림프 순환 촉진

(4) 고주파 치료의 적용 분야

- 발모시술 및 두피 관리
- 근육통 완화 및 오십견 치료
- 여드름 치료 및 피지 조절
- 주름 및 피부 재생, 미백
- 지방 분해 등

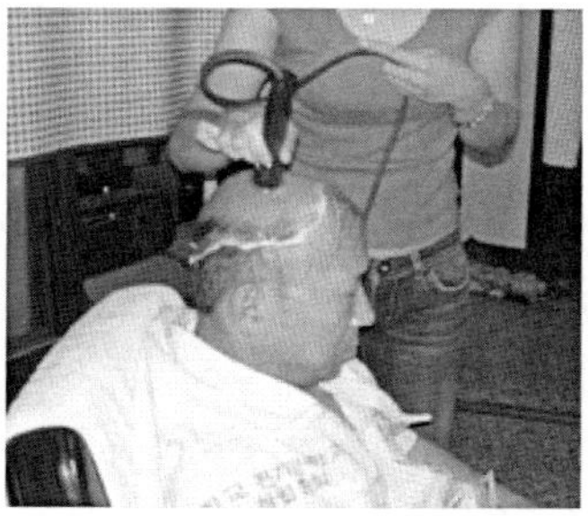

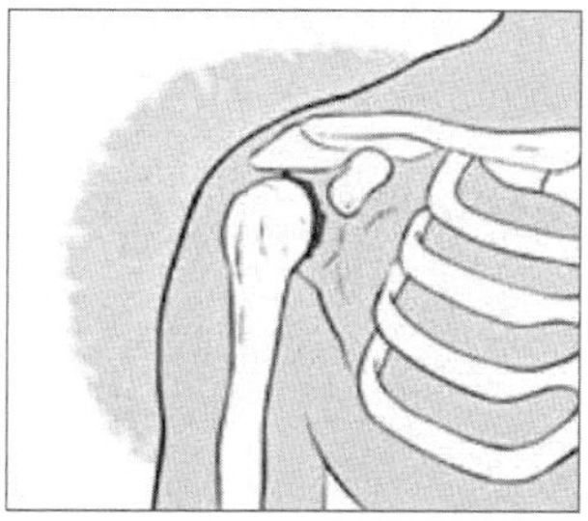

그림 4.96 고주파 치료의 적용 분야

(5) 고주파 치료기의 특성

- 고주파 치료기 1차 정격 전압 → 220[V]
- 소비 전력 약 100[W]
- 출력전압 0.5~1.5[kV]

- 출력 주파수 300~1000[kHz]의 가변특성
- ZCS형 플라이백 컨버터를 이용 → 노이즈 감소
- Feedback 제어를 이용 → 출력의 안전성
- 마이크로프로세서 이용 → 정밀 디지털 제어

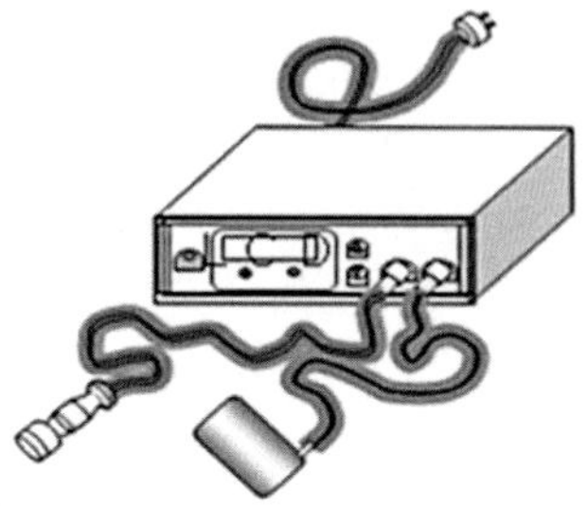

그림 4.97 고주파 치료기의 외관

(6) 가변형 고주파 발생장치 블록도

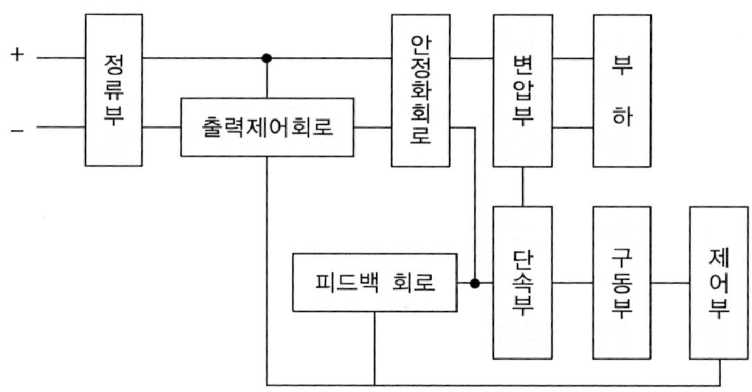

그림 4.98 가변형 고주파 발생장치 블록도

(7) 회로도

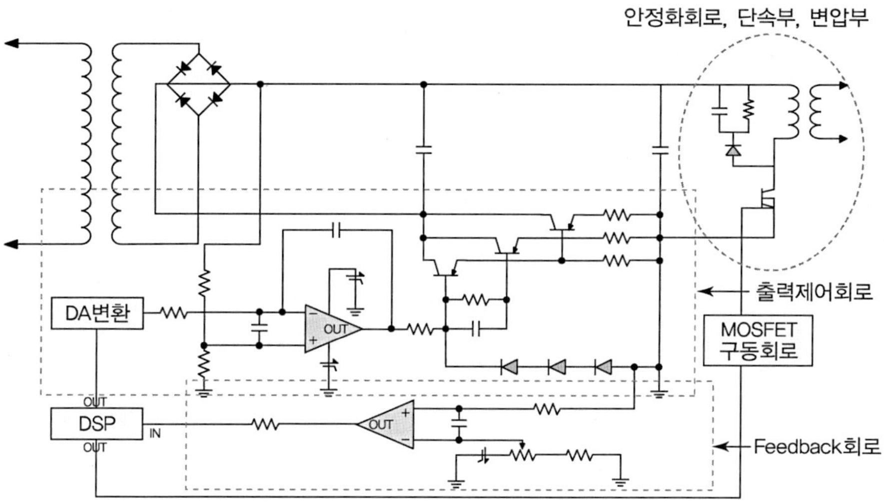

그림 4.99 가변형 고주파 발생장치 회로도

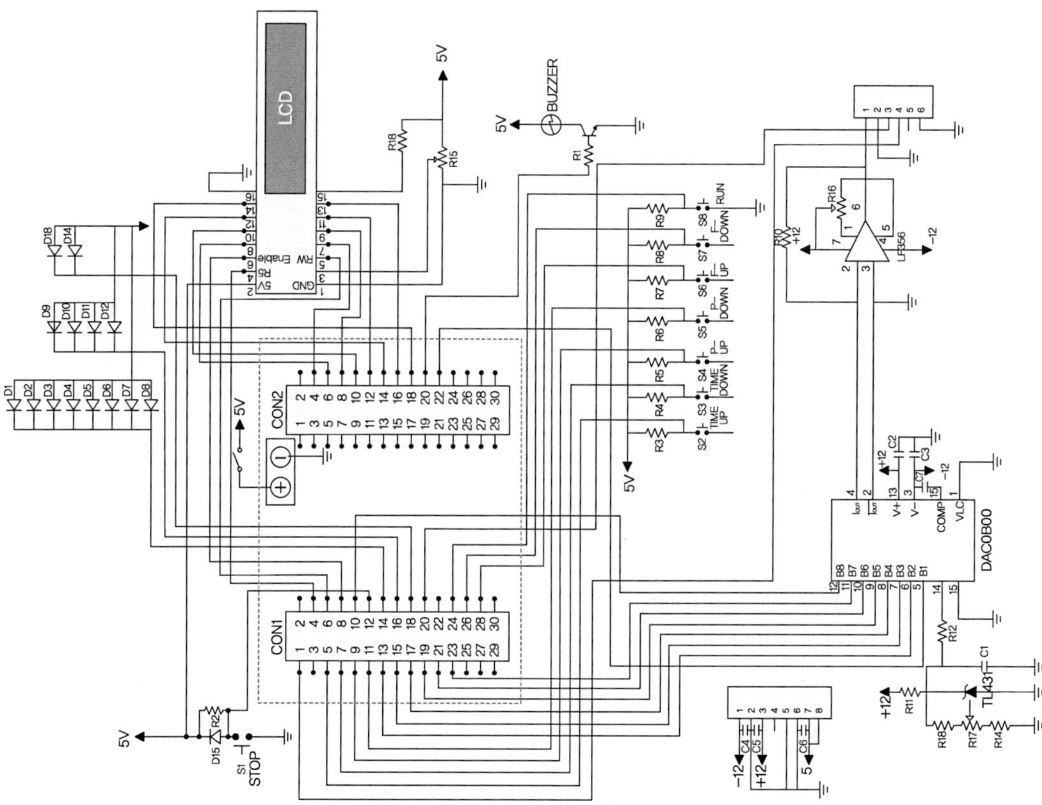

그림 4.100 DSP를 이용한 제어부 회로도

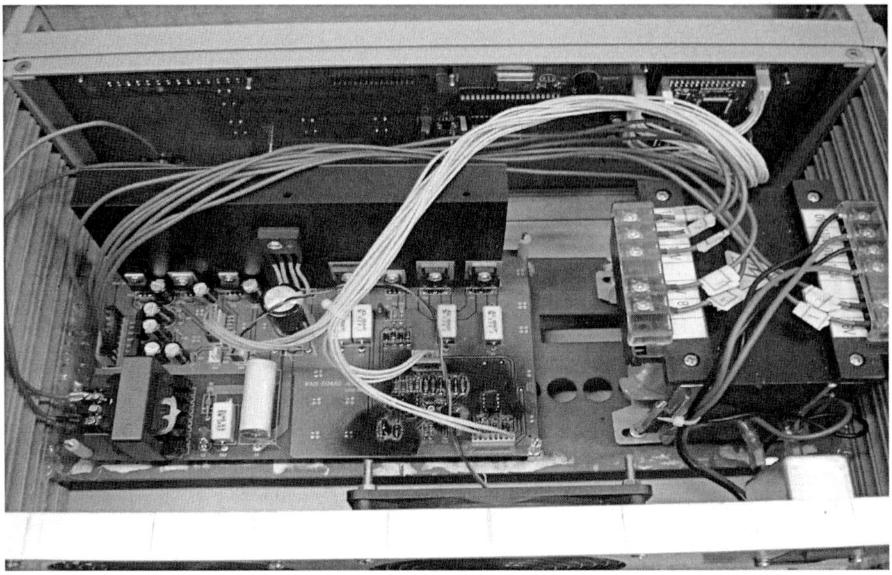

그림 4.101 고주파 치료기 외관

(8) 고주파 치료기 응용 사례

① 발모에의 적용

- Type A

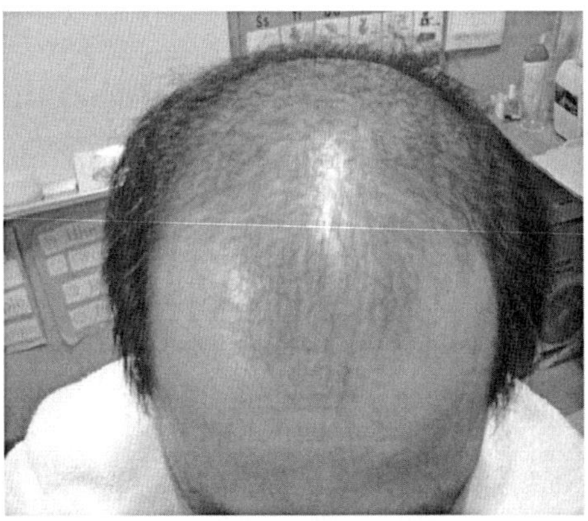

그림 4.102 J교수는 관리직전 M형 탈모중기에서 말기로 넘어가는 단계로 탈모부위 모발이 약하고 힘이 없으며 탈모가 진행 중인 상태였다.

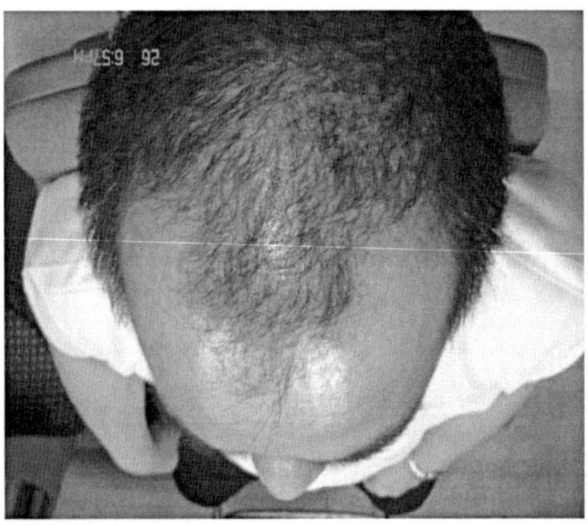

그림 4.103 2개월 차로 들어가면서 건강한 모발로 관리 되어졌으며 현저히 숱이 많아진 상태이며 원래 숱이 많은 두발이라 횟수를 거듭할수록 새로운 모근이 계속 발생중이다.

• Type B

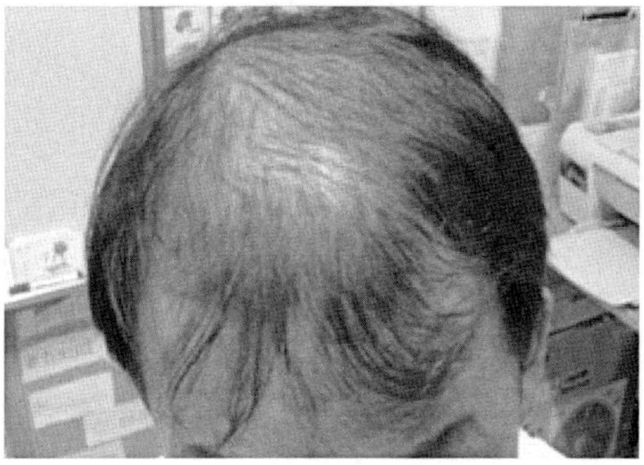

그림 4.104 K국장의 관리 초기 힘없이 약했던 모발

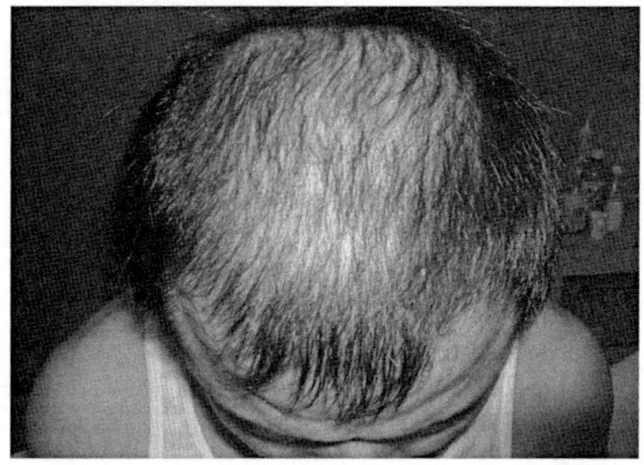

그림 4.105 현재 한 모공의 2~4개의 모근 발생으로 탈모 부위의 밀도가 높아져 옴을 느낄 수 있다. 횟수에 무관하게 하루가 다르게 모발의 성장속도에 가속이 붙어 굉장한 발모율이 보여지고 있다.

② 오십견 및 근육통에의 적용

▶ 오십견–완전히 팔이 올라가지 않는다

그림 4.106 50대 전후에 많이 발병한다 하여 이름 붙여진 오십견은 한마디로 어깨가 굳어 움직이기 힘들고 어깨가 굳으면서 극심한 통증을 수반하는 질환이라고 할 수 있다.

▶ 한(寒)이 쌓이면 기혈(氣血)이 잘 움직이지 못한다.

▶ 오십견 환자가 찬 곳에 가면 통증은 심해진다.

그림 4.107 이 중에서도 가장 근본적인 원인이 되는 것이 바로 어혈이다. 여기서 말하는 어혈은 혈액순환이 잘 안 돼 혈이 굳어져 뭉친 것으로 이 어혈이 어깨관절 주위에 모여서 관절을 굳게 하고 통증을 유발한다.

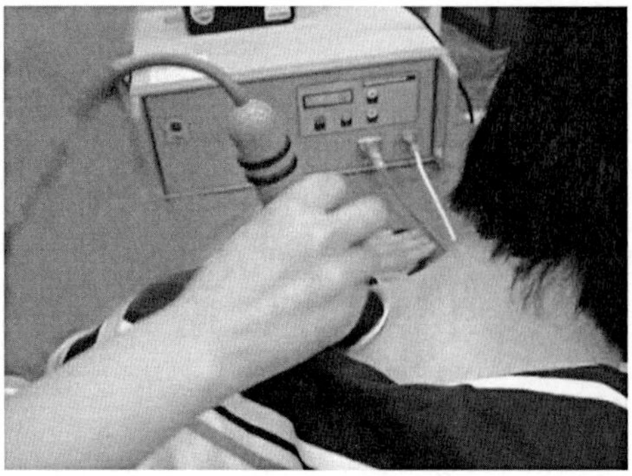

그림 4.108 어혈은 차가운 기운을 만났을 때 더욱 굳어지는 성질이 있으므로 몸에 온기를 더 해 어혈을 풀어주면 도움이 된다.
어혈로 인한 통증의 경우 고주파로 치료하게 되면 열에 의한 국소 충혈로 통증이 완화되며 또한 열 자극에 의한 반 자극으로 엔돌핀 분비를 촉진시킨다.

③ 피지제거 및 모공치료에 적용

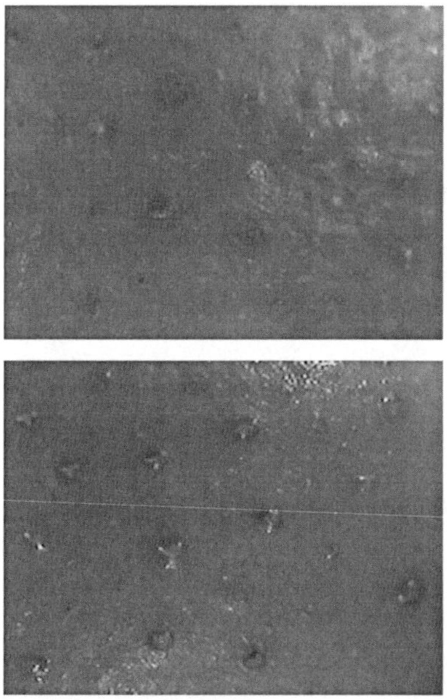

그림 4.109 관리 전

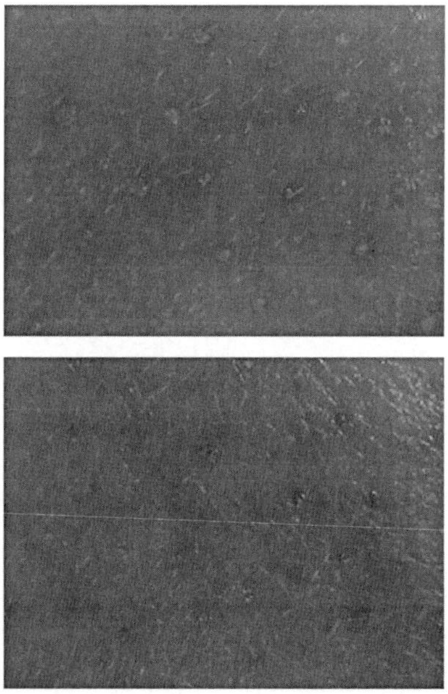

그림 4.110 한달 후

생체 열에너지가 상승하면 항균작용이 이루어지고 피지선을 정상화 시켜 피지 분비를 조절하고 피부를 재생시켜주므로 죽은 각질이 자연스럽게 탈락되고 여드름 자국이 없어진다.

④ 흉터 제거에 적용

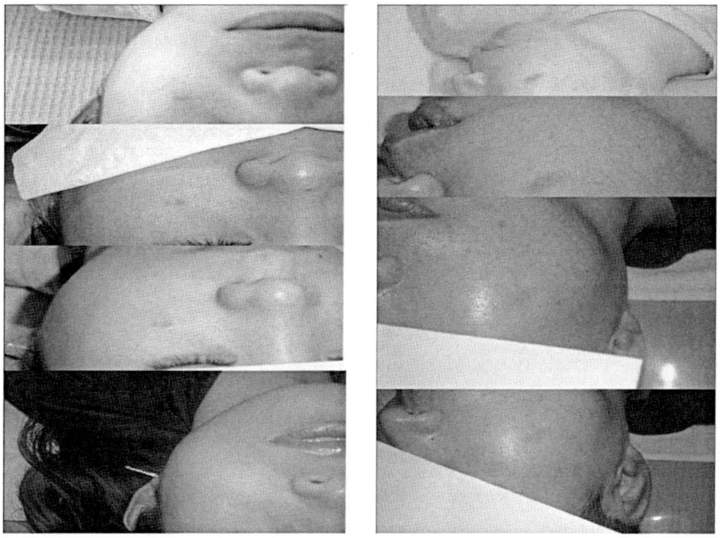

그림 4.111 흉터가 사라지는 모습

호르몬 분비를 정상화시키고 산소 공급하여 독소와 노폐물을 배출시켜 세포를 활성화시키고 멜라닌 색소 분비를 억제하고 착색된 멜라닌 색소를 분해시켜 준다.

4.5.2 High Frequency Electrotherapy Apparatus

[key words]

High Frequency, Electronic therapy apparatus, Treatment, electrode, Counter electrode, DSP(Digital Signal Processor), Microprocessor(PIC16F877)

- This device has the frequency and output pulse shape control techniques.
- In this invention, main frame consists of power source applied for transformation of AC-DC-AC; switching sequence is controlled by DSP (Digital Signal Processor), display unit controlled by PIC16F877 and infrared lamp.
- The treatment electrode coupled with the counter electrode that is attached to the external main frame.
- The treatment electrode is brought into contact with the scalp or skin.
- The counter electrode flows high frequency current through a human body.

- This high frequency electronic therapy apparatus is using the method of pulse shape control using MOSFET and generating the secondary voltage of 1.0~1.5kV and the secondary frequency of 250 ~ 330kHz at the transformer primary input current of about 0.5[A].
- Therapeutic value is dependent on the applied frequency, peak voltage, current shape and current density.
- Especially, respective effects appear depending on the plate structure, plate size, plate materials, applied time and compound antibiotic substance.
- That is, this device was designed suitable for obtaining maximum effect in terms of output voltage, current, frequency and pulse shape.
- Dangerous elements like flesh burn were removed by designing feedback system and grounding the main frame to the earth.
- High frequency switching minimizes infiltration depth toward human body up to 2mm and it generates a deep part diathermancy by resonating human body.
  - 1672 --- Frictional electricity: discovered by Otto Von Guericke
  - 1746 --- Conserved that in Liden bottle
  - 1886 --- Vibration current(Hertz)
  - 1897 --- Cure of Corpulence, Diabetes; announced by Claims
  - 1899 --- Remedy for pulmonary tuberculosis(Tesla)
  - 1900 --- IEC: Curable possibility of Cancer
  - 1908 --- Dia(through) + thermy(heat)
  - 1929 --- "Diathermy and the King" in England Frank D Howitt
    (HF ---→ Higher than 100 kHz)

- The electric treatment is classified as medical galvanism, iontoporesis, electrical stimulation therapy, transcutaneos electrical nerve stimulation, FES, interferential current therapy, shortwave diathermy, microwave diathermy and ultrasound and so forth.
- This electric treatment has the effect of an ailment of skeleton, the nervous system, the circulating system of the blood and the dermatitis.
- Electrical stimulus makes human body reactivate to generate useful

electrical variations.

- Capacitive and resistive electrical transfer has the various somatological effects.
- Electrical transfer makes the internal skin warm and the blood vessel expand.
- This process encourages the blood circulation and oxygenates the blood. As a result, metabolism will be activated and catabolism will be excreted from the body.
- Usual beauty treatment electronic devices can only stimulate a specific part of body like the waist, abdominal region, legs, shoulder and the sole of a foot and so on.
- Ceramic pad attached to body transfer low frequency signal to the human body.
- In the ceramic pad, adhesive or belt should be used under an expert's administration. Due to such medical controls, common use has been limited.
- Such a electronic therapy apparatus applied ceramic pad have the danger of a skin burn and an electrical shock.
- Also, inappropriate current frequency without resonating with body results in an adverse reaction of treatment.
- Dangerous elements like flesh burn were removed by designing feedback system and grounding the main frame to the earth.
- High frequency switching minimizes infiltration depth toward human body up to 2mm and it generates a deep part diathermancy by resonating human body.
- Therefore we would like to suggest high frequency electronic therapy apparatus containing above-mentioned characteristics and the treatment electrode with easy usage.
- This apparatus consists of a rectifier for DC transformation from common power source, output control circuit for getting desirous current, a stabilizing apparatus against undesirous signals.
- A step-up transformer, holding part generating desirous output pulse shape, power driving source for the smooth running of the holding part.

- switching sequence controlled by DSP(Digital Signal Processor), display unit controlled by PIC16F877, feedback circuit for body protection, load as the treatment electrode and the counter electrode attached to main frame and body respectively, and main frame grounding.
- Output current control circuit: When current signal is applied to DA transformer from display control part, this signal is applied to the base terminal of transistor paralleled by power source and comparator.
- Through this current signal the value of Ic of transistor is adjusted and desirous current will be obtained.
- Feedback circuit for body protection. When unusual current is detected at the load, electrical signal is transmitted to display part by way of comparator. Unusual signal cuts off holding part and output current.
- A step-up transformer, a stabilizing apparatus, MOSFET as switch, power driving source,
- When desirous frequency and duty ratio from switching control part is applied, the signal suitable for MOSFET switching can be obtained.
- Desirous frequency and pulse shape can be obtained through this signal.
- Moreover, desirous frequency and pulse shape can be acquired by adjusting the turns of high frequency transformer.
- The pertinent turns of high frequency transformer removes the voltage ripple influencing hair growth and it makes resonant point set suitably.
- The voltage ripple is harmful for hair growth : Due to the voltage ripple, the existing beauty treatment device had malfunction
- The voltage pulse shape resulted from the above process, reduction of voltage ripple makes much more energy to the human body and it has much higher effect on hair growth and other therapy.
- Control part consists of DSP (Digital Signal Processor) and microprocessor (PIC16F877) and this part is for detecting noises as unusual circuit operates.
- Operating time, output voltage, run/stop input, protection system against over current and display performance is carried out by

microcontroller(PIC16F877).

- High speed switching signal is controlled by DSP.
- Control part is controlled digitally by DSP and microcontroller (PIC16F877).
- As this high frequency electronic device is made for human body, the optimum output condition and the best suited bio-electricity are required to ensure safety and stability.
- DSP and PIC16F877 are used to vary output voltage, frequency, current and pulse shape suitably.
- At abnormal conditions, the system will be stopped immediately.
- Through this principle, the best beauty treatment condition can be accomplished.
- The principle of thermal radiation is somatological heat generated by high frequency current. Somatological heat has the temperature of 42℃~46℃.
- The degree of thermal metastasis is the maximum of 2mm into a deep part.
- The treatment electrode is contacted on the body.
- The counter electrode is electric conduction pad coupled with the treatment electrode.
- The treatment electrode is plated with ceramic semiconductor film on the round-shape metal electrode.
- The ceramic film plays an important role in insulation and prevents an electric shock.
- Therefore, this ceramic treatment electrode is distinguished from the existing treatment electrode using a glass or metal plate.
- Alternating current union is formed between counter electrode and treatment electrode on the scalp by the high frequency of 300 kHz.
- As scalp is protected by nonconductive horny layer, usual current cannot be injected to inner skin. However, the high frequency of AC current can be injected to inner skin safely through outer skin.
- At this point, the depth effect should be maintained optimally. The high frequency of 300kHz is generated by MOSFET, and the generated

optimal pulse shape achieves maximum thermal effect maintaining depth effect.

- The thermal effect is generated in a deep part of body contacted with treatment electrode which has high current density relatively.
- This organism heat generated by the thermal effect is used in the various medical cares.
- When the electrical stimulation is given in spots on the body suitable for acupuncture, body metabolism and cell revival occurs actively.
- Such principles are similar to acupuncture and moxibustion of oriental medical clinics. It is also related to western medical clinics.
- The current flows toward counter electrode through the body. At this time, somatological heat occurs by electrical energy and the body resistance.
- The spreading cream helps electric conduction to body and contacting treatment electrode.
- Thermal effect is generated by current and electromagnetic field effect caused to Joule's law.
- Therefore, total calorific power is generated in proportion to the square of the average current, body resistance and medical care time.
- Thermal effect in organism has different characteristics depending on electrode position, current intensity and so on.
- As the inner skin and skin layer of fat have high resistance relatively, thermal effect is predominant.
- And as the organisms of blood vessel and muscle have low resistance, thermal effect is poor even if the quantity of current increase.
- Such a thermal effect causes the expansion of the blood vessel and increases a quantity of blood in a capillary
- By this principle, thermal effect through electrical energy makes body metabolism actively.
- The somatological energy transformed from the high frequency electrical energy lengthens cell's span of life and encourages curative properties of body.
- In addition, this device makes blood purified and circulated actively

through the thermal effect.

- The generated frequency makes molecule movement promoted and an organism revived.
- The promotion of blood purification and the blood circulation causes dissociate electrolyte of blood and encourages cell movement by increasing and maintaining ion.
- Through a chemical action of K+, Na+, permeability of membrane is encouraged and a quantity of air use increases.
- Ca and Mg bases are permeated mutually and the blood circulation is promoted by helping the contraction and expansion of blood.
- Hundreds of thousands of parasites live in the human body and especially a demodex, one of the parasites, influence loss of hair directly.
- But the demodex can be eliminated easily by the thermal effect and electrical field intensity caused by high voltage and high frequency.
- It is useful to the skin.
- Oscillation of H+ ion and the permeation of cell outer and inner liquid are expedited.
- As the results the greasy matter in blood vessel is dissolved and excreted out of body.
- It quickens blood circulation by expanding capillary vessels so that the maximum effect in hair growth on the scalp is achieved.

CHAPTER 05

펄스파워 계측법

5.1 고전압 측정

- 배율기, 분압기와 저전압용 계기를 병용
- 고전압의 특수한 방법과 장치를 사용
- 고전압의 종류, 실효값, 파고값에 의한 측정

5.1.1 고전압 실효값의 측정 방법

(1) 계기용 변압기

① 권선형 계기용 변압기(PT)

- 변압비가 정확하고 절연이 좋은 소용량(300kV)
- 단일형, 종속형

② Condenser형 계기용 변압기(PD)

- 권선에 비해 절연내력을 높게 할 수 있음
- 권선형 변압기보다 높은 전압 측정(1,000kV)

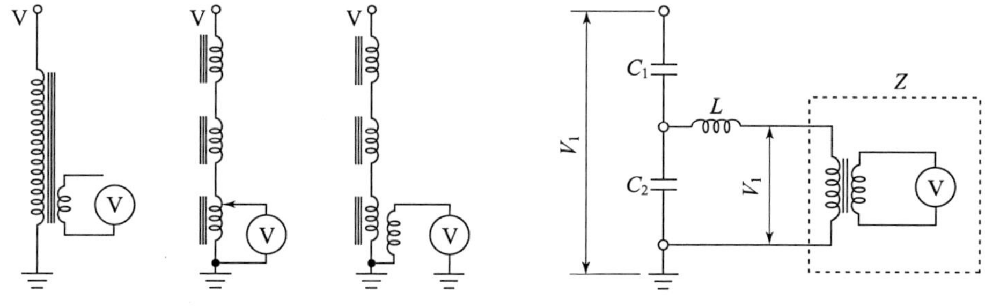

(a) 단일형 (b) 종속형 (c) 종속형

그림 5.1 계기용 변압기의 종류

(2) 계기에 배율기 또는 분압기를 병용

① 저항배율기 및 분압기

- 배율기 저항 R, 전압계 내부저항 r, 배율 $m=(R+r)/r$
- 내부 임피던스가 큰 정전전압계의 측정 범위를 확대시 그림 5.2의 분압기 사용.
- 분압비 $d=(R_1+R_2)/R_2$

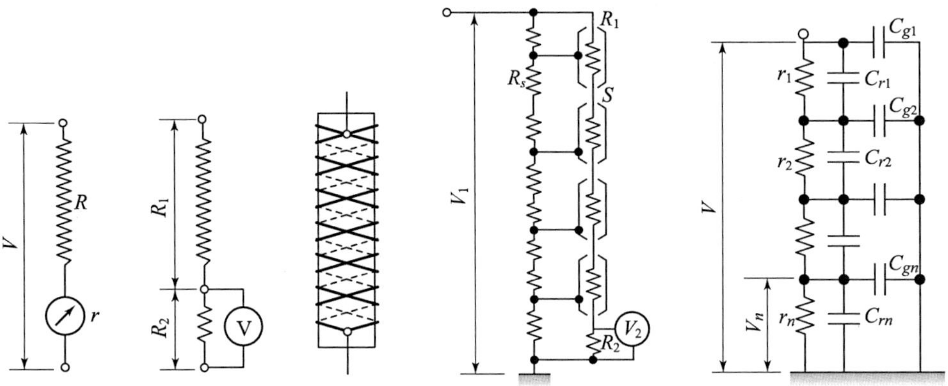

그림 5.2 분압기의 종류

② 용량 분압기

분압기란? 어느 전압과 일정한 관계에 있으며, 그보다 낮은 전압을 얻는 장치이다. 고전압을 보통 전압계로 측정할 경우 등에 사용하며, 전압이 높아지면 계기를 직접 사용할 수가 없기 때문에 일정한 횟수로 전압을 낮추어서 실제의 전압을 변압기의 배율에 의하여 간접적으로 측정을 하는 변압기의 일종이다.

저항을 사용하여 분압하는 저항분압기, 교류 고전압 측정에 쓰이는 콘덴서를 사용하는 용량분압기(容量分壓器), 양자의 병렬회로를 사용하는 저항 용량 분압기, 현수애자를 여러 개 직렬로 접속하여 분압기로 한 애자분압기 등이 있다.

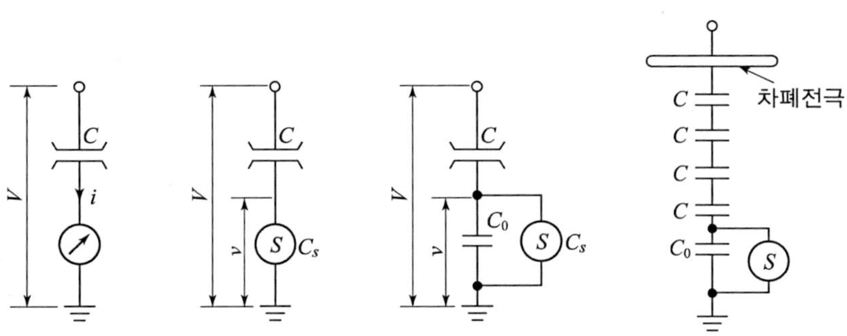

(a) (b) (c_1) (c_2)

그림 5.3 용량 분압기의 종류

- 직렬 콘덴서법(a)

  교류전류 $i = 2\pi f C V$ (단, 전압계 저항: $R < 1/2\pi f C$)
- 분압법(b, c1)

  그림 (b) $V = v(C + C_S)/C$

  그림 (c1) $V = v(C + C_0 + C_S)/C$
- 고압측 차폐전극 설치(C_2)

  단위 콘덴서의 용량 C가 적으면 corona 발생

(3) 정전전압계

- 전압을 인가한 2개의 전극 간에 작용하는 흡인력을 이용한 기기
- 고전압 측정에 적합하며 가장 많이 사용
- 소비전력이 적고, 파형, 주파수 영향 적음

구분	가동전극이 회전하는 형		가동전극에 평행이동하는 형	
	켈빈형	Siemens Halske 사 정전전압계	Abraham-Villard 형 정전전압계	슈레더 반사형 정전전압계
내용	정전기력에 의하여 지침이 붙은 가동전극이 회전하고 그 각도에서 전압 이 지시되는 것	고정전극은 반원통형 2매로 구성, 가동익을 흡인함. 지침부분은 자기제동을 사용	보호환에 의하여 고정전극과 가동 전극간에 기력선이 균일하게 하고, corona를 방지하여 내전압을 높임	가동익은 지점 0을 중심으로 하여 회전할 수 있도록 조선으로 상하에 잡아매어져 있어 가동익에 설치한 반사경 m에 의하여 lamp L의 빛이 반사되어 눈금판 위에 광점을 나타낸 것
그림	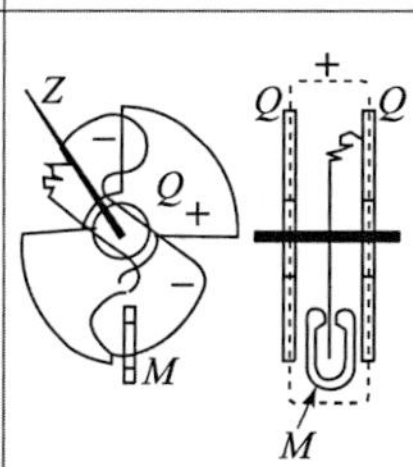	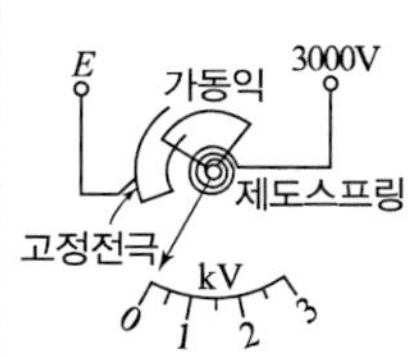	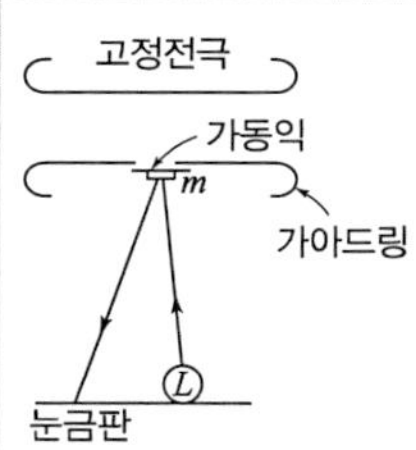	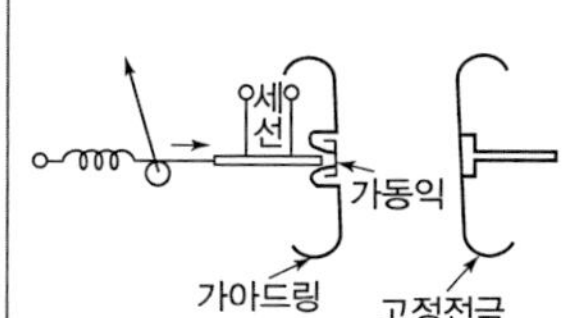

(4) 구전압계

고전압 파고값을 측정하는 구간극에 사용되는 큰 구를 이용하여 그 간극의 길이를 취하여 정전전압계로서 실효값을 측정하도록 한 것이다.

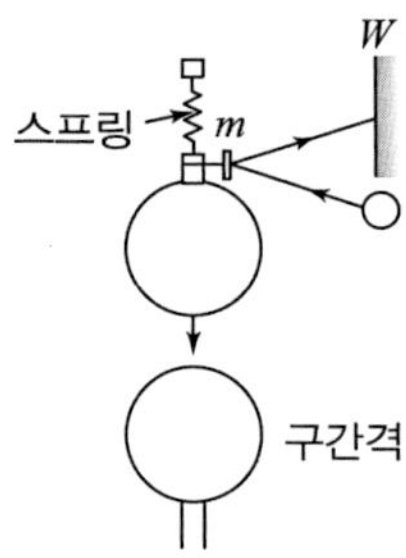

그림 5.4 구전압계의 구조

(5) 회전타원체 전압계

Thornton과 Thompson에 의하여 고안된 전압계의 절대 측정법(꼬임 진자법)이다. 평행판 전극 간에 절연사로 금속의 타원체를 매달고 단축을 중심으로 하여 회전운동을 시킨다. 이때 전계가 없으면 자유진동을 하지만 전계가 인가되면 금속체의 장축의 끝에 유기되는 전하와 전계와 상호작용에 의해 매단 실이 회전력이 생기고 그 진동 주기가 짧게 된다. 그 진동 주기의 측정에서 인가전압의 크기를 측정할 수 있다.

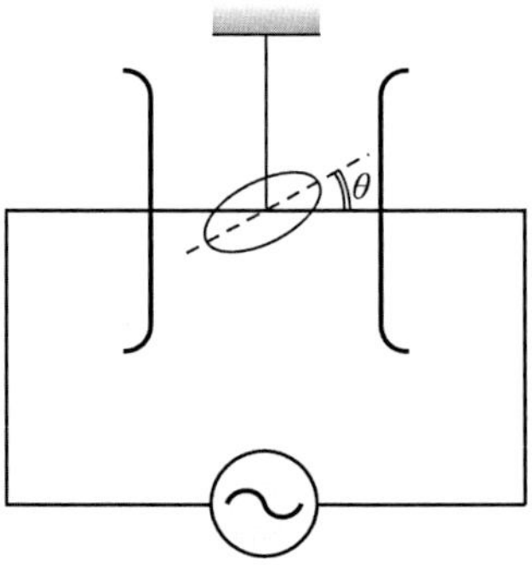

그림 5.5 회전타원체 전압계의 구조

5.1.2 고전압 파고값의 측정 방법

(1) 회전전압계

- Kirkpatrich 의해 고안된 전압계
- 콘덴서의 정전용량을 주기적으로 변화시켜 그 충전 방전에 따르는 전하를 측정하여 전압을 결정

- 파고값 이외에 직류전압 및 파형까지 측정 가능
- 종류
  - 일반형 회전전압계
  - 회전형 전계측정기
  - 진동전압계

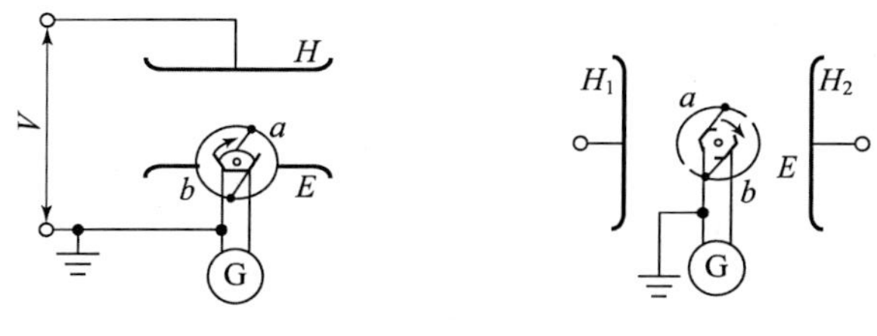

(a) 1극 회전 (b) 양극 회전

그림 5.6 회전 전압계의 구조

(2) 파고전압계

- 콘덴서와 정류관을 사용하여 정류를 이용한 파고값 측정법
- 콘덴서에 교류전압을 가한 경우의 충전전류 또는 충전전압을 측정으로 그 파고값을 알아내는 방법이다.
- 종류
  - 전류형 파고전압계
  - 전압형 파고전압계

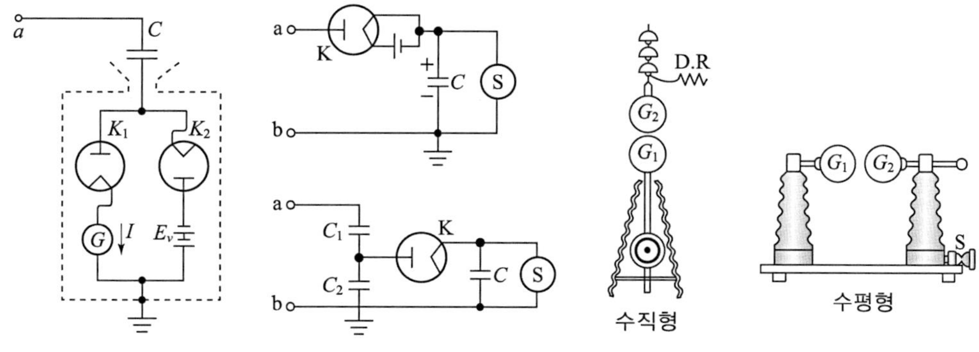

그림 5.7 파고전압계의 구조

(3) 방전을 이용한 파고값 측정

- 스파크 방전을 이용한 구간극, 봉간극, 침단간극
- Corona 개시전압을 이용한 corona 전압계
- 저기압 glow 방전개시전압을 이용한 glim lamp법
- 구간극은 고전압 파고값 측정에 많이 사용

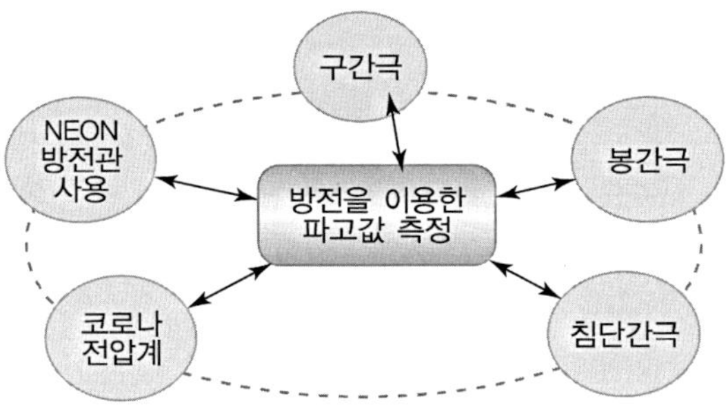

그림 5.8 방전을 이용한 파고값 측정 종류

(4) ION풍 전압계

- 도체 주위의 전계의 세기가 커지면 corona가 발생하여 주위의 기체중에 ION풍이 발생된다. 이 ION풍으로 열선을 냉각시키거나 직접 지시부를 움직이든가 하여 반대로 전압 파고값을 측정 함.
- 종류
  - 열선형 ION풍 전압계
  - 회전력형 ION풍 전압계

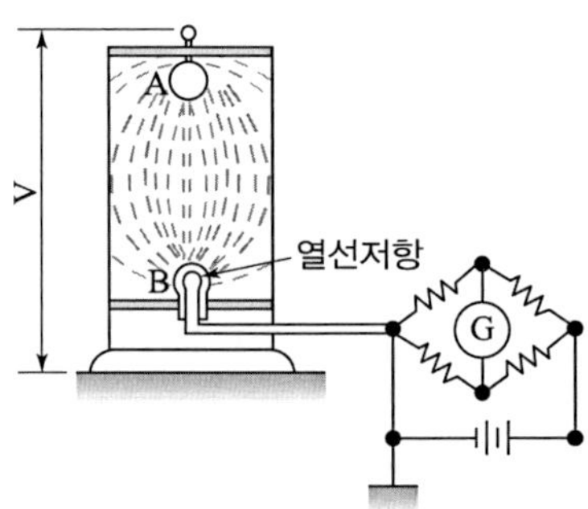

그림 5.9 이온풍 전압계의 구조

(5) 가속입자를 이용한 파고값 측정법

- 전자기광학에 의한 방법
- Wilson 무상에 의한 방법
- 전자의 도달거리를 측정하는 방법
- X선 spectrum에 의한 방법

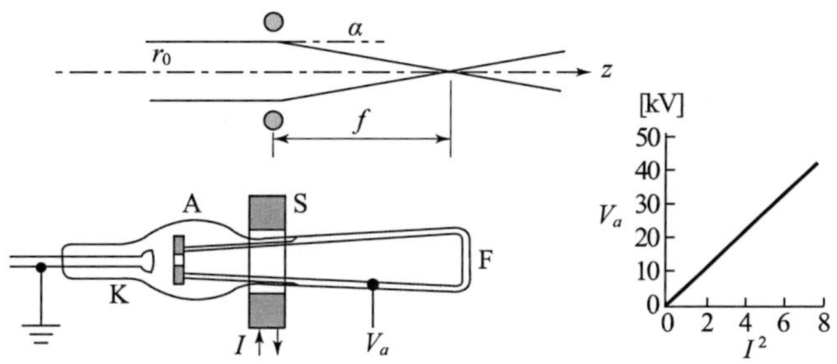

그림 5.10 가속입자를 이용한 파고값의 측정

5.1.3 충격전압 및 전류의 측정

(1) 음극선 oscillograph

- 충격전압 및 충격전류의 파고값과 파형 측정에 사용
- 정밀도는 파고값에서 ±3%, 파두장 및 파미장에서 ±10% 이내
- 분압회로, 분류회로, 측정회로를 조합하여 사용

① 음극선관

- 열음극, 봉입형 Braun 관 사용
- 음극에서 고속도전자 beam을 만들고 도중 X축과 Y축의 편향판으로 굴곡시켜 형광면에 충돌시켜 발광

② 현상전압과 oscillograph와의 동기

충격전압을 입상부분부터 촬영하기 위해 충격전압 발생기를 늦게 시동시키거나 현상전압을 oscillograph에 유도하는 도중 지연케이블을 삽입하여 현상을 늦게 한다.

③ 측정회로

- **분류회로** : 전류의 측정범위를 넓히기 위해 사용되는 저항기이며 병렬접속. 대전류에 의해 생긴 전자력에도 견딜 수 있는 기계적 강도를 가져야 하고, 전류를 전압으로 변환시킬 때 정확한 비례관계 유지가 필요하다.

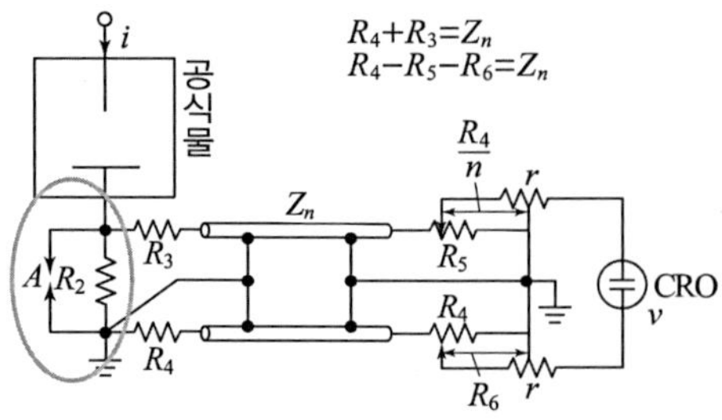

그림 5.11 충격전류 측정용 분류회로

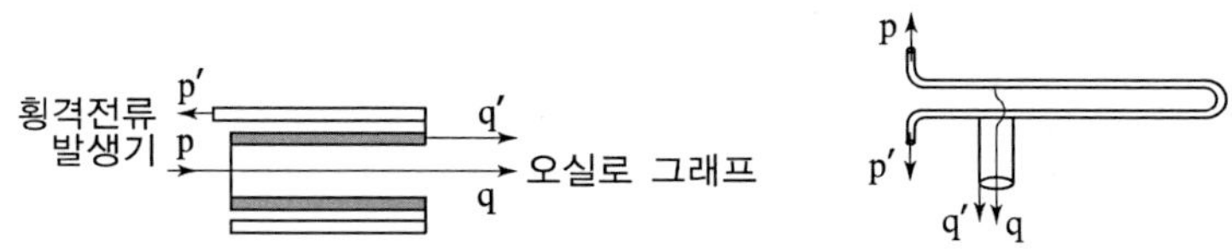

(a) 동축 원통형 분류기 (b) Flat strip 분류기

그림 5.12 분류기의 종류

(2) 충격파 고전압계

충격전압에 의한 condenser의 전하량으로 파고값 측정

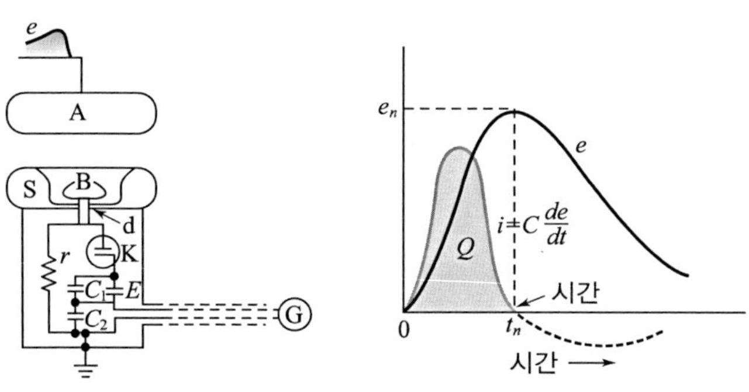

그림 5.13 충격파 고전압계의 구조 및 특성

(3) Klydonograph

평판전극 위에 에보나이트판을 놓고 침상전극을 가볍게 접촉시켜 양전극간에 3~20kV 전압을 가한 직후 유황분말을 뿌린 후 방사상 전하도를 그린 것이다.

① Klydonograph의 구조와 특성

- 전극 간에 전압을 가하면 감광면 C 상에 연면방전이 발생하고 이것을 현상하면 Lichtenberg 상을 얻음

• 정상과 부상은 충격전압의 파형의 완급에 의해서도 그 형상이 다름

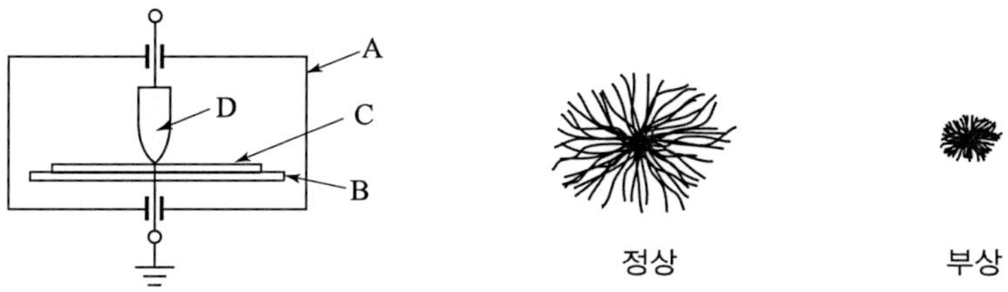

그림 5.14 Klydonograph의 구조와 특성

• 영상의 최대 반지름과 인가전압과의 관계는 충격전압의 파형, 파두준도에 의하여 다름

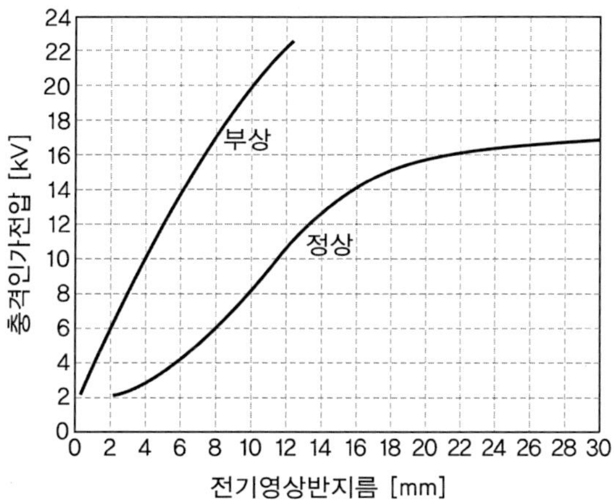

그림 5.15 전기영상 반지름에 따른 충격인가전압

• 측정전압이 2~18kV이므로 이 이상은 분압기 사용

② Klydonograph의 응용

• 뢰전류 측정 : 철탑의 뢰전류 측정하는 직격기록기
• 충격파형의 측정

그림 5.16(a)는 철탑 자체의 저항에 의한 전압강하를 기록함으로써 뢰전류의 파고값을 측정한 것이고, 그림 5.16(b)는 Loop antena를 철탑 각성의 일부에 설치하여 뢰격전류에 의하여 유기되는 전압을 기록하여 전류의 최대준도와 방향을 측정한 것이다.

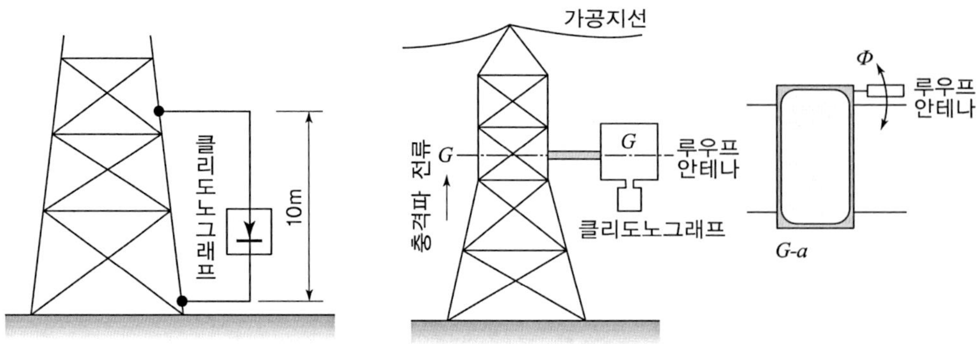

(a) 철탑 전파의 측정 (b) 최대전류강도의 측정

그림 5.16 철탑의 뢰전류 측정법

③ Silicone klydonograph

- 건판용 유리면에 감광막 대신 silicone varnish를 가열해서 붙인 것으로 전하도를 그리게 한 것
- 분말도형
- 상의 크기와 전압 비례
- 수지 종류에 의해 잔상성, 내습성 차이

장 점	단 점
• 사진 현상 수고 없음. • 필요에 따라 그대로 인화지에 밀착, 가열하여 붙임 가능. • Silicone 도포 유리면의 전하를 닦아 버림으로써 다회 사용.	• 습도의 영향 많음. • 시간의 경과에 따라 잔상 사라짐.

(4) teinograph

- klydonograph를 이용한 파형과 파고값을 동시에 측정할 수 있도록 한 것이며, 뢰격전류파형을 측정하는데 사용
- 주지연 cable 말단 가까이까지 측정전압이 도달할 때 간극 G를 방전시켜 측정전압과 역극성인 pulse성 전압을 평면 전극에 가함
- 측정한 Lichtenberg 상에서 trigger pulse 전압에 상당한 것을 빼면 파형상의 각 점의 전압을 구함
- 지연 cable에 의해 각 측정점 사이의 시간 간격이 정해지므로, 각 점의 전압을 연결하면 뢰격 전류의 파형을 측정

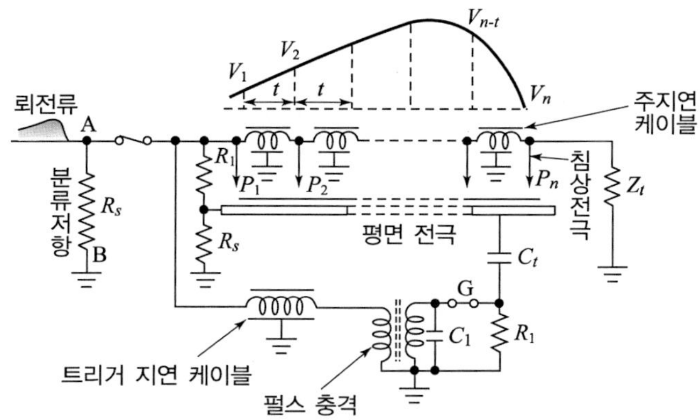

그림 5.17 뢰격 전류의 파형측정법

(5) 자강편

- 높은 잔류자기의 특성을 갖는 박철판을 성층한 자성체
- 자강편의 잔류자기의 세기를 측정함으로써 전류의 파고값을 측정

① 자강편에 의한 충격전류 파고값의 측정

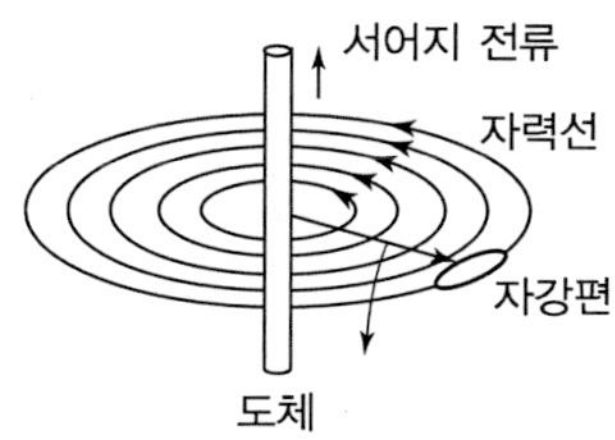

잔류자기와 거리 r 반비례

(a) 직선도체의 경우 : 200A이상

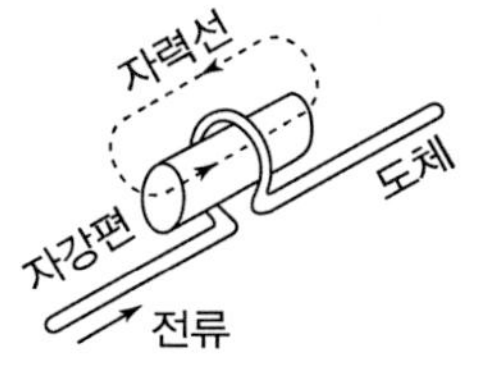

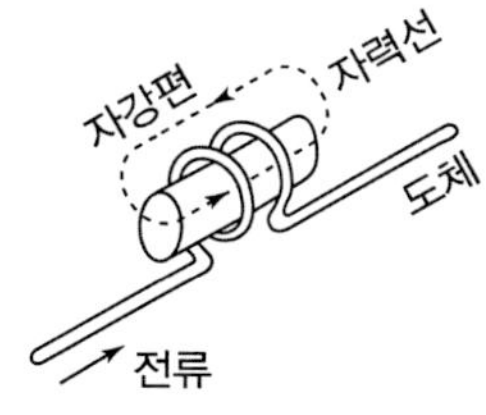

2000A시 1~2회권(부자 coil)

(b) 1회권의 경우 : 100A~2000A (c) 2회권의 겨우 : 50A~1000A

그림 5.18 자강편을 이용한 전류의 파고값 측정

- 자화된 자강편은 검자계로 잔류자기를 측정하고 미리 구해놓은 전류 파고값과 검자계의 움직임과 교정곡선에서 전류의 파고값과 극성 측정
- 검자계를 지구자계 방향으로 놓고 자강편을 A 또는 B 삽입공에 넣었을 때 자침이 나타내는 움직임의 각도로 잔류 세기 측정

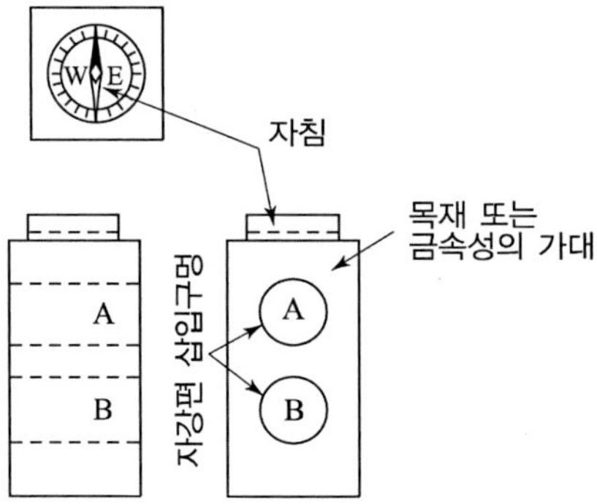

그림 5.19 잔류자기강도의 측정법

장 점	단 점
• 측정이 끝난 자강편은 교류 자계를 걸어 잔류자기를 감자시키면 재사용 가능. • 구조가 간단하고 염가이므로 충격전류의 간이 측정법으로서 송전선로의 뢰격전류나 피뢰기의 방전전류 등 실지 측량에 많이 이용.	• 전류파형이 진동하고 있는 경우나 지자기의 수평분력에 변화가 있는 경우 오차 발생.

② 자강편의 응용

- 지술형 surge 전류계(R형 자강편) : 자강편을 2~3개 사용한 충격전류파형의 간이 측정 방법

▶ R_1형

- M_0는 종래의 파고값을 측정하는 자강편(자계 H 기록)
- M_1은 파미측정용 자강편 - 차자 coil 감김(자계 H + 반항자계 H' 기록)
- 양쪽 기록을 비교하여 충격전류의 파고값과 파미값 측정.

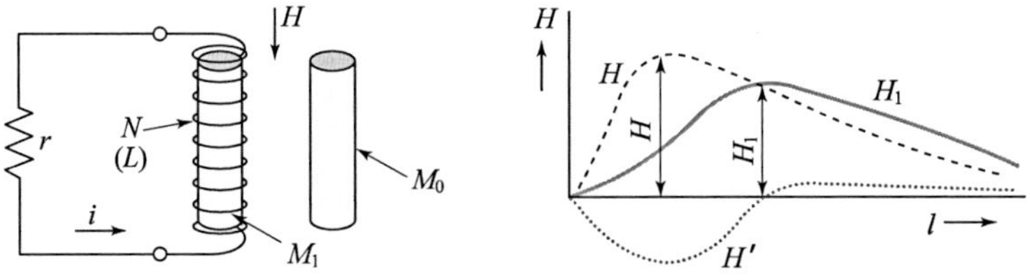

(a) R_1형 (b) 차폐코일의 효과

그림 5.20 충격전류파형의 간이측정법

- 지술형 surge 전류계(R형 자강편) : 자강편을 2~3개 사용한 충격전류파형의 간이 측정 방법

▶R_2형

- R_1형 회로에 또 1개의 자강편 M_2를 H에 영향을 주지 않는 장치를 한 것
- 자강편 M_2에는 N_1의 반항자계 H'에 비례하는 전류 I에 상응하는 기록
- 인가자계 H의 파두가 급할수록 i는 크게 되므로 M_2의 기록에서 파두준도(파두장) 구함.

▶fulchronograph : 회전자와 고정자로 구성

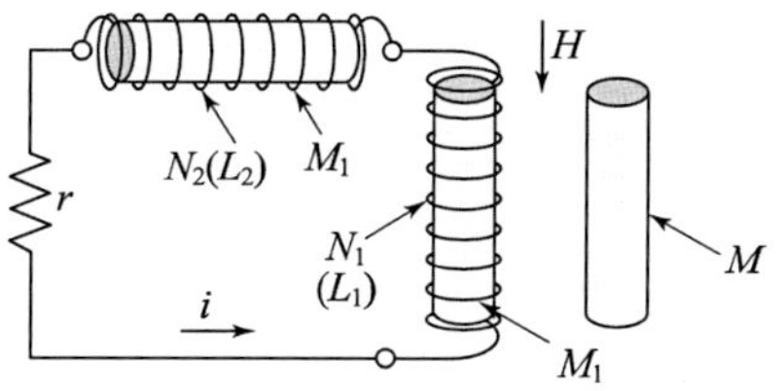

R_2형

그림 5.21 파두장 측정용 fulchronograph

(6) Paper 간극기록기

- 두 개의 평판전극간 얇은 기록지를 끼우고 충격대전류를 흘려 관통방전을 발생시키면 지편에 구멍이 생기고 이 구멍의 면적으로 전류파고값 측정
- densometer로 구멍의 크기 측정

(a) 원리 (b) 기록예 (c) 덴서미터

그림 5.22 Paper 간극기록기의 원리 및 구조

(7) 간극형 측정기

- 간극의 길이, 즉 방전 개시 전압을 달리한 수개의 방전간극을 병렬로 배치하여 그 방전 유무에서 도래전압의 크기를 분류하는 방법
- 방전간극의 수를 증가시킴으로 분류의 척도가 세밀
- 간극의 방전을 기록 보존하는 방법으로 방전기록지, tungsten fuse 사용

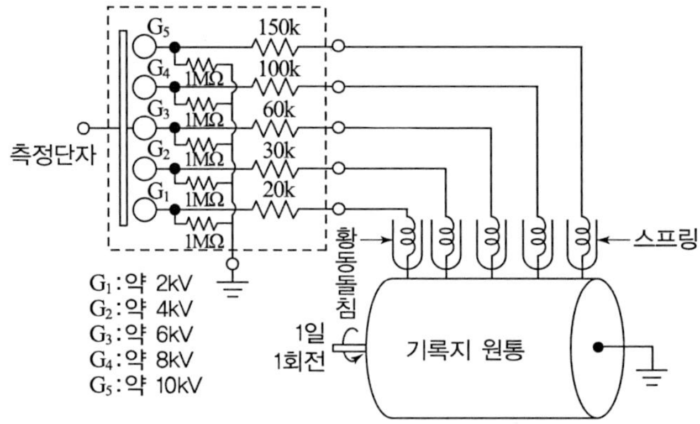

그림 5.23 다련구간극식 이상전압기록기

- 돌침 전극에 전압이 가해지면 기록지의 얇은 광선파막이 파괴하여 착색이 나타나 방전의 유무가 판별.

(8) 이상전압 기록장치

- 미리 설정한 전압값을 초과한 이상전압이 몇 회 발생했는가를 지시한 장치

① 설정값을 초과하는 전압파만 집어내는 전압선별회로

- 네온관을 사용한 회로
  - 방전개시전압이 일정한 것을 이용한 회로
  - 보조전원을 불필요
  - 기록되는 이상 전압의 기준배수 변경위해 분압기 비율 변경 필요
- 2극관을 사용한 회로
  - 입력단자의 전압 중 일정한 E 이상의 것 선별

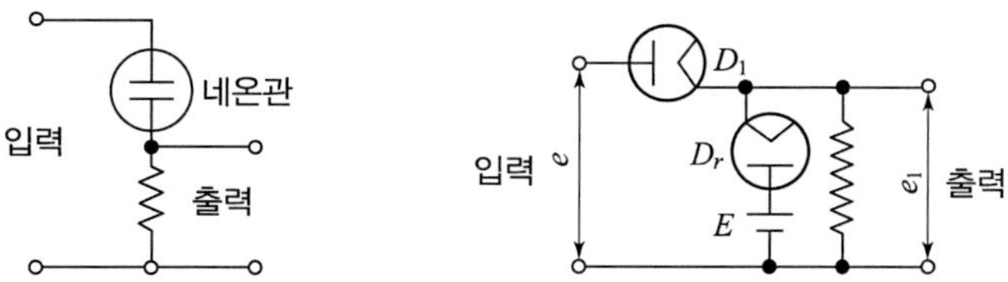

(a) 네온관을 사용한 회로　　　　(b) 2극관을 사용한 회로

그림 5.24 이상전압 기록장치의 종류

기록하는 회로

전자관식	전자식
• Flip-flop 회로를 조합한 counter나 decatron을 사용한 회로 • 전자식에 비해 고속도 계주 가능	• 전자석을 이용한 도주계 • Thyratron과 더불어 사용하는 방법

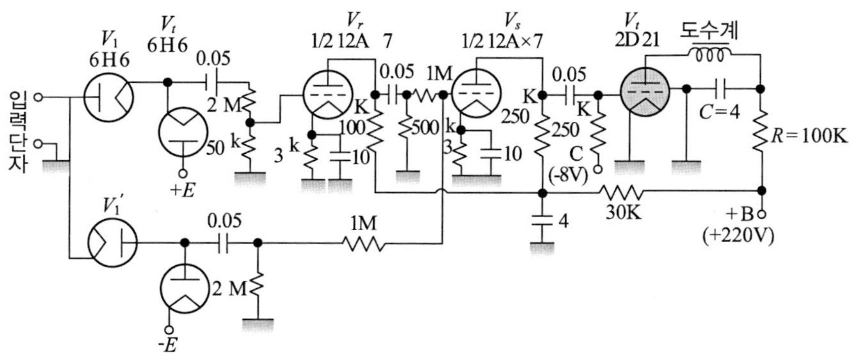

그림 5.25 이상전압 선별 기록장치의 결선도

- 이상전압 선별 기록장치

복구 회로(증폭기, pulse 성형회로, 전원회로 등)

(9) Rogowski coil

- 전류회로와 전자적으로 결합한 Rogowski coil과 적분기를 사용하여 충격전류를 측정하는 방법
- 수십~수백 kA 이상 대전류 측정, Plasma 연구에 이용

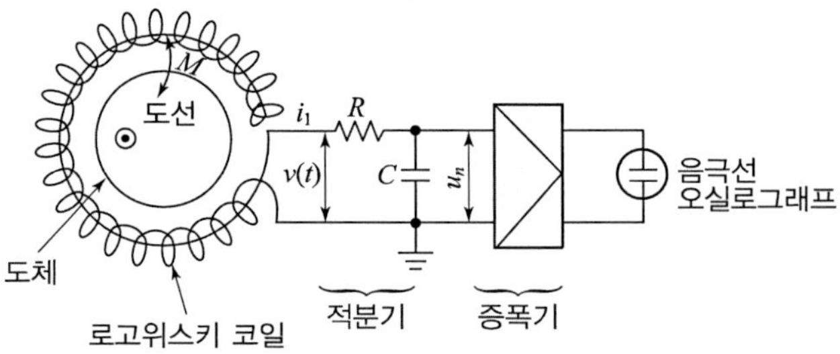

그림 5.26 로고위스키 코일을 이용한 충격전류 측정법

- R, C를 충분히 크게 선택하고, 증폭기 입력 임피던스가 C 임피던스보다 매우 크다고 하면 이때 Rogowski coil 출력전압은

$$e(t) = M\frac{di}{dt} = Ri_1 + \frac{1}{C}\int i_i dt$$

- $v(t)$에서 $i(t)$를 구할 수 있으며, 측정점의 이동이 간단하고 고전위점의 전류 측정에 사용 가능

$$i_1 \fallingdotseq \frac{Mdi}{Rdt}$$
$$\therefore v(t) = \frac{1}{C}\int i_1 dt = \frac{M}{RC}\int \frac{di}{dt}dt = \frac{M}{RC}i(t)$$
$$i(t) = \frac{RC}{M}v(t)$$

(10) Laser 변환기

① Laser CT

- 전류 I가 흐르고 있는 도체 가까이 Faraday 회전소자를 놓고 직선편파 laser 광을 입사시키면 빛의 직파면의 $\Theta = VNI$ 식으로 회전한다.
- 단, V : 베르데 상수, N : Faraday 효과 재료와 전류의 등가쇄교수임
- Θ를 복합 prism과 증폭기를 사용하여 관찰하고 I를 측정하는 것이 laser CT
- 넓은 주파수대역 전류 파형 측정 가능
- 무접촉형이므로 절연상 문제가 적고 구조가 견고

② Laser PT

- 수정의 전기광학교계를 갖는 결정을 고전압도체의 부근에 놓으면 수정을 통과하는 laser 광이 전계에 의해 위상 변조되는 방법을 이용하여 고전압 측정

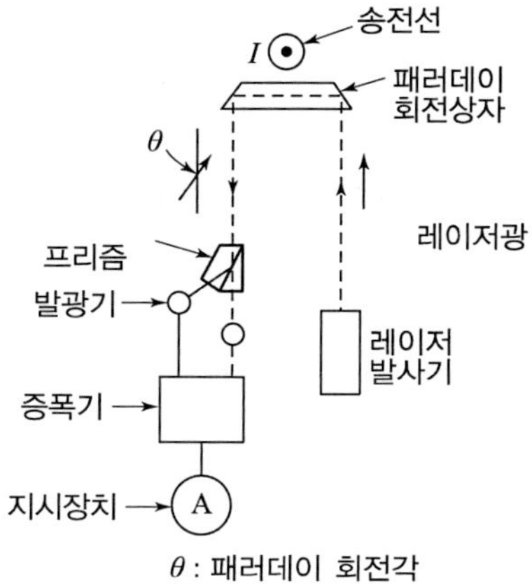

그림 5.27 레이저 CT의 구조

(11) 발광 diode

- 분압기저항의 고전위측에 발광 diode 및 보상회로를 설치하고 발광 diode의 전류에 비례하는 빛을 절연성 light guide로 접지측에 유도하여 광전자 증배관으로 전기 신호로 변환하고 oscillograph 상에 그 출력 파형을 그리게 하는 방법
- 분류기를 병용하면 전류파형 관측도 가능
- 응답시간이 짧고, 고전위점의 전압, 전류를 접지측에서 측정 가능

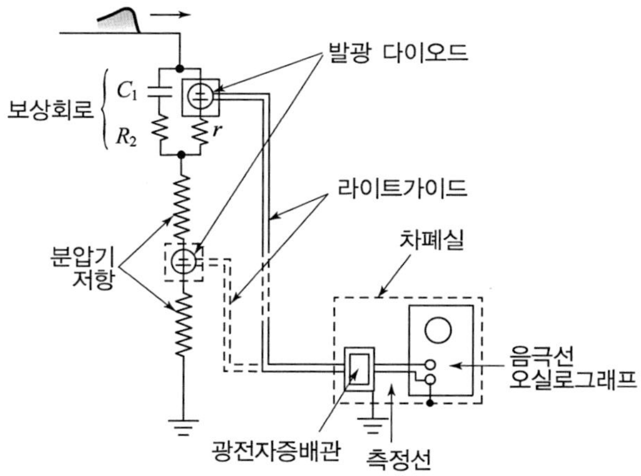

그림 5.28 발광 다이오드를 이용한 접압전류 측정법

5.1.4 고주파고전압의 측정

고전압 측정기는 정전적 수단에 의한 원리가 많으나, 이것은 주파수 특성이 좋은 점이 특징이므로 고주파 고전압 측정에도 적용한다. 고주파가 되면 자기정전용량이 상당 소비를 가지므로 가능한 소용량할 필요하다. 회전타원체전압계, neon 방전관법(~1MHz), 스파아크 방전간극법(~100MHz), Braun관 oscillograph(~100MHz), 진공관 전압계 전류계법 등이 있다.

(1) 진공관전압계

- 2극관으로 condenser를 충전하고 그 양단의 전압을 직류계기로 읽음

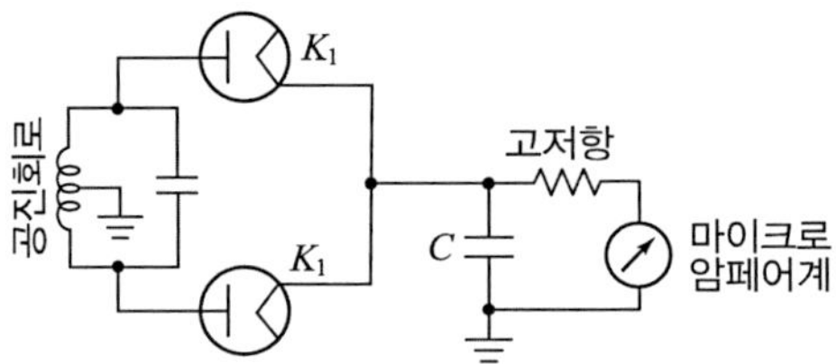

그림 5.29

평형형 진공관 전압계이며, 고주파 대칭회로에 접속된 것

(2) 전류계법

- 공기 condenser를 흐르는 고주파 열전대형 전류계 측정법

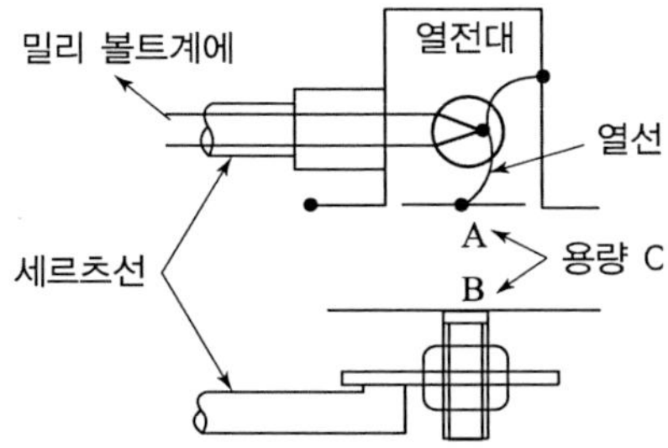

그림 5.30 고주파 열전대형 전류측정법

충전전류를 I, condenser 용량을 C, 주파수를 f일 때, 양단전압 V

$$V = \frac{I}{2\pi f C}$$

5.1.5 초고속도 현상촬영법

(1) Image converter camera 법

- 광전효과를 이용한 image converter관에 의존하는 것
- 대물 lens에 의해 광전음극면에 광전상을 만들고 여기서 광전자를 방사
- 도중 전자 lens계에 왜곡이 없어 집속가속되어 형광 screen상에 상으로 변환되어 lens계를 통해 필름에 촬영
- 이 때 gate grid 에 수시로 부전압을 가하여 광전자 전류를 억제하고 정전압을 가하면 그 pulse 축 t_c 만큼 노출

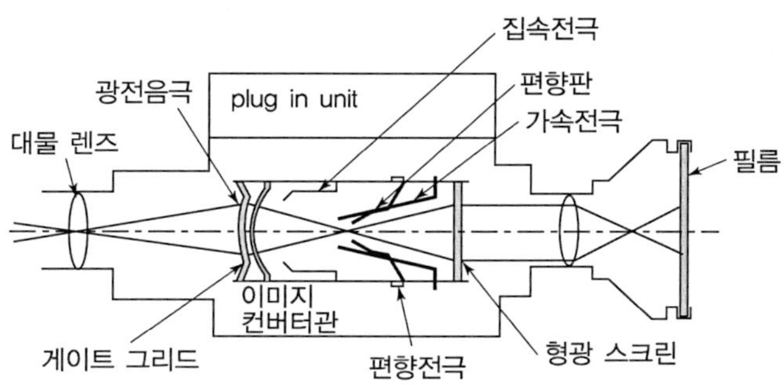

그림 5.31 초고속현상 촬영법

- 이 셔터 개폐시 과용과량의 비는 10의 6승 이상, 노출시간은 최소 5ns
- 편향판에 계단상 전압을 가하면 시간 t_f를 경과한 다음의 노출 때까지 형광 screen 상의 위치를 이동할 수 있어, 한 장면씩 사진 촬영이 가능

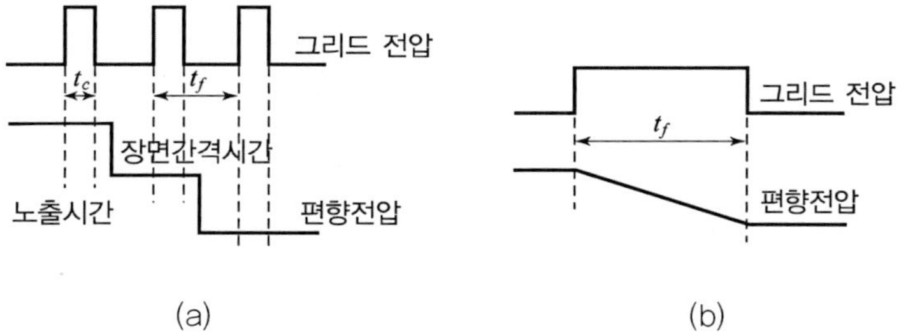

그림 5.32 노출시간 설정

- 편향판에 직선적으로 변화하는 전압을 가하면 연속적으로 촬영할 수 있는데 그 속도는 최대 2.5 m/μs까지 됨
- 절환 동작은 plug-in-unit로 하며 또 camera의 시동은 현상의 발광을 받아 전기적 신호를 내서 동기시키는 것

- Boys camera

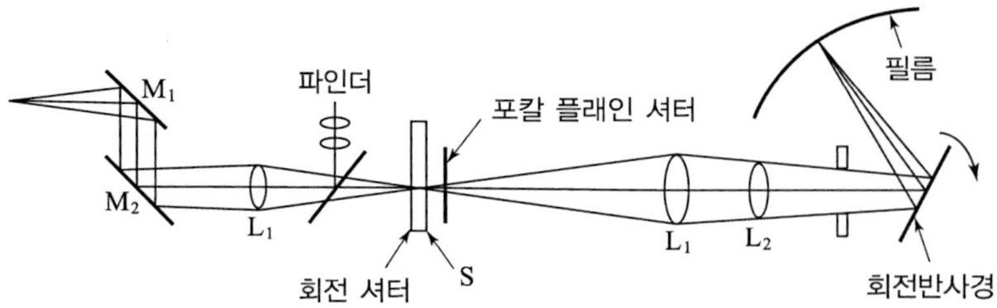

그림 5.33 고정 필름에 연속 촬영하는 방식

- 8면체의 회전 반사경을 이용하여 고정 필름상에 연속으로 촬영하는 방식
- 회전경은 전동기구동
- 그림의 회전 shutter는 2중 노출 방지를 위한 것

(2) 이형적 고속도 camera

① 회전반사경 및 drum식 장면촬영 camera

- 중심에 4면체반사경 RM을 놓고 매초 50만 장면 촬영 속도의 경우 RM을 3125.r.p.s(187,500 r.p.m)로 회전
- 그 반사광은 drum의 원주상에 방사능으로 놓은 40개의 lens군을 통과하여 drum 내측에 감은 film 면에 상이 맺힘
- film drum은 RM과 같은 방향으로 그 1/100의 회전속도로 동기하여 1875r.p.m으로 회전
- 조리개 S_1과 S_2로, 셔터의 역할을 시키고 노출시간중은 film 면상에서의 상은 상대적으로 정지
- 회전반사경은 규소 가스의 압력을 이용한 turbine 구동에 의해, 또 film-drum은 교류직권전동기를 사용

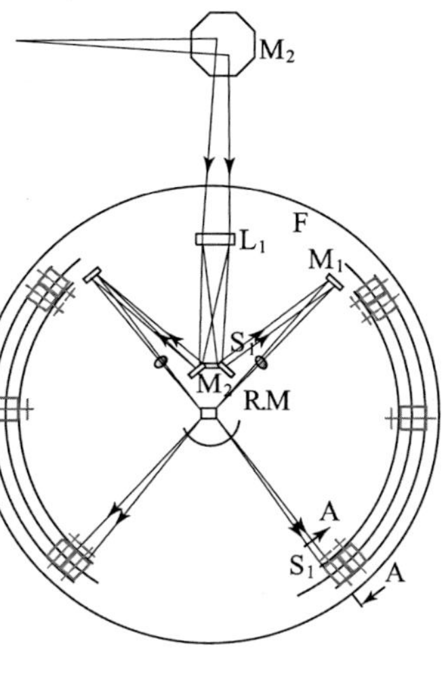

그림 5.34 회전반사경을 이용한 촬영법

(3) Stroboscope 촬영법

- 촬영하려는 현상 자체가 발광하지 않는 경우, 외부에서 고주파 점멸의 섬광 lamp로 조사하여 위에서 기술한 고속카메라로 촬영하는 것
- 다전극수소방전관 quenchotron과 스파아크 방전관 quratron 및 전원회로로 구성
- quenchotron은 teflon ring으로 격리된 다수의 동입 tungsten 판으로 되어 있는데, 고압수소 가스 중에서 trigger pulse에 의하여 순간에 방전하고, 다음의 발광관 duratron에 대한 각 섬광마다의 콘덴서 방전 스위치 동작
- Kerr를 기하학적 shutter로 하고 고속도 카메라와 병용하여 섬광을 동반하는 고속현상을 촬영하는 방식, 고체 laser의 통상발진 spike광이 대략 수 μs간격에 나오는 것을 이용하는 장면촬영방식

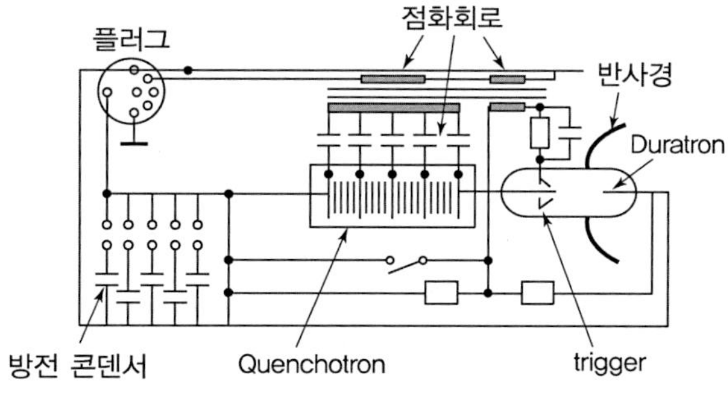

그림 5.35 Strobo scope 촬영기의 구조

5.2 분압기

5.2.1 분압기 정의 및 분류

(1) 분압기 정의

고전압을 보통 전압계로 측정하는 경우로 저항 도중에서 1개 이상의 중간 탭을 내고, 한끝과 중간 탭 사이에 생기는 전압을 꺼내면 탭의 위치에 따라서 분압된 전압이 얻어진다. 즉, 파형을 바꾸지 않고 전압의 크기를 분할하여 적당한 값으로 끌어내는 장치로 고전압을 보통 전압계로 측정할 경우 등에 사용된다.

- 저항을 사용하여 분압하는 저항 분압기
- 교류 고전압 측정에 쓰이는 콘덴서를 사용하는 용량 분압기
- 양자의 병렬회로를 사용하는 저항용량 분압기

직류에는 저항 분압기만 사용하는데 수백 MΩ 이상의 고저항이 필요해 정밀도에 문제가 발생할 수 있다.

(2) 분압기 분류

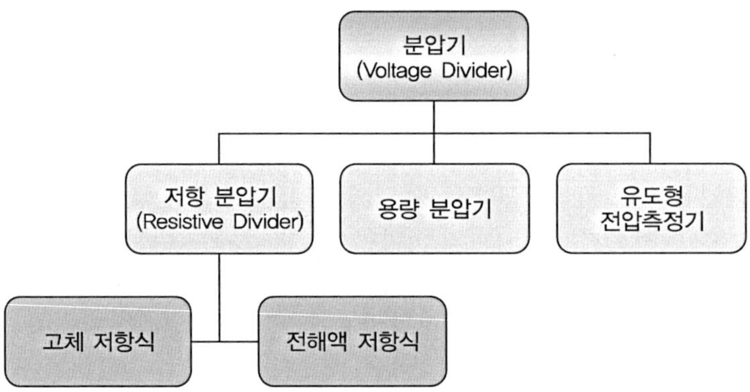

그림 5.36 분압기의 종류

5.2.2 저항 분압기

(1) 고체 저항식

고저항측에서 고전압에 의한 절연 파괴를 피하고, 인덕턴스를 작게 하기 위하여 그라파이트 분말과 에폭시 수지가 서로 반죽된 저항이 사용되며, 저저항 측에는 금속 피막저항이 사용된다.

소자 그 자체의 인덕턴스가 작아도 전류의 리턴회로 등에 의한 인덕턴스가 존재

하고 저항은 온도, 경련, 주파수 등에 의해 변한다. 그로 인해 분압비도 변화하므로 사용에 있어서 주의할 필요가 있다.

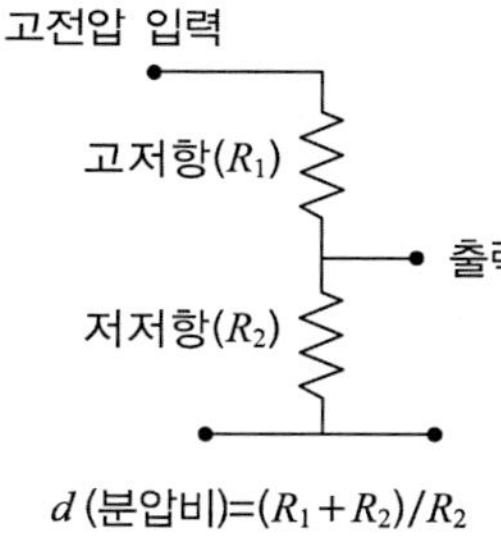

그림 5.37 고체 저항분압기의 구조

(2) 전해액 저항식

2개의 원통상 절연물을 동축에 배치하고 그 속에 유산동용액 등의 전해액을 넣고 전극을 넣어 저항 분압기를 만든다. 유산동의 저항은 온도변화 등이 발생해도 전체가 동시에 변화하므로 분압비는 거의 일정하여 2차 분압기가 필요하다.

저항이 진공 중에 놓여 지며 단펄스 전압이 걸리는 경우 저항표면에서의 연면 절연파괴를 피하기 위하여 표면 전계가 50kV/cm 이하가 되도록 저항 분압기의 길이를 조절한다.

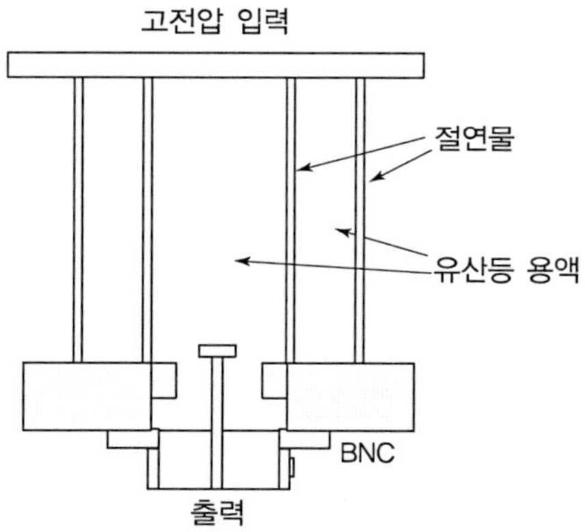

그림 5.38 액체분압기의 구조

5.2.3 용량 분압기

- 용량분압기는 커패시터의 직렬회로로 이루어진다.
- 특성으로는 접속선의 인덕턴스, 커패시터의 표류용량, 잔류 인덕턴스 누설저항

등에 영향을 받는다. 교류와 중첩된 뇌 충격전압, 개폐 충격전압 등의 측정에 적합하다.

- 단점은 급준파 충격전압의 측정 등에는 부적합하고, 형상이 크게 된다. 전력관계에서 교류전압의 측정에 사용되고 있는 용량분압기 에서는 누설 인덕턴스가 대지 정전용량 등에 의한 진동이 문제가 되어 커패시터와 직렬로 저항을 넣어 진동을 억제하고 있다. 그림과 같이 펄스파워 계측에 있어서는 동축형상의 용량 분압기가 전송선로 중에 종종 사용되고 있다.

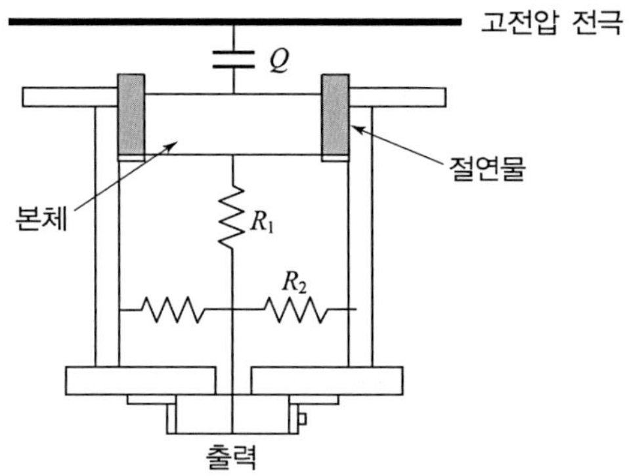

그림 5.39 용량분압기의 구조

- 등가회로에서 C_1과 C_2는 각각 도체와 고전압 전극간 및 도체와 접지간의 정전용량을 나타낸다. 고전압 전극에 1V의 스텝전압을 인가하면 R_2의 전압, 즉
- 출력 전압

$$V = \frac{C_1}{C_1 + C_2} \cdot \frac{R_2}{R_1 + R_2} e^{\frac{-t}{\tau}}$$

- 여기서 τ는 전압감쇠의 시정수이며 $\tau = (C_1 + C_2)(R_1 + R_2)$가 된다. τ가 피측정 전압의 저주파 제한을 한다. 고주파는 R_1의 표류용량과 C_2를 구성하고 있는 절연물의 길이와 파장의 관계로 정해지는 값으로 제한되며, 200MHz 정도이다.

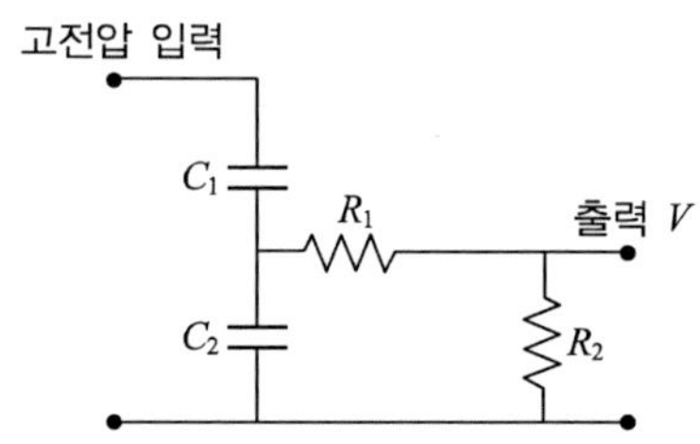

그림 5.40 용량분압기의 회로

5.2.4 유도형 전압측정기

(1) 유도형 전압측정기

A/D 변환기와 마이크로컴퓨터를 이용한 계측 시스템으로 그림과 같이 전압 V를 측정하고 싶은 개소에 인덕터 L을 통하여 접지시킨다. 인덕터에 흐르는 전류를 로고위스키(Rogowski) 코일 또는 픽업(Pick up) 코일로 측정한 뒤, 다음 식을 컴퓨터 계산에 의하여 전압을 구한다.

$$V = \frac{di}{dt}$$

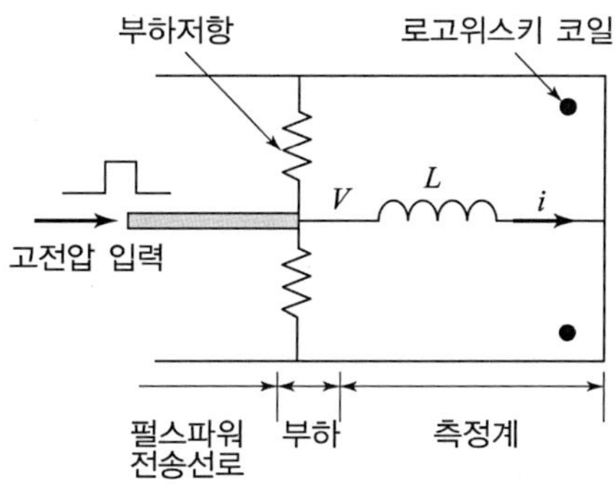

그림 5.41 픽업 코일에 의한 전압 측정

(2) 로고위스키 코일

로고위스키(Rogowski) 코일은 공심 코어에 코일이 감겨 있는 형태이다. 코일은 전류가 흐르는 도체 주변에 균일한 단면적을 가지고 로고위스키 코일의 출력전압을 측정한다.

$$v(t) = d\frac{\Psi}{dt}$$

로고위스키 코일의 내부자속 Ψ은 다음과 같이 구해진다.

$$\Psi = \mu_0 \mu_r n \oint dl \int \overrightarrow{H} d\overrightarrow{S}$$

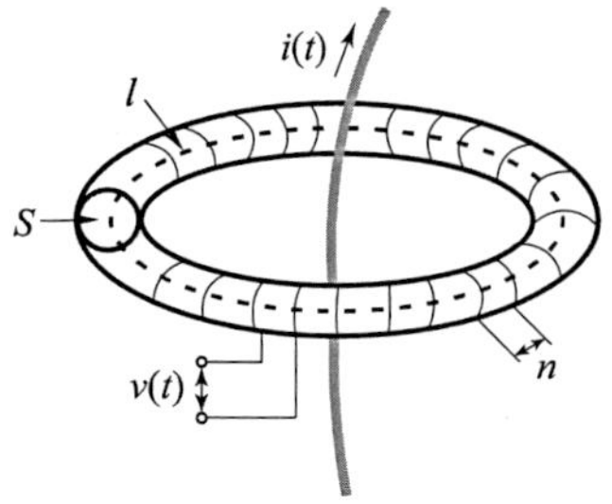

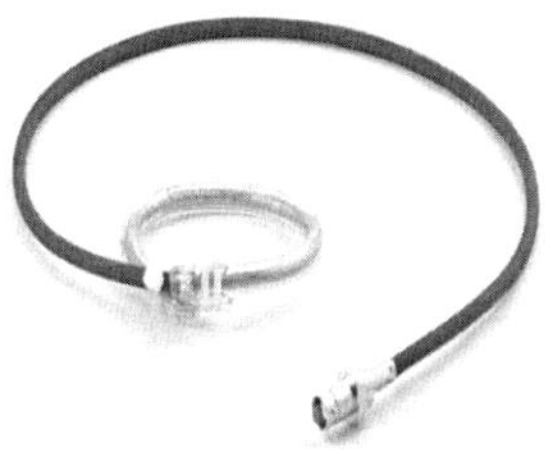

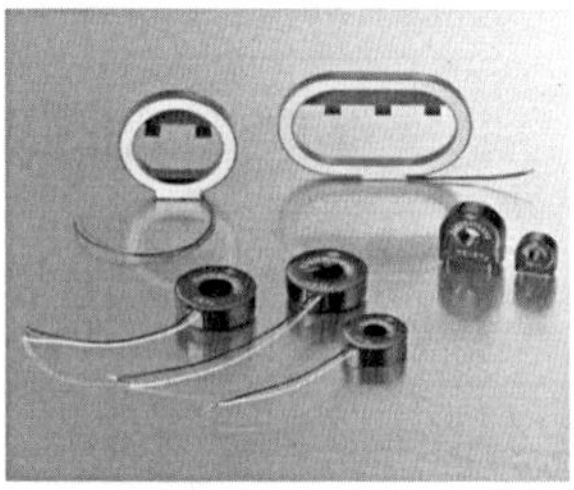

그림 5.42 로고위스키코일 및 외관

(3) 픽업 코일

동일 평면상 두 개의 동심원 코일과 진동자(발진기), 전압계로 구성된다. 진동자(발진기)는 하나의 코일(장코일 Fieldcoil)에 기전력을 유도한다. 픽업코일 근처의 자기물질(강자성 혹은 반자성)의 존재는 기전력을 바꾼다.

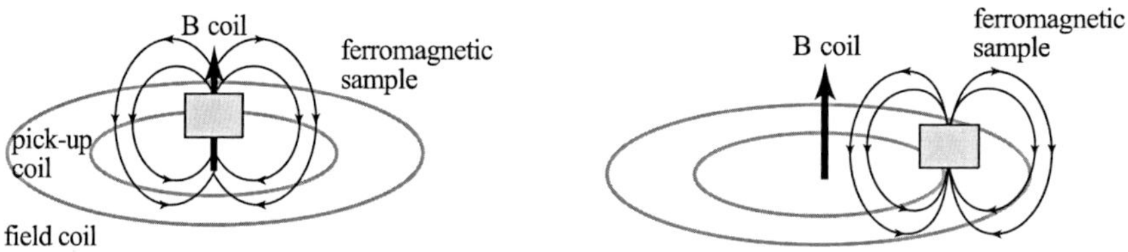

그림 5.43 픽업코일의 유기전압

그림과 같이 철과 같은 강자성 물질의 경우 견본이 픽업코일의 중앙에 위치했을 때 장의 강자성의 상승 때문에 픽업코일의 자속은 증가하고 그로 인해 유도된 기전력이 증가한다. 그러나 견본이 픽업코일과 장코일 사이의 영역에 위치한다면 픽업코일의 자속은 감소하고 그로 인해 기전력은 감소 할 것이다. 구리, 알루미늄, 금, 은 같은 반자성 물질의 경우 견본에 유도된 맴돌이 전류는 강자성 견본의 행동과 반대 반응을 이끌어 낼 것이다.

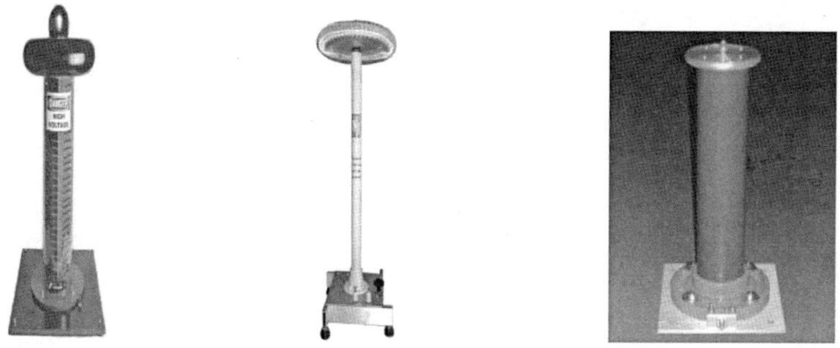

(a) 저항 분압기

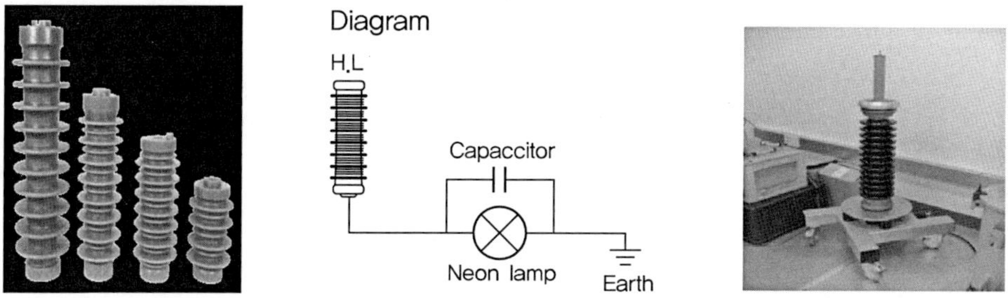

(b) 용량 분압기

그림 5.44 저항 및 용량분압기의 외관

CHAPTER

06 절연법

6.1 고전압 절연법

6.1.1 전극 배치에 따른 전계의 세기와 완화

(1) 평행판 전극

$$E = \frac{V}{d}$$

- 완화법 : Rogowski 전극

Bruce 형, Harrison 연구

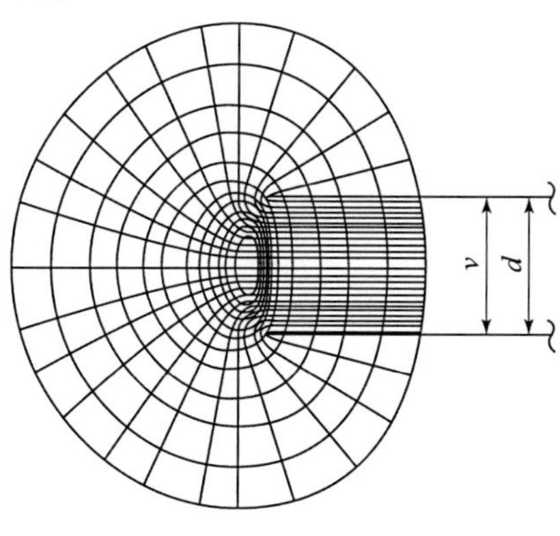

그림 6.1 전극 주변부에 있어서 전계의 상황

(2) 동축원통 전극

$$E_{\max} = \frac{V}{r\log(R/r)}$$

– 내부원통의 표면

R/r ↑ : Corona → 스파크 방전

R/r ↓ : 직접 스파크 방전

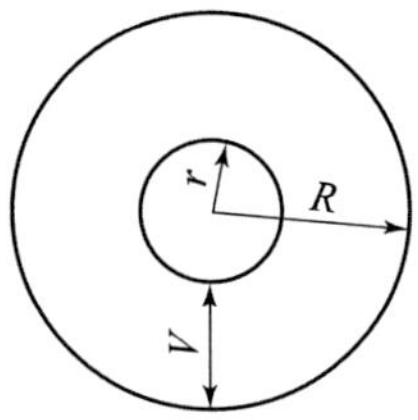

그림 6.2 동축 원통 전극

(3) 평행원통 전극

$$E_{\max} = \frac{V\sqrt{d+2r}}{\sqrt{d-2r\log[d/2r]+\sqrt{[d/2r]^2-1}}}$$

– 원통의 가장 가까운 내측표면

d/r ↑ : Corona → 스파크 방전

d/r ↓ : 직접 스파크 방전

$d/r = 30$(실제한계)

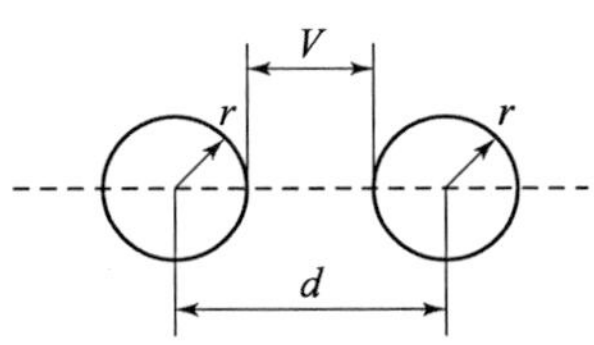

그림 6.3 평행 원통 전극

(4) 다도체 방식

$$E_{\max} = \frac{V1+(n-1)r/C}{nr\log[D/r_e]}$$

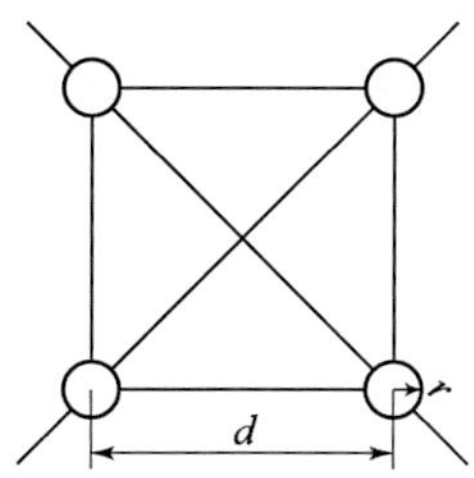

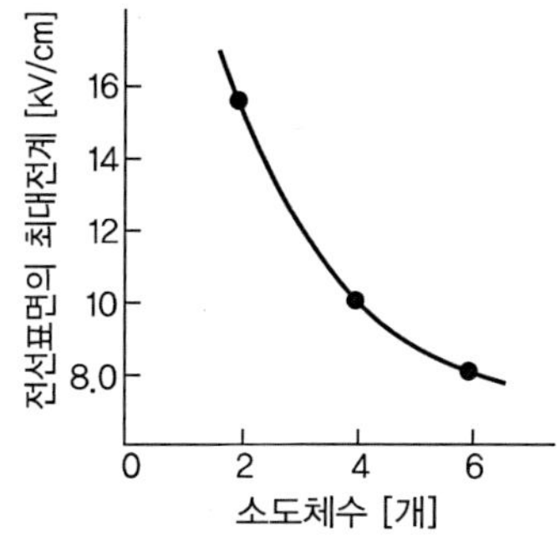

그림 6.4 4도체 송전선방식　　　　그림 6.5 다도체 방식의 전선표면의 전위경도

(5) 정전 차폐체

설계시 금속차폐로 전계 Stress 완화

현수애자

Cascading : 저압선의 고장에 의하여 변압기의 일부 또는 전부가 차단되는 현상

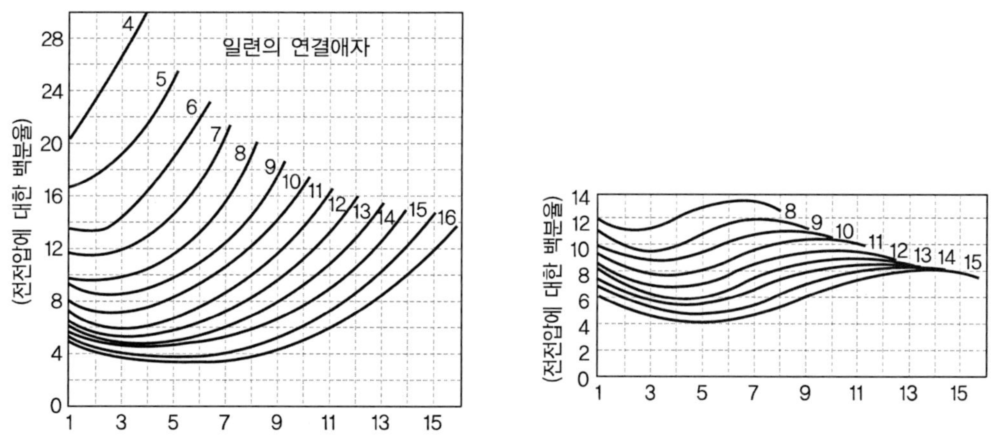

(a) 접지단에서의 애자번호　　　　(b) 접지단에서의 애자번호

그림 6.6 애자련의 전위분포

6.1.2 단부 절연법

절연물을 사용하여 전계의 세기를 적당하게 설계하는 방법이다.

(1) 콘덴서형 부싱

- 일반 부싱 : 전위 경도 불균일, Case부 전위경도 심함
- 콘덴서형 부싱 : 절연물과 금속박을 겹쳐 절연내력 상승

- Ceramic 또는 합성수지 함침형
- 由함침형 : 750kV(초고압) 사용가능

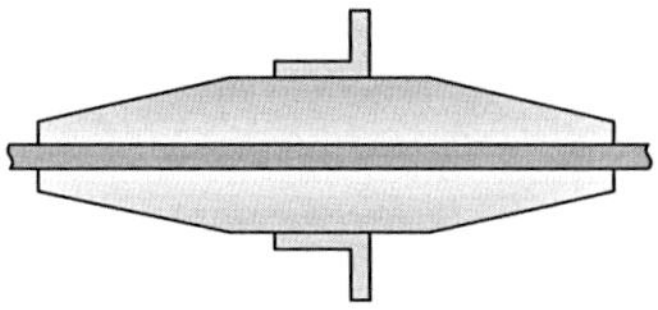

그림 6.7 콘덴서 부싱

(2) 케이블 단부 절연

- E_{max} : 내부도체 표면, E_{min} : 최외측
- 전위경도 균일방법 : $\epsilon_1 > \epsilon_2 > \cdots > \epsilon_n$

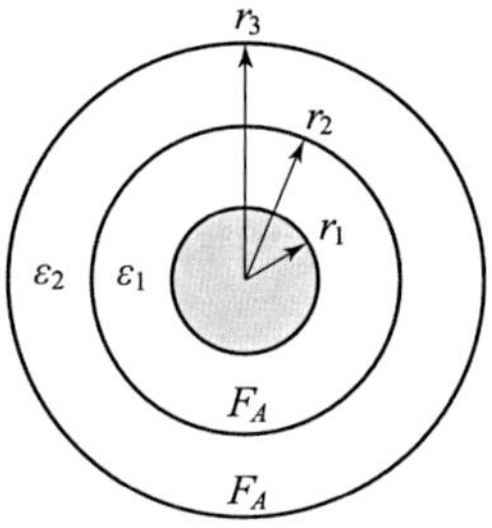

그림 6.8 케이블의 단부절연

6.1.3 고전압기기 절연구성 예

(1) 3상 전력케이블

① 솔리드 케이블

- 솔리드 : 유입이나 가스입과 상이

벨트케이블	H케이블	SL케이블
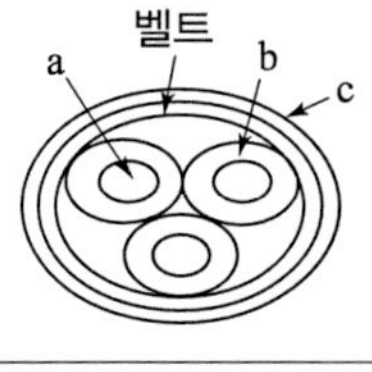	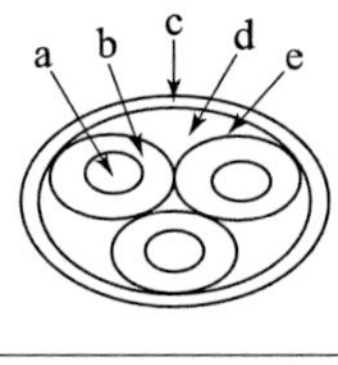	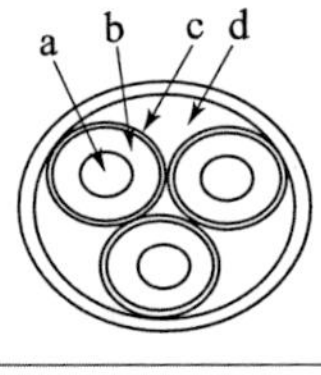
두꺼운 벨트로 감은 것	금속화지나 동 tape를 감고 세동사편조의 면포를 감음	연피를 감음

② OF(Oil Field,유입) 케이블

- 중공부에 절연유를 충진하여 void를 제거
- 평형 OF 케이블 : 압력유조나 급유조 불필요

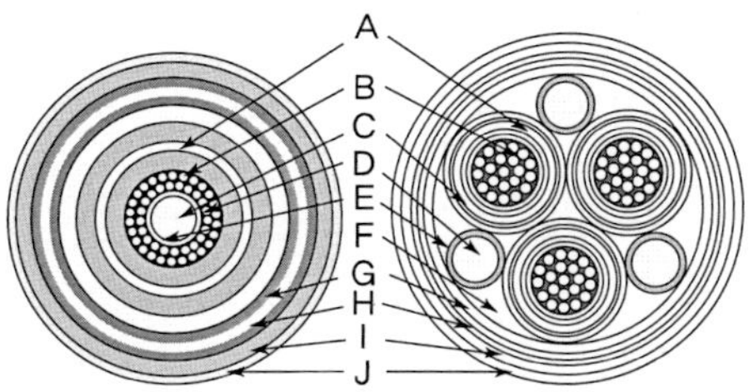

그림 6.9 OF케이블의 구조

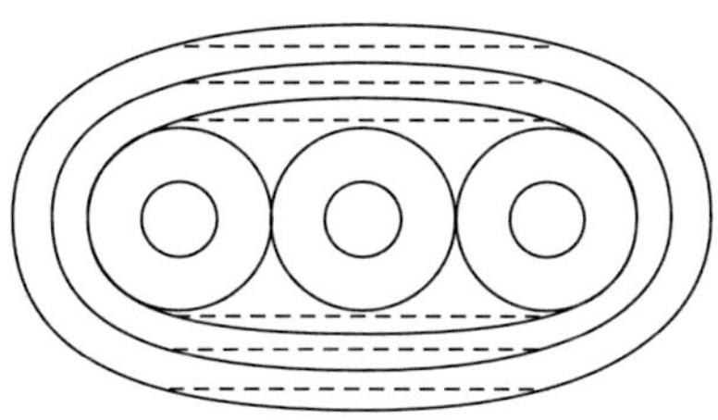

그림 6.10 케이블 단면

③ 압력 케이블

- 내압형 : 강관내 피복케이블을 넣고 질소(15기압)나 油壓 충진(사용한계 : 150kV)
- 저압형 : 가스압(1기압)낮음, 유전체손 적음 (사용한계 : 10~44kV)

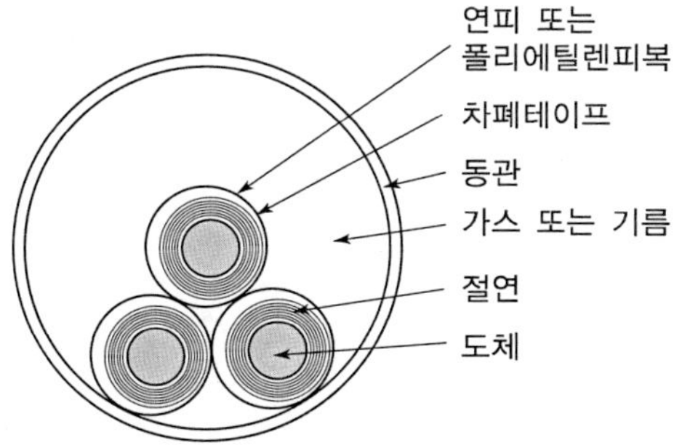

그림 6.11 강관입 압력 케이블

(2) Pin 애자

① 평행표면의 절연

전기력선과 평형하게 절연물 삽입

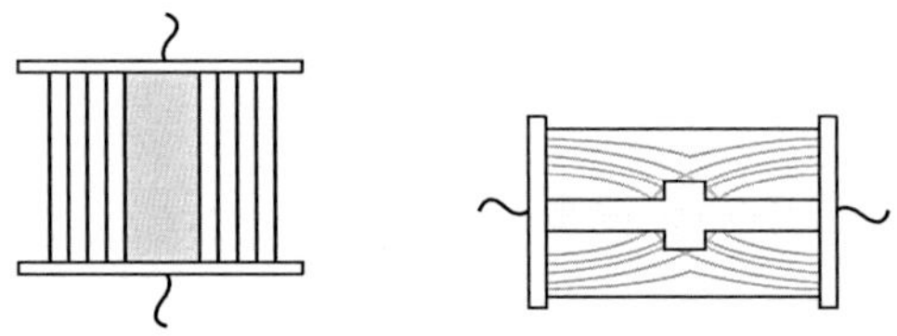

(a) (b)

그림 6.12 절연물 삽입요령

② 평행선이나 쌍곡면체

전기력선의 방향과 직각인 면

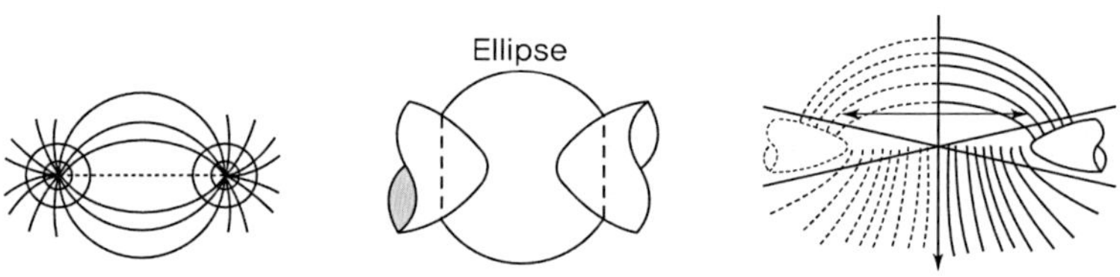

(a) (b) (c)

그림 6.13 쌍곡면체의 전기력선

③ pin 애자 응용

쌍곡면체

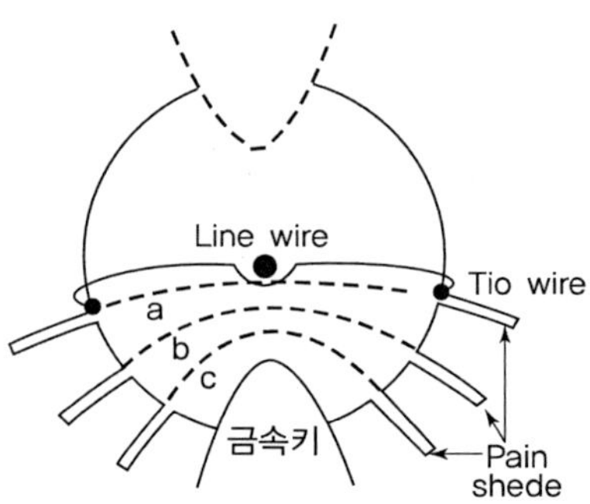

그림 6.13 쌍곡면의 핀 애자

(3) 회전기기 코일의 절연

- 동기발전기 전압
  - 일반 : 3.3~11kV, 대용량 : 13.2~24kV, 터빈발전기 : 36kV
  - 회전기 : 공기 or 수소 충진
- 설계시 고려사항 : 절연 및 발전기 효율
- 동기기 코일 고장 원인
  - 외부이상전압인가로 인한 층간 전위차
  - 열적, 기계적 진동
  - 슬롯 절연층 내 Void 방전
- 발전소의 경우
- Coil 내부의 Void 방전 방지
- 슬롯과 코일표면 공극의 Corona 방지

(4) 변압기

설계 : 이상전압 파고값이 1회의 인가로 절연파괴전압의 75% 이하

- 단절연 – 충격전압 내습시 단부에 집중, 단부에 절연강화 설계
- 차폐 – 전압의 균일하게 하기 위해

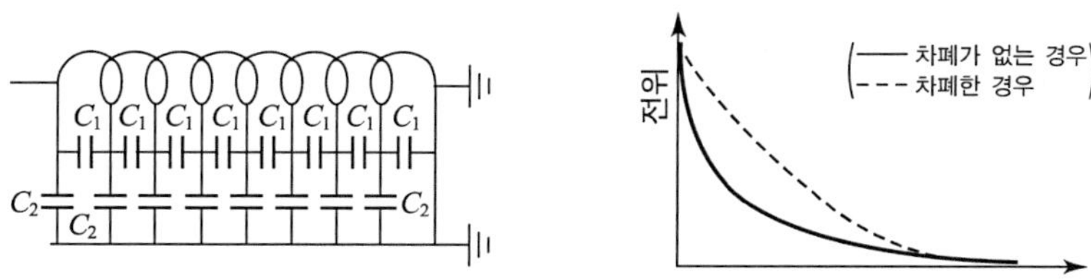

그림 6.15 변압기 권선의 등가회로

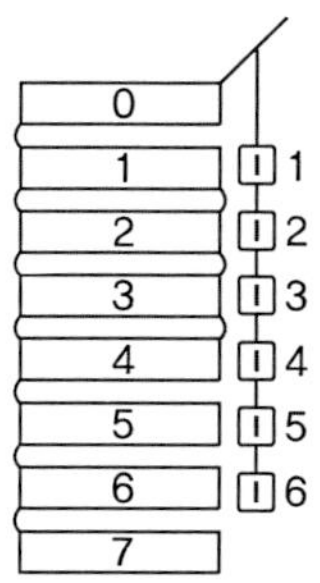

그림 6.16 층간절연

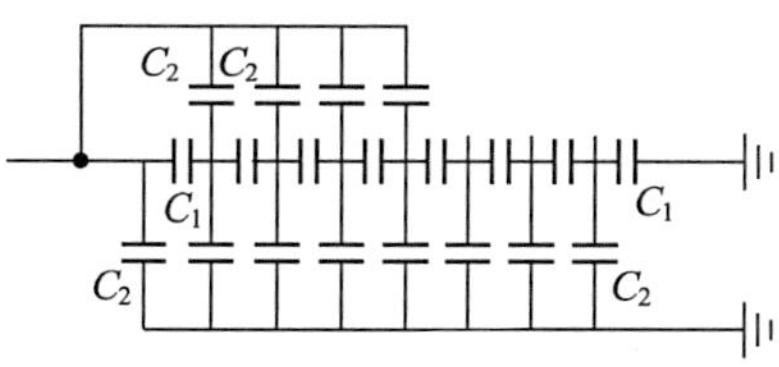

그림 6.17 전압 균등화

(5) 초고압 가스입 차단기

- 다수의 직렬 차단점 – 400kV : 12점, 750kV : 24점

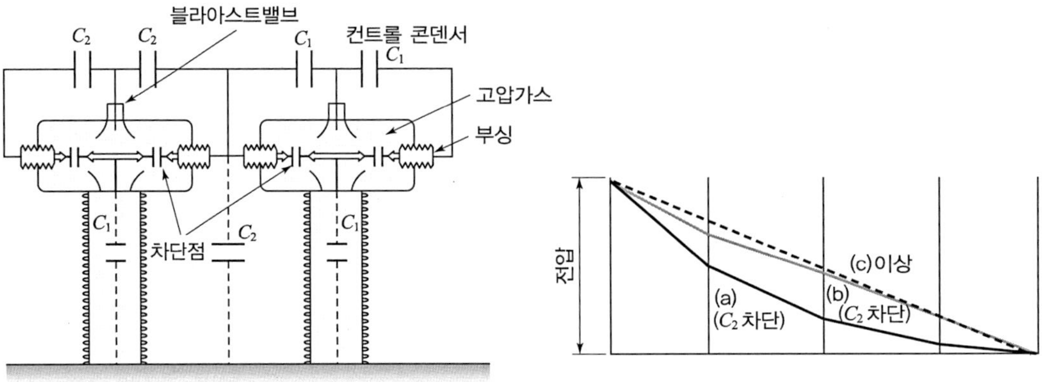

그림 6.18 가스입 차단기의 전압분포

(6) 기타 고전압 기기 절연

- 피뢰기, 반데그라프 발전기

CHAPTER

07 전기안전

7.1 전기안전

7.1.1 전기안전

(1) 정전기 안전

① 정전기[靜電氣, static electricity]란?

시간적인 변화가 없는 전하(電荷), 또는 그와 같은 전하분포에 수반되는 전기적인 현상이다.

• 정전기의 발생원인

건조한 환경 속에 두 물체의 마찰, 박리 등 어떠한 물질이 접촉하였다가 떨어지는 순간 한쪽에 과잉 양전하 또는 과잉 음전하의 축적으로 발생하며, 특히 한국은 사계절이 뚜렷하여 가을부터 봄까지 집중적으로 나타남. 자동차 승하차 시 차체에 손이 닿을 때 등 일상생활에 자주 전기적 충격을 느끼는 것은 과도하게 축적된 정전기의 방전 때문이다

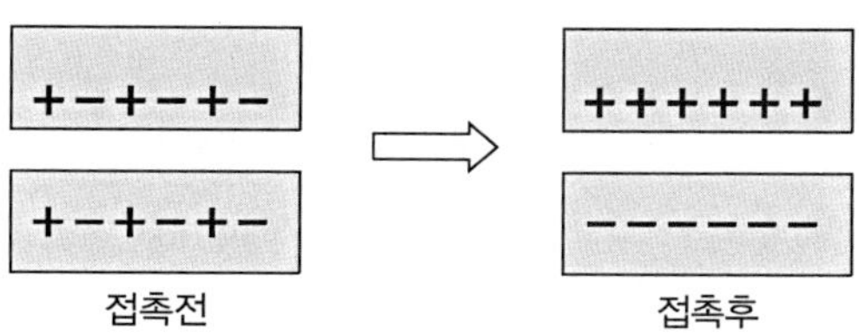

그림 7.1 정전기 발생 현상

• 인체 정전기량

사람이 쇼크를 감지할 수 있는 정전기의 최소치는 무려 3,000volt나 된다. 차에서 내릴 때 깜짝 놀라는 순간 우리 몸에 수 만 volt의 정전기가 흐르고 있다.

정전기량(VOLT)	쇼크정도	현상
1000	느끼지 못함.	거의 없음
2000	손가락 끝으로 약간감지	먼지가 달라붙음.
3000	처음으로 통증 감지	GAS가 충만시 화재 폭발이 발생
4000	손가락으로 통증 감지	어둠속에서 빛이 관찰됨
10000	손 전체에까지 통증 감지	심한 정전기 쇼크를 느낌

② 정전기 제거를 위한 조치를 하여야 할 설비기 KISCO

제3조(대상설비)

안전규칙 제355조 제1항 제6호에서 "기타 노동부장관이 정하는 설비"라 함은 다음 각 호의 1의 설비를 말한다.

1. 인화성 유기용제를 사용하는 드라이클리닝 설비 또는 모피류 등을 세정하는 설비
2. 유압, 압축공기 및 고압정전기 등을 이용하여 인화성물질 및 가연성분체를 분무 또는 이송하는 설비
3. 인화성 물질이 함유된 페인트 등의 마감재를 제조, 취급 또는 저장하는 설비
4. 염색 등을 하기 위하여 인화성물질이 함유된 액체에 가공물을 담그거나 통과하게 하는 공정에 사용하는 설비
5. 인화성 유기용제를 사용하여 동물성 또는 식물성지방 등을 추출하는데 사용하는 설비
6. 액화수소를 이송, 정장 또는 사용하는 설비
7. 공업용 연료가스의 배관설비
8. 액화천연가스 및 액화석유가스를 제조, 취급 또는 저장하는 설비
9. 가연성 분진층을 발생시키는 옥수수, 밀가루 등 농산물을 저장 또는 취급하는 설비
10. 인화성 마취제를 사용하는 설비
11. 화약류 제조 중에 정전기가 발생하여 화재 및 폭발의 우려가 있는 설비
12. 발파공에 화약류를 장전할 때에 사용하는 발파기. 다만, 도폭선을 사용하고 물을 전색물로 사용하거나 갱도발파를 할 때에는 제외한다.

(2) 전기사고의 사례

① 감전자 구출 중 재감전 사고

피뢰기용 단로기중 R상을 철거하려는 순간 완전 개방이 되지 않아 감전이 되자 이를 구출하기 위하여 이미 감전되어 있는 재해자의 손을 잡는 순간 구조자가 재감전되어 3m 가량 아래의 지면으로 추락하여 사망한 사고이다.

- 직업 감독 소홀, 단락접지 미실시, 안전교육 부족

② 용접 작업 시 감전 추락 사망

공장 내 셔터문 설치를 위하여 용접공 1인이 용접작업을 시작하고 있는데 보조공이 다른 쇠다리를 이용하여 작업을 보조하다가 감전되어 추락 사망한 사고이다. 보조고의 사망원인은 용접기의 접지선(-극)이 철제셔터에 완전하게 접지되지 않았을 경우, 전류가 용접기의 용접봉(+극)에서 작업자의 인체(맨발상태임)를 통하여 쇠다리와 연결된 대지를 통하여 감전된 것으로 추정된다.

- 자동전기충격 방지기의 미 부착, 용접용 케이블의 피복손상, 전열장갑 및 안전화 미착용

③ 고장 기기 조작 중 감전 사망

운전하고 있던 탈수기가 갑자기 정지하자 탈수용 개폐기를 수차례 조작하다가 개폐기 충전부에 접촉되어 감전 사망한 사고이다.

- 전기 담당자도 아니면서 고장 난 기계 기구 취급, 습기 및 물기 있는 곳에서 맨발로 작업, 전동기 외함 접지 미실시, 불량 시설 방치

④ 백열전구 금구류에 접촉하여 사망

지하철 공사를 하기 위하여 이동용 백열전구를 약 1.5m높이의 지하실 천장에 매달아 놓고 작업을 하던 중, 백열전구가 깨지자 물이 약 10cm 고여있는 지하실 바닥에서 슬리퍼를 착용한 발이 물에 잠긴 채 백열전구를 빼내려고 금구류 부분에 손이 닿는 순간 충전부에 접촉 감전 사망한 사고이다.

- 물 묻은 손으로 전기기구 취급 금지, 발이 물레 잠긴 채 전기기구 조작 금지, 누전차단기 설치, 전기감전에 대한 상식 결여

⑤ TV안테나에 의한 감전 사망

인입 선로(지상높이 5m, 측방거리 5m)근방에 있는 주택에서 TV안테나 (높이6m)가 강풍에 쓰러지자 재해자 두 명이 이를 세우려고 하였으나 강풍이 몰아쳐 또 다시 쓰러지면서 TV안테나가 22.9kV의 인입선로에 접촉되어 감전 사망한 사고이다.

- 전선로에 대한 전문 지식 부족 → 전기 기술자 입회하에 작업할 것

⑥ 고장 기기 사용 중 감전 사망

옥외 작업장에서 철선 연결부분을 연마 작업하던 중 책임자에게 상의도 없이 창고에 보관중인 고장 난 핸드 그라인더(220V용)를 무단 반출하여 사용하다가 핸드 그라인드의 누전으로 감전되어 사망한 사고이다.

- 고장 기기의 임의 방치, 작업자의 부주의 → 고장 표시 부착

(3) 발화원의 관리

<table>
<tr><th colspan="2">과전류에 의한 발화원의 관리</th></tr>
<tr><th>단락 및 혼촉 방지</th><th>누전 방지</th></tr>
<tr><td></td><td>• 절연물의 열화를 방지하기 위하여 과열, 습기, 부식 등을 방지
• 전기화재(누전화재) 경보기를 설치</td></tr>
<tr><th>접촉불량의 과열에 의한 발화원의 관리</th><th>과부하에 의한 발화원의 관리</th></tr>
<tr><td>• 접속 하중을 증가
• 접촉면적을 증가
• 접속재료의 경도를 감소
• 고유저항이 낮은 재료를 사용
• 접속 면을 청결히 한다.</td><td>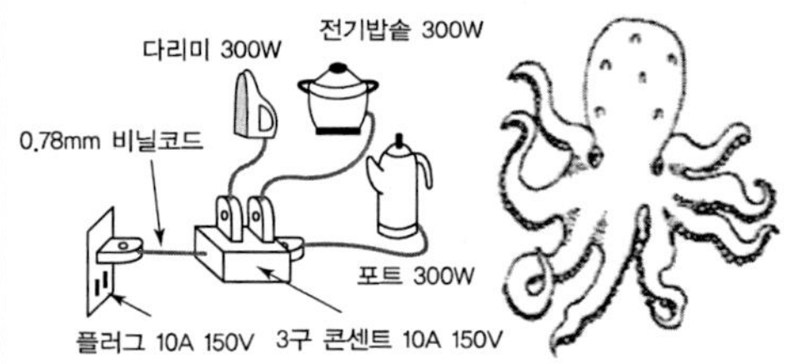</td></tr>
</table>

<table>
<tr><th>과전류에 의한 발화</th><th>단락에 의한 발화</th><th>지락에 의한 발화</th></tr>
<tr><td>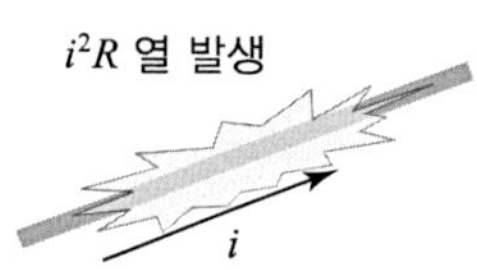</td><td>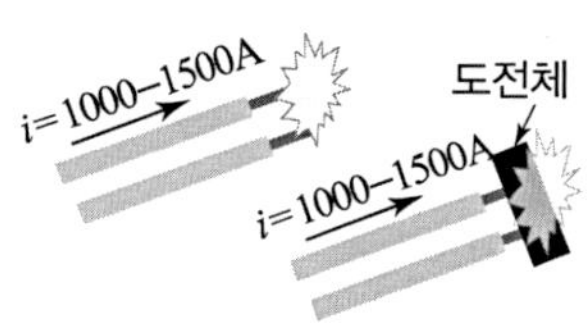</td><td>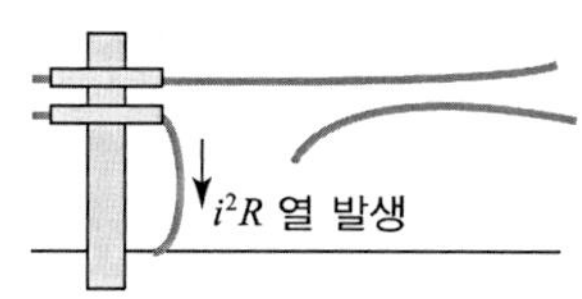</td></tr>
<tr><th>누전에 의한 발화</th><th>접속불량에 의한 발화</th><th>열의 축적에 의한 발화</th></tr>
<tr><td>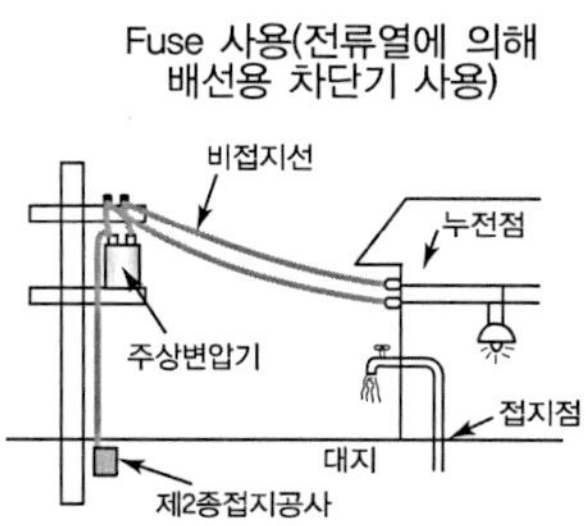</td><td></td><td>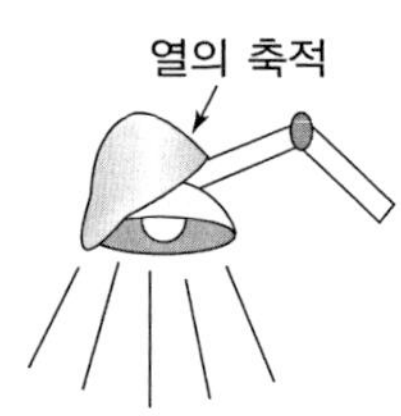</td></tr>
<tr><th>절연의 손상 또는 탄화에 의한 발화</th><th>스파크에 의한 발화</th><th>정전기에 의한 발화</th></tr>
<tr><td>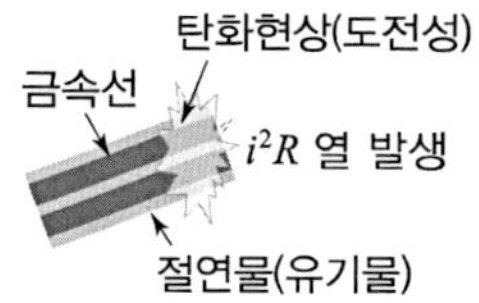</td><td>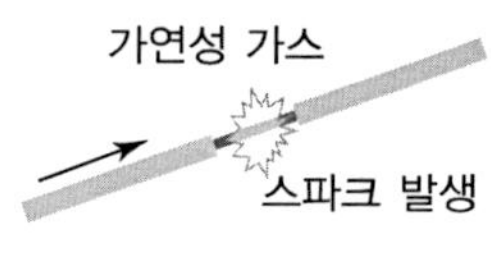</td><td>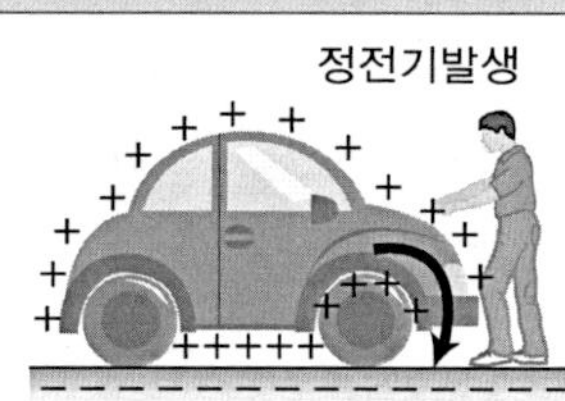</td></tr>
</table>

(4) 전기기기의 시설 및 안전한 사용법

1. 전기기기는 공업표준규격 표시 품, 형식 승인을 받은 전기용품을 사용하여, 전기기기 기준에 따라 시설해야 한다.
2. 습한 장소에서의 전기사용은 금한다. 습한 상태에서는 저항이 낮기 때문에 감전의 위험이 높다.
3. 기계 기구류의 점검이나 보수 시에는 반드시 전원을 내리고 실시한다.
4. 전기회로가 밖으로 드러나지 않게 방호시설이나 절연을 충분히 하여 사용한다.
5. 이동식 전기기기류에는 이동전선에 전선관이나 보호커버를 사용하여 내부의 동선이 노출되지 않도록 한다.
6. 콘센트는 사용전압을 확인하고 과부하가 걸리지 않도록 용량을 고려해 사용한다.
7. 전 반에 전기회로의 사용유무를 표시하여 점검 중에 스위치 류를 올리지 않도록 한다.
8. 아크발생기구는 고압용은 1[m], 특별고압용은 2[m] 이상의 이격거리를 두고 설치해야 한다.
9. 금속 외함을 갖는 전기기기 중 60[V]이상의 것은 누전차단기 등의 보호장치를 시설해야 한다.
10. 저압용 퓨즈는 정격전류의 1.25배에서 견디고, 1.45배에서 5분간, 2배에서는 1분 이내에 용단되어야 한다.
11. 배선용 차단기는 30[A] 이하의 것은 125[%]의 전류에서 60분, 200[%]에서는 2분 이내에 차단되어야 한다.
12. 차단기는 차단기 동작 원인을 반드시 규명한 후 재투입한다.
13. 누전 차단기(leakage current circuit breaker)는 전원을 전원 측에, 부하를 부하 측에 확실하게 접속한다.
14. 전선의 접속은 인장강도가 80[%]이하가 되지 않도록 해야 하고, 비닐테이프는 반폭씩 겹쳐 4겹 이상 감는다.
15. 고주파를 발생하는 기기(방전가공기)의 전원 측에 콘덴서 등을 설치하여 전파방해를 방지해야 한다.

(5) 전동기의 운전 취급방법

1. 내부 코일의 단선, 베어링의 마모, 절연저항, 전원전압, 퓨즈 등을 점검한다.
2. 전동기 단자와 전선의 접속 및 전동기 접지선의 접속을 점검한다.
3. 전동기 전원공급장치는 차단 기구를 갖춘 나이프 스위치나 전자 개폐기를 사용하여야 한다.

4. Y-Δ 기동기 또는 기동저항기를 사용할 때는 반드시 기동위치에서 기동하여야 한다.
5. 전동기의 부하는 서서히 증가시켜야 하며, 운전 중 과도한 온도상승이 되지 않도록 주의한다.
6. 정지할 때에는 Y-Δ기동기 또는 기동저항기의 위치를 기동위치에 놓고, 전원을 차단한다.

(6) 감전(感電)사고의 분류

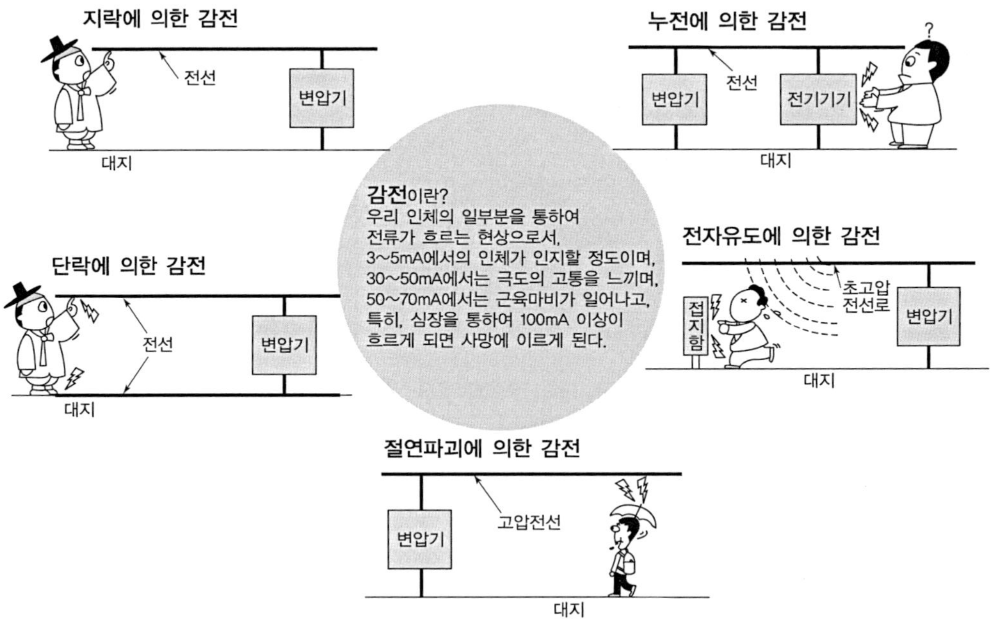

그림 7.2 감전사고의 종류

(7) 전류값에 따른 신체의 반응

① 전기의 위험성

전기는 우리 눈에 보이지 않으므로 다른 재해에 비하여 발생빈도는 낮지만, 재해가 발생하면 치명적이거나 큰 손실을 입게 되는 경우가 많다.

② 통전 전류에 의한 영향

- **최소 인지 전류** : 교류(상용주파수[60Hz])에서 이 값은 3~5mA로서 이 정도의 전류 값으로서는 인체에 위험을 주지 않는다.
- **고통 인지 전류** : 전류 값의 크기에 따라 고통을 느끼게 되는 전류로서 성인 남자의 경우, 대략 6~10mA이며, 30~50mA가 되면 고통을 심하게 느끼게 된다.

- **근육 마비 전류 :** 근육 경련이 심해지면서 신경이 마비되어 운동이 자유롭지 않게 되는 전류 값을 말하며, 이 값은 대개 50~70mA이다.
- **심장 마비 전류 :** 심장의 맥동에 영향을 주어 혈액 순환이 곤란하게 되고 끝내는 심장 기능을 잃게 되는 값으로 대개 100mA이상의 전류값을 말하며, 그대로 방치하면 사망하게 된다.

③ 전기로 왜 죽는가?

보통의 공기는 전기의 부도체이지만 사람의 신체는 전기의 도체라고 할 수 있을 정도로 전류를 흘리기 쉬운 것이다. 따라서 인체를 전기 선로 일부로 하여 전류를 흘리면 극히 미약한 전류에서는 아무 것도 느끼지 않으나, 전류를 증가시켜 나가면 찌릿찌릿하게 느끼게 되고 차차 견딜 수 없게 된다. 다시 더 전류를 증가시키면 여러 가지 상해를 입게 된다.

인체에 전류가 흘러서 (전류)×(시간)이 어느 정도 이상이 되면 전류의 열 작용에 의하여 전기의 입구와 출구에 화상이 생기고, 체내에서는 세포를 파괴하거나 혈구를 변질시키게 된다.

④ 인체와 감전

우리 신체는 1A도 너무 큰 전류이므로 mA(1mA는 1A의 1000분의 1)라는 단위를 사용한다. 1mA가 흐르면 전류가 흐르는 것을 약간 느끼는 정도이고, 10mA이면 불쾌감을 느끼는 정도가 되고 100mA, 즉 0.1A정도면 사람이 죽게 된다. 이때 전기충격 정도는 흐른 전류의 크기와 흐른 시간, 신체 관통부분에 따라 결정된다. 전류의 일부 중 심장을 1초 이상 지나면 심장근육이 불규칙적으로 수축되기 시작하고 신속히 끝나지 않으면 사망한다. 물론 피부가 축축하고 습기가 많은 날이면 전류가 훨씬 많이 흐르게 되어 사망할 수 있다.

전자 1개가 가진 전하량은 1.6×10^{-19}이다. 너무도 작은 숫자이다. 전자는 크기나 질량은 대단히 작다. 그리고 대전될 때 물체 사이에 전자는 이동을 하지만 새로운 생성이나 소멸은 없기 때문에 전하량은 항상 보존이 된다. 여러 사람들이 손을 잡고 실험을 하더라도 불이 깜박이는 것은 도중에 전하가 없어지지 않았다는 뜻이다.

(8) 실험실에서의 전기 안전 점검

① 전기의 안전한 사용

- 일반사항

1. 전기 스위치 부근에 인화성, 가연성 용매 등을 놓아서는 안 된다.
2. 스위치 함(분전 반) 내부에 실험 기자재 등 불필요한 물건을 보관해서는 안 된다.

3. 전동기 등의 전기 장치에 스파크나 연기가 나면 즉시 전원 스위치를 끄고 전기 담당 부서 (시설 팀)에 연락한다.
4. 모든 스위치는 사용처, 이름을 명기해야 한다.
5. 전기 수리 또는 점검할 때에는 "수리 중", "점검 중" 표시를 하고 관계자 이외는 출입금지를 시켜야 한다.
6. 접지는 올바른 것을 확실하게 접속해야 한다.
7. 스위치, 배전 반, 전동기 등 전기기구에 가연성 물질이 닿지 않도록 한다.
8. 스위치 개폐는 접속 부분의 안전을 확인하고 확실하게 접속한 다음 개폐해야 한다.
9. 승낙 없이 임의로 전기 배선을 접속 사용하지 않는다.
10. 결함이 있거나 작동상태가 불량한 전기기구는 사용하지 않는다.
11. 전원으로부터 플러그를 뽑을 때에는 선을 잡아당기지 말고 플러그 전체를 잡아 당겨야 한다.

- 전기 기기의 일상 점검 요령(공통 사항)

1. 습기나 물기가 많은 곳에서 전기를 사용할 때에는 기계 기구가 접지 시설이 되어 있어야 하고 과 발에 물기가 없어야 한다.
2. 전기 기기 사용을 위한 코드나 배선 기구는 용량과 규격에 맞는 것을 사용한다.
3. 누전으로 인한 화재나 감전사고 예방의 기본 장치인 누전차단기는 월 1회 이상 시험 버튼으로 정상작동 여부를 확인한다.
4. 노후된 전시 설비의 계속 사용은 누전, 합선, 감전사고의 위험이 매우 높으므로 반드시 개/보수하여 사용한다.
5. 무자격자에게 전기 설비의 개/보수를 의뢰하는 경우 더 위험한 결과를 불러올 수 있으므로 반드시 전기 담당 부서(시설 팀)에 의뢰한다.

- 전기 안전 작업 요령

1. 장비를 점검하기 전에 회로의 스위치를 끄고, 플러그가 있는 장비는 플러그를 뽑는다.
2. 스위치를 끌 때는 가급적 절연장갑을 착용하고 오른손을 사용하며 얼굴을 스위치 상자로 향하지 않게 하고 손잡이를 내린다.
3. 전기 설비를 작업할 때 공구나 비품의 손잡이는 부도체로 된 것을 사용한다.
4. 전기 장치의 충전 부 전기가 흐르는 부분은 절연을 한다.
5. 전원에 연결된 회로배선은 임의로 변경하지 않는다.
6. 작업공간은 충분히 확보하고 항상 청결하게 유지한다.

7. 플러그를 전원에 연결한 채 회로 변경 작업을 하지 않는다.
8. 회로가 확실하게 연결되어 있지 않으면 플러그를 전원에 꽂지 않는다.
9. 젖은 손이나 물건으로 회로에 접촉하면 안 된다.
10. 전기 설비에 연결된 접지선의 접속을 확인한다.
11. 연결코드 선은 최소한으로 가능한 짧게 사용한다.
12. 전기 설비 근처에서는 가연성 용재를 사용하지 않는다.
13. 다중 콘센트는 가능한 한 사용하지 않도록 한다. 만일 추가 콘센트가 필요하다면 전기 담당 부서(시설 팀)에 의뢰해서 설치해야 한다.
14. 전기 배전반의 진입로와 스위치 앞에는 장애물이 없도록 한다.

7.2 피뢰

7.2.1 피뢰에 대한 이해

① 낙뢰 메커니즘

- 뇌운의 발생과 생성
- 뇌 방전의 발전 과정과 성질

② 뇌보호 설계 절차

③ 외부 뇌보호

- 외부 뇌 보호 설비 구성
- 수뢰부
- 인하도선
- 접지부
- 수뢰부
- 보호범위(뇌차폐)
- 보호등급(보호수준)

④ 내부 뇌보호

- 침입경로
- 전달경로 : 전도, 방사, 결합
- 과전압 발생형태: 저항, 전자, 정전
- 내부 뇌보호 대책
- 등전위 본딩

- 건물 차폐(I.O 화, Shielding)
- 서지보호장치(SPD:By-pass)
- 안전거리 및 LPZ

⑤ 피뢰에 대한 기기 보호

⑥ 뇌방전

뇌운(Thunder Cloud)내에서 분리 축적된 정부 양공간 전하 또는 뇌운 내의 전하와 지표에 정전 유도된 전하가 대기의 절연을 파괴하여 방전 중화하는 현상이다.

- 뇌운에서 양전기와 음전기의 전화분리가 심해져 방전이 발생

날씨	대기중 전계
갠 날	약 100 V/m
뇌운 접근	약 100 KV/m

7.2.2 뇌해 사고

(1) 225KV 이상 송전선 사고조사

사고 원인	비율
천둥(뇌)	55 %
안개	18 %
얼음	17 %
기타	20 %

(2) 직격뇌와 유도뢰

직격뢰	유도뢰
횟수 적음	횟수 많음
고전압,고전류	저압(200KV↓)
고전류 (수십KA)	• 송전계통에는 문제없음. • 배전사고의 90% 원인. (퓨즈 용단, 변압기, 계폐기, 애자, 전선 등)

7.2.3 뇌운의 발생과 생성

(1) 뇌운의 발생

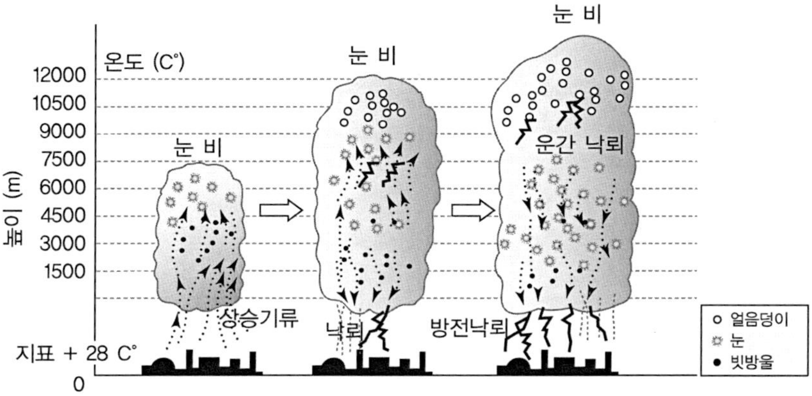

그림 7.3 뇌운의 발달 모습

① 뇌운의 형성

- 기상층 상부의 불안전한 상태에서 뇌운이 형성됨.
- 상부 저온 저밀도의 공기와 하부 고온 다습한 공기의 충돌에 의함.

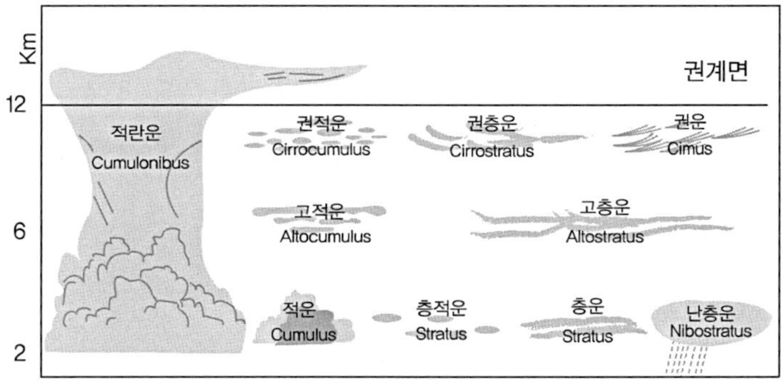

그림 7.4 뇌운의 종류

② 뇌운의 규모

- 뇌운 일반적 높이 : 하계뇌운(2~12Km), 동계뇌운(100m~6Km)
- 뇌운 수평거리 : 반경 약 10Km
- 최저기온 : −40℃~ −60 ℃
- 대지 방전시 지표면 전계: 약 15~50kV/m

(2) 뇌운의 종류

① 열뢰(Heat Storm)

태양에 의해 강하게 가열되어 지표면 부근의 공기 온도가 현저하게 상승한 경우(여름철 적란운의 상승기류)

지표면의 과열 공기 → 상승기류 → 온도 하강 → 구름 형성
→ 잠열 발산 → 온도 상승 → 적란운으로 발달

② 계뢰(Frontal Storm)

온화한 기단과 차가운 기단의 경계에서 심한 상승기류가 형성되어 발생

③ 외뢰

저기압이나 태풍에서 주변의 바람이 중심부로 유입되어 상승기류를 발생시키고 뇌운을 형성

④ 지형뢰

산줄기를 스치면서 상승할 때 발생하는 뇌운

⑤ 자연뢰

눈보라, 모래폭풍, 화산폭발 등으로 발생되는 뇌운

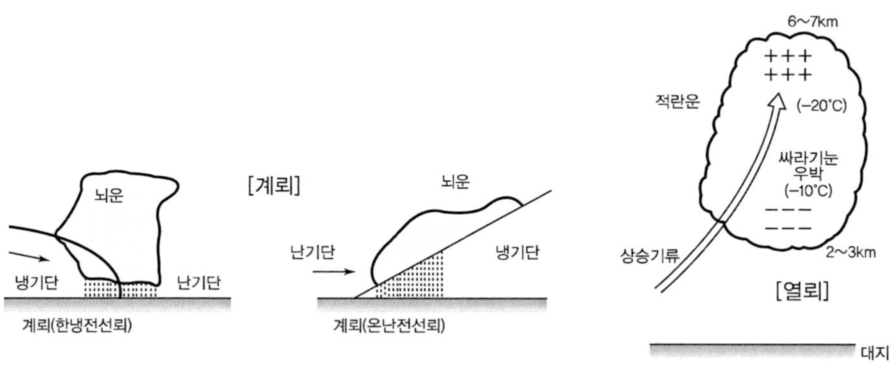

그림 7.5 뇌운의 종류

(3) 뇌운의 생성기구설

① 착빙전하 발생기구설

최근 유력한 뇌운 속의 전기발생이론이다. 뇌운 속의 강한 상승기류와 하강기류 속에서 싸락눈과 빙정은 낙하 속도차 때문에 충돌 → 입자가 작은 빙정은 정(+)전하로 대전이 되고 입자가 큰 싸락눈은 부(−)전하로 대전 → 가벼운 빙

정은 위로 이동하고 입자가 큰 싸락눈은 아래로 이동하여 뇌우 속에 분포하게 된다. 즉, 뇌운 속의 전하분포는 뇌운의 상층부에는 정전하가, 하층에는 부전하가 분리 축적된다.

② Wilson 선택접촉설

- 수적이 분극되어 상부는 부전하, 상부는 정부하
- 중력을 받아 정, 부전하 이온이 충돌하여 구름의 하부는 부전하가 모임

③ Simpson 수적분파설

- 수적이 낙하도중에 공기 저항을 받아 빙정은 양전하, 대기는 부전하

④ 빙창확전설

- 뇌운의 상부의 저온영역에서는 냉각부의 물과 얼음이 마찰, 부착, 분열이 발생

7.2.4 뇌방전의 진전과정과 성질

(1) 낙뢰의 진전과정

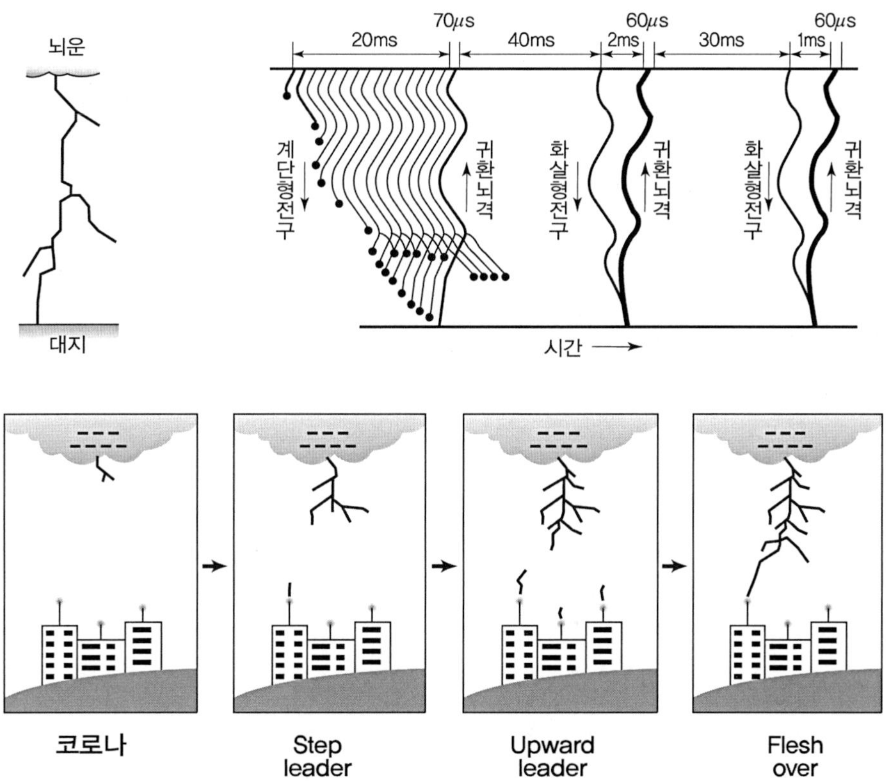

그림 7.6 낙뢰의 진전과정

뇌운이 형성되어 대기중 전계상승(약 10kV/m) 이상

↓

지상의 구조물, 돌출물에 Corona 현상이 발생

↓

뇌운 내부 하강리더 형성 및 단계적 전진(Step Leader)

↓

코로나 현상에 의한 이온화가 지상 구조물, 돌출부 상부에서 상승리더로 성장(Up Ward Leader)

↓

가장 발달한 상승리더가 하강리더와 접촉하여 뇌격발생

(1) 낙뢰의 진전과정(Detail)

① 뇌운 중에 전하가 축적(상공 8~12km)

- 음전하가 많으면 직격뢰(99%), 양전하가 많으면 유도뢰(45~80%)

② 공기의 절연을 파괴하는 계단선형리더가 반복 진행되며 150 km/s의 속도로 진행

- 계단형 리더의 대지 접근 과정 : 50m 전진후 약 50us 휴지를 반복
- 계단형 리더는 음과 양 사이에 국부적인 절연파괴로 시작됨

③ 선단이 대지면에 있는 지상 물체에 접근할 때 대지로부터 상향 스트리머가 발생

④ 선형리더와 상향 스트리머가 결합될 때 뇌운과 대지 사이에는 도전로가 형성됨

⑤ 도전로에 대지로부터 많은 양의 전하가 유입되어 주방전이 발생

⑥ 주방전이 시작됨과 동시에 낙뢰의 순간이 되며 섬광이 보임

⑦ 주방전은 지상으로 3Km 높이에서 이루어 짐

⑧ 낙뢰의 모양은 한줄기 섬광이 지나가는 듯 보이나 계단식 선형리더, 선형리더, 상승 스트리머 발생, 주방전 사이의 시간이 구분됨

- 뇌운의 성질
  - 전위경도: 30~40 kV/m, 뇌격전류: 20~40 KA
- 천둥 : 계단형 리더(Step Leader)가 진행될 때 리더의 온도는 약 2만~3만℃ 높은 열을 지니고 있기 때문에 선도가 진행되면서 주변의 공기를 급격히 팽창시켜 파열음을 발생하는데 이 파열음을 천둥이라고 함

7.2.5 기타의 뇌현상

① 뇌간 방전

- 뇌운 중의 정, 부양전자군 사이에 방전 발생
- 지상의 뇌운 1회에 대하여 격렬한 뇌운의 경우 3회 발생

② 유도뢰

- 뇌운이 송전선 상공에 접근한 경우 유도정전에 의하여 발생
- 상공의 뇌운의 전하가 도체상 전하를 구속에서 벗어나게 하여 송전선상의 좌우 진행파로 이동
- 파고치(V/2)가 최고 400kV, 보통 100~200kV 이하의 충격 전압파
- V(도체의 전위) = a × g(대기중 전계 세기) × h(지면에서의 높이)

③ 구뇌

- Ball lightning(球雷)
- 뇌우가 끝나는 지점에 지상 가까이 나타나는 지름 10~20cm의 구형 발광체
- 수명 5초 이하, 속도는 수 m/s로써 소리 없이 소멸되거나 폭발적으로 없어짐

7.2.6 뇌해에 대한 방호

(1) 피뢰침

- 피뢰침의 효과
- 가공지선
- 역 Flash-over 방지와 접지

① 뇌보호 시스템

- 뇌보호 시스템의 구성
- 뇌보호 시스템 이해
- KS C 9609 / KS C IEC 61024의 비교
- KS 규격 변동 동향
- 건축물 설비 기준 등에 관한 규칙
- KS C IEC 61024 설계 절차
- 피뢰 및 접지의 계통도
- 접지 및 접지설계 과정
- 서지 보호기(SPD)
- KSC IEC 61024 / 62305

② 뇌보호 시스템 구성

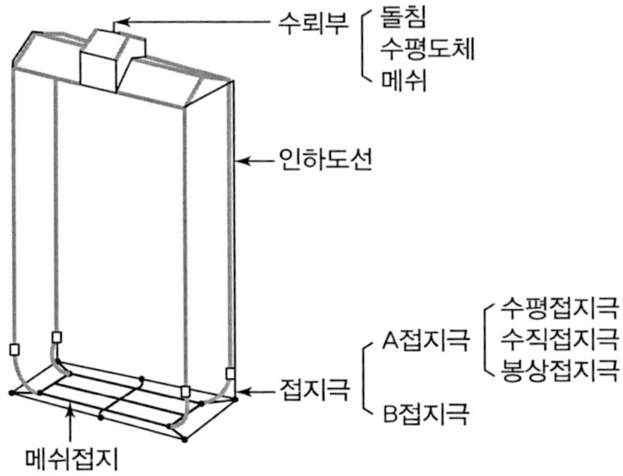

그림 7.7 뇌보호 시스템 구성

③ KS C IEC 61024

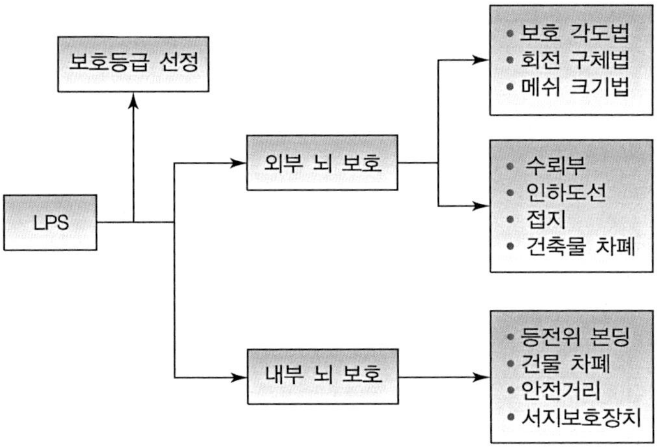

* 내부 뇌보호 시스템 : 뇌서지에 취약한 건축물내의 전자기기의 과전압 방지하기 위함.

④ KS C 9609/61024

주요항목	KS C 9609	KS C IEC 61024
보호각	– 60° (일반 건축물) – 45° (위험물)	• 보호등급 및 건축물 높이에 따라 서로 다른 보호각도 적용
인하도선	– 인하도선의 간격 50m 마다	• 보호등급에 따라 10, 15, 20, 25 간격 • 철근, 철골의 인하도선 대용
측 뇌 방지용 피뢰설비	없음	60m 초과건물의 4/5 이상 지점부터 수뢰부 구성
접지	– 접지저항에 대한 규정 – 단독접지	– 접지저항, 규정 없음(저 저항) – 공통접지
내부 뇌 보호	없음	– 등전위 본딩 – 서지보호장치 설치

⑤ KS 규격 변동 동향

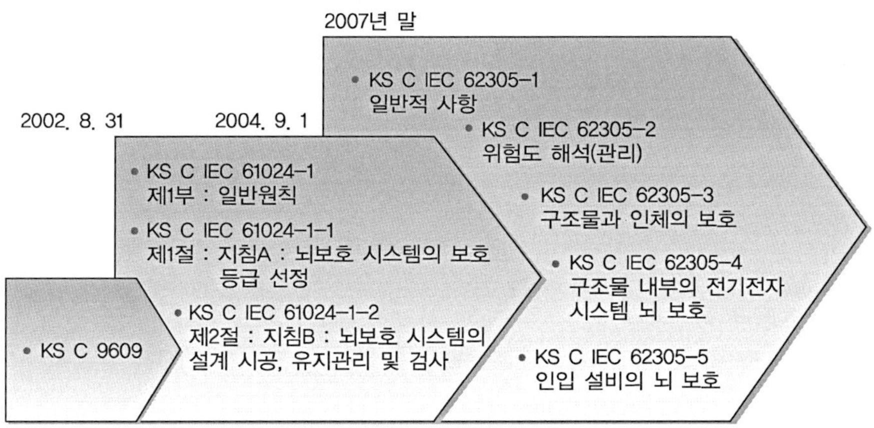

그림 7.8 KS 규격 변동 동향

⑥ 뇌보호 설계 절차

- KS C IEC 61024

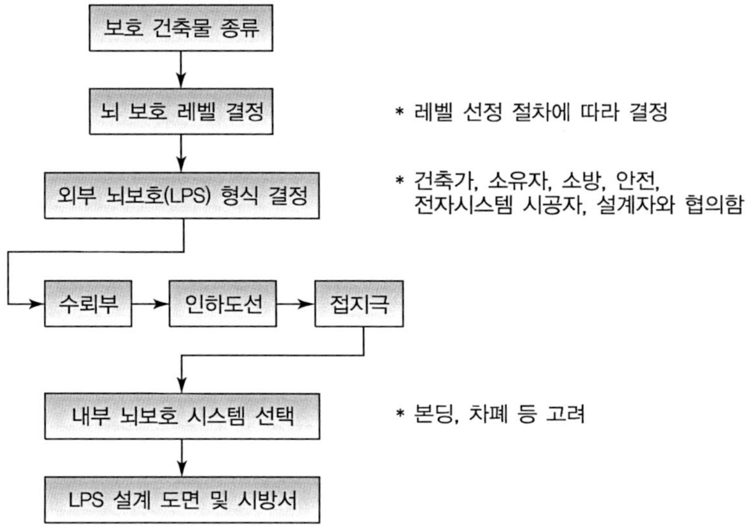

그림 7.9 뇌보호 설계 절차

⑦ 뇌 보호 등급 선정

- KS C IEC 61024

〈보호등급 선정계산〉

1) 뇌전일수(뇌우 일수도 참조)

T_d = ( ) day/year

2) 뇌격 대지 밀도

$N_g = 0.04 \times Td^{1.25} / \mathrm{Km}^2/$년

3) 독립 구조물의 등가 집합 영역

$A_e = a \times b + 6H(a \times b) + \pi \times H^2$(길이 a, 폭 b, 높이 H)

4) 구조물에 대한 직격뇌의 예상빈도

$N_d = N_g \times A_e \times 10^{-6}/$년

5) 구조물에 대한 허용 낙뢰 빈도

$N_c =$

6) 효율 $E > 1 - \dfrac{N_c}{N_d}$

보호등급	뇌보호 시스템의 효율(E)	해당 건축물
I	0.98	전화국, 발전소
II	0.95	정류공장, 주유소
III	0.90	화학공장
IV	0.80	주택, 일반공장

- N_d와 N_c 관계에서 요구되는 LPS의 효율 임계값

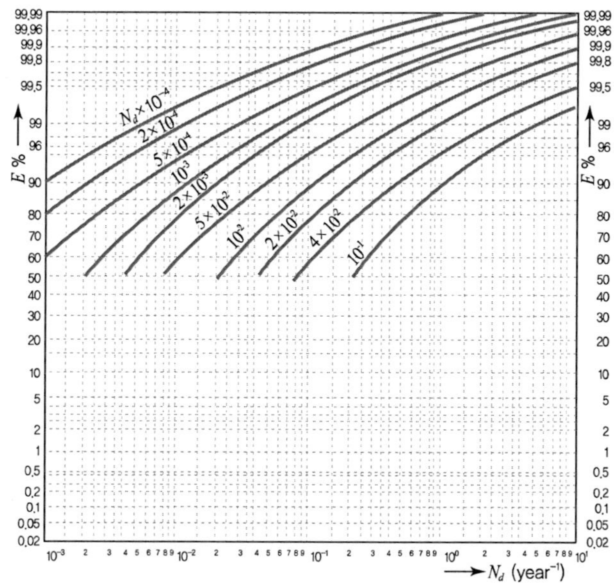

- 낙뢰일수도[IKL도]

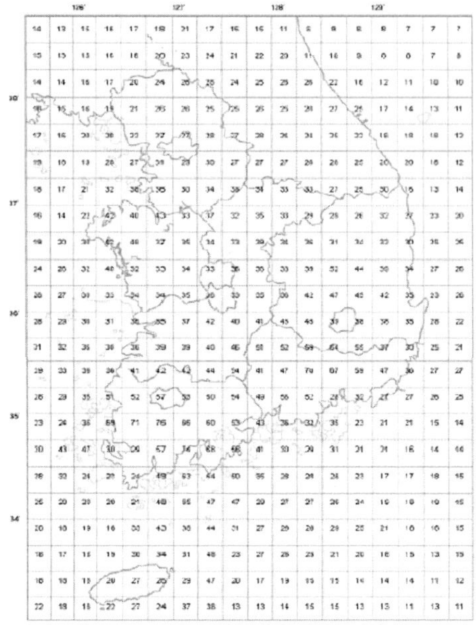

그림 7.10 대한민국의 낙뢰일수 도표

⑧ 피로 보호 범위

- 보호각도 법

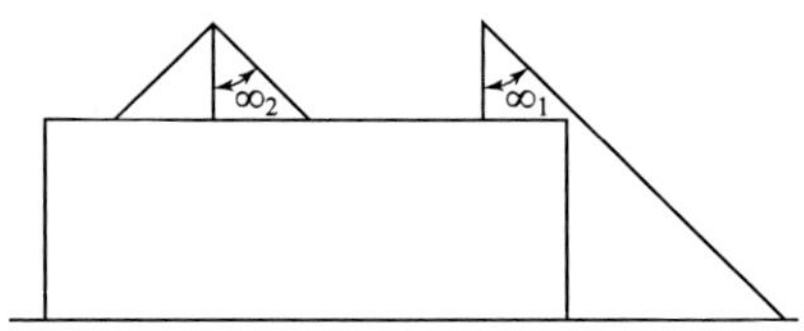

그림 7.11 보호각도 법

-피뢰침을 사용하여 보호범위를 각도에 의해 구하는 방법
- 건축물 높이 및 보호등급에 따라 보호각이 다름

보호레벨	20	30	45	60
I	25	*	*	*
II	35	25	*	*
III	45	35	25	*
IV	55	45	35	25

• 회전구체 법

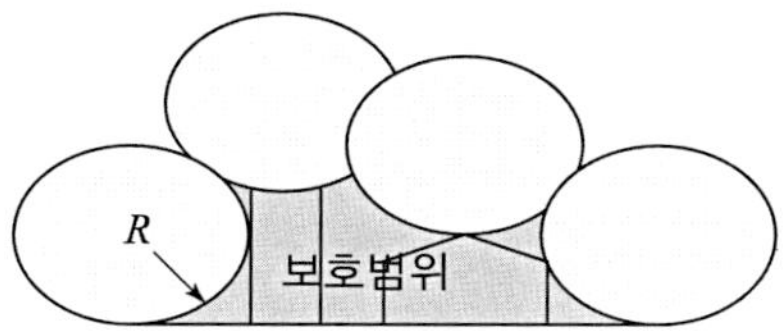

그림 7.12 회전구체 법

- 뇌격거리 개념도입 회전구체의 반경(R)
- 수뢰부의 뇌 보호 시스템의 도체는 회전구체와 접촉하는 모든 점과 부분에 설치

보호 등급	R (회전구체의 반경)
I	20m
II	30m
III	45m
IV	60m

• 메쉬법

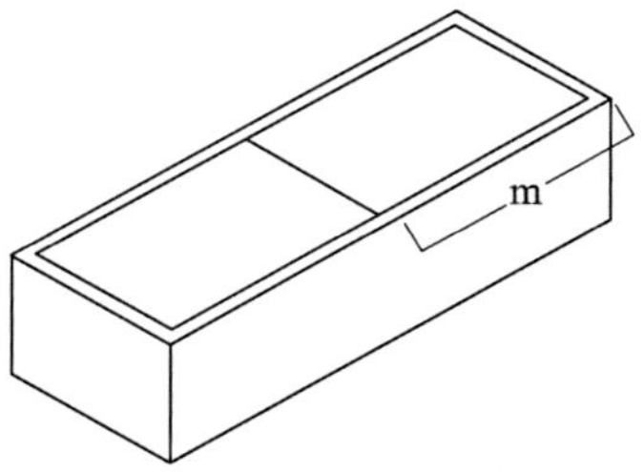

그림 7.13 메쉬법

- 건축물 상부에 그물모양 형태로 시설
- 평평하고 넓은 지붕형태 보호에 적합

등급	메쉬 폭
I	5
II	10
III	15
IV	20

⑨ 접지

KSC IEC 60364, 61024 및 전기설비기준, 내선규정에 공통 접지 권고

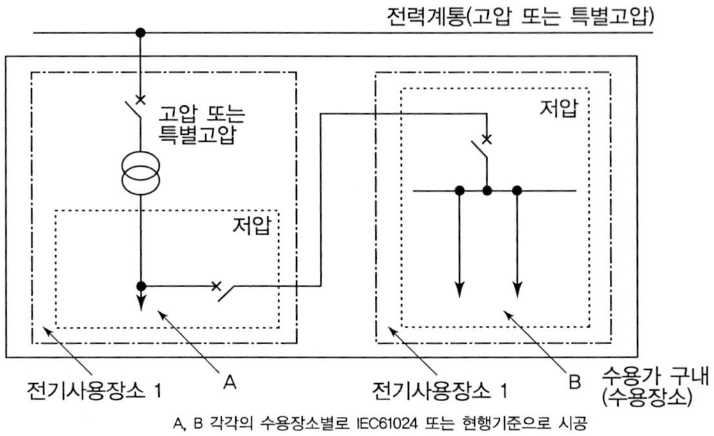

그림 7.14 전기기술기준 해설서

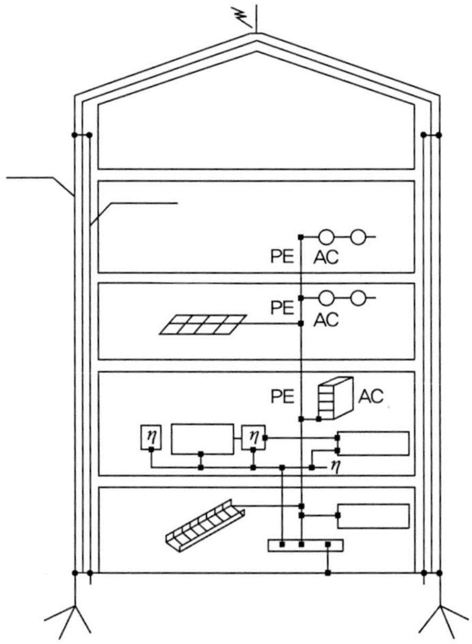

그림 7.15 KSC IEC 60364(전력, 통신, 피뢰 전체 공용)

⑩ 대한 주택공사

- 피뢰 및 접지의 계통도

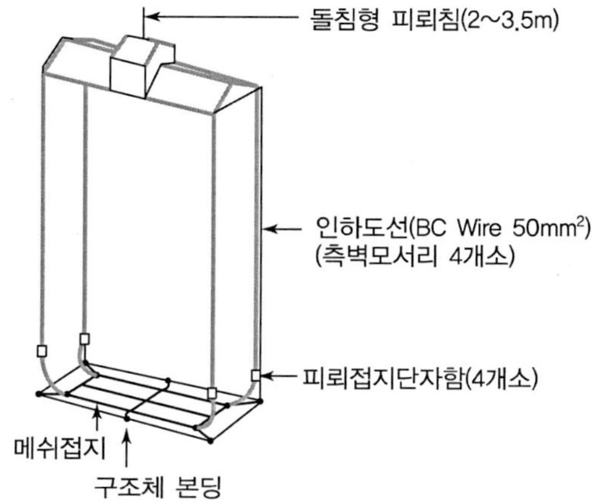

그림 7.16 피뢰 및 접지의 계통도

- 접지
  - A형 접지극
    - 동봉접지, 동판접지
    - 방사형/수직/판상접지극
    - 접지극수 2개 이상

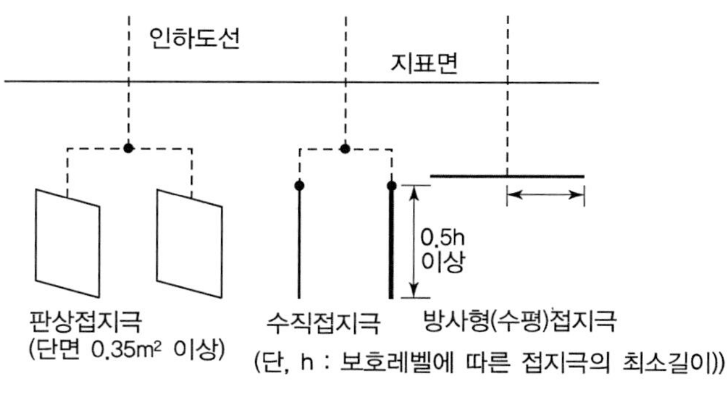

그림 7.17 A형 접지

  - B형 접지극
    - MESH 접지
    - 환상형/기초 또는 망상 접지극

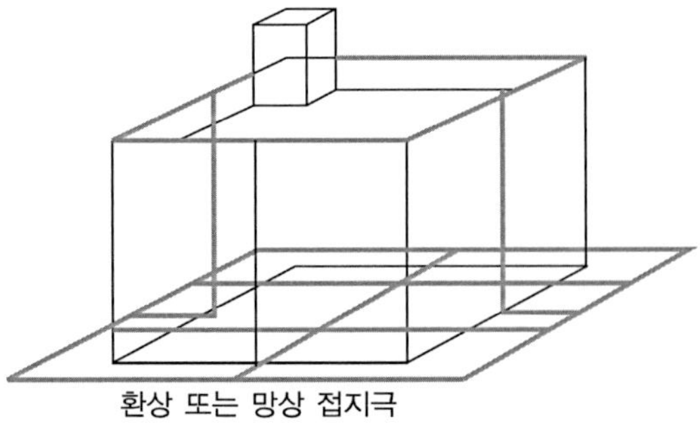

그림 7.18 B형 접지

- 접지 설계 과정

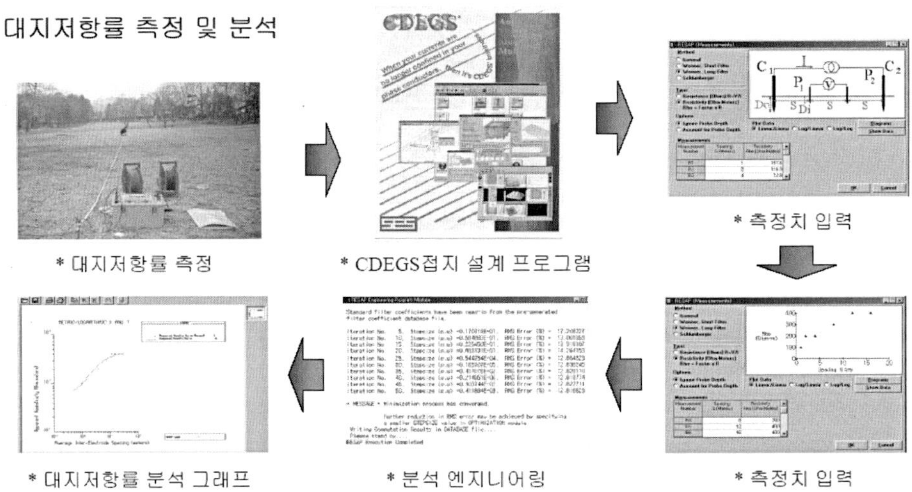

그림 7.19 대지저항률 측정 및 분석

⑪ 서지 보호기(SPD)

- 직접 및 간접 뇌에 가장 효율적임
- 적용 장소 : 통신선로, 광케이블, 전원선로, 주상변압기 1차측, 가공선로와 지중 케이블 간의 연결 부, 각종설비의 입력 단

뇌 서지보호장치 MC 50-B VDE

- 요구 등급: B VDE 0675, part 6에 따라
- 요구 등급: Type 1 IEC 61643-1에 따라
- 작동원리: 불꽃 간극/다 탄소디스크 기술
- 임펄스 전류 I_{imp}: $50kA_{(10350)}$ per pole
- 방전 전류 : I_{max}: $120kA_{(8/20)}$ per pole
- 보호 수준 U_p :< 2kV
- 직렬 퓨즈: 500A까지 설비에서는 분리된 직렬 퓨즈 없음
- 정합 표시: VDE, ÖVE, KEMA, EZU, MEEI

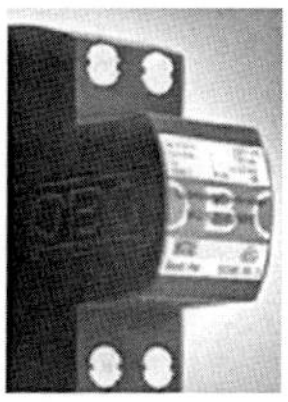

뇌 서지보호장치 MC 125-B/NPE

- 요구 등급: B VDE 0675, part 6에 따라
- 요구 등급: Type 1 IEC 61643-1에 따라
- 작동원리: 불꽃 간극/다 탄소디스크 기술
- 임펄스 전류 I_{imp}: $125kA_{(10350)}$ per pole
- 방전 전류 : I_{max}: $200kA_{(8/20)}$ per pole
- 보호 수준 U_p :< 2.5kV
- 정합 표시: VDE, ÖVE, KEMA, EZU, MEEI

- 형태: V 20-C
- 요구 등급: C
- 작동원리: 바리스터 기술
- 공창 방전 용량: $20kA_{(8/20)}$
- 최대 방전 용량 : $40kA_{(8/20)}$
- 보호 수준 1.4kV
- 정합 표시: VDE, ÖVE, KEMA
- 직렬 퓨즈: 125A까지는 분리된 직렬퓨즈가 필요 없다.

그림 7.20 변압기 ACB 2차측 적용 및 분전반, 방재실 적용

⑫ 61024/62305

항목	KS C IEC 61024	변경사유	KS S IEC 62305
적용범위	60M	60M 이상 건물은?	높이에 관계없이 모든 건물 적용
등전위 본딩 정의	뇌전류에 의한 전위차를 감소시키기 위한 내부 뇌보호 시스템의 일부		뇌전류에 의해 서로 떨어진 도전성 부분에서 발생하는 전위차를 감소시키기 위해 그 사이를 도체에 의해 직접 접속하거나 서지 보호장치(SPD)에 의해 접속하는 것
철근 구조체	수직 및 수평바의 성호 접속 부분의 50%가 용접되거나 견고하게 결속될 것	판단기준이 애매함. (철근 구조체를 인하도선으로 인정하기 위함)	저항값이 0.2 Ω오옴이하이면 전기적 연속성으로 규정(주공 20층 측정결과 0.05~0.1 Ω
수뢰부 시스템		이온방사형 피뢰침 (ESE) 효과성?	돌침, 수평도체, 매쉬도체만 규정(이온방사형 피뢰침 사용금지)
보호각 적용	돌침에 의한 보호각 적용	35M의 경우는?	그래프에 의해 연속적으로 나타남
수평환 도체 및 인하도선	수평환 도체 20M 간격 및 인하도선 II 등급 15M		수평환 도체 및 인하도선 모두 등급에 따라 설치

표 1 보호등급에 다른 인하도선의 평균 간격

보호등급	평균 간격
I	10
II	15
III	20
IV	25

표 2 보호등급에 다른 인하도선과 수평환 도체의 평균 간격

보호등급	평균 간격
I	10
II	15
III	15
IV	20

(2) 절연 협조

① 절연 협조

- LA의 제한전압을 기본으로 여유를 둔 각 기기의 절연 강도 그 이상을 유지하기 위한 협조
- 기기 상호간 관계를 경제적, 합리적 결정하는 것

② 절연 계급

- 전력기기나 계통의 절연강도를 표시
- 기기의 절연을 표준화시키고 통일된 절연체계를 구성하기 위함
  예) 3호, 6호, 10호, 20호, 30호, 60호, 70호, 100호, 140호, 170호, 200호,

③ 기준절연강도(BIL)

- 외부 충격 전압의 어느 정도까지 기기를 견디게 할 것인가 기준을 정한 것
- 뇌 임펄스 내전압 시험치를 의미하며 절연 레벨 기준을 정하는데 사용
- 22.9kV 유효접지계에 있어서 유입 변압기 BIL=20*5+50=150[kV]
- BIL은 계통에 있어서 뇌전압 진행파의 파고치, 각종 보호 장치의 보호능력 등에 따라 정한 것

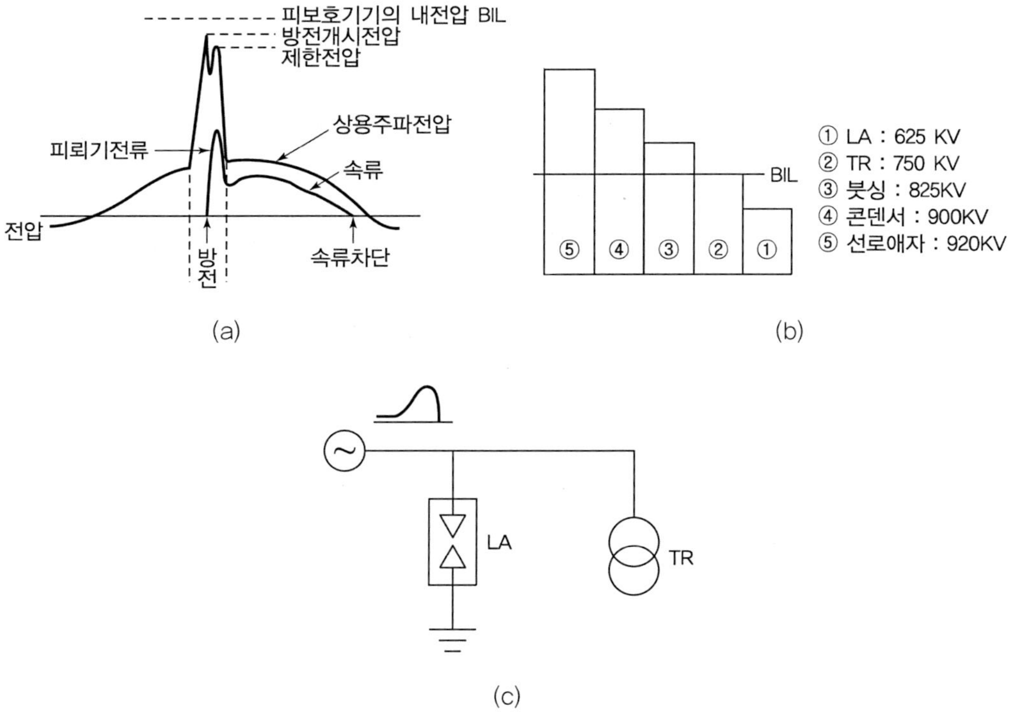

그림 7.21 피뢰기에 의한 속류차단

부록 LED-SMPS의 설계 및 제작

현재의 Bridge형 컨버터는 타 토폴로지 컨버터들에 비교하여, 비교적 구성이 간단하며 출력 용량이 250W 이상에서 수 KW급의 중, 대용량에 적합한 모델이다.

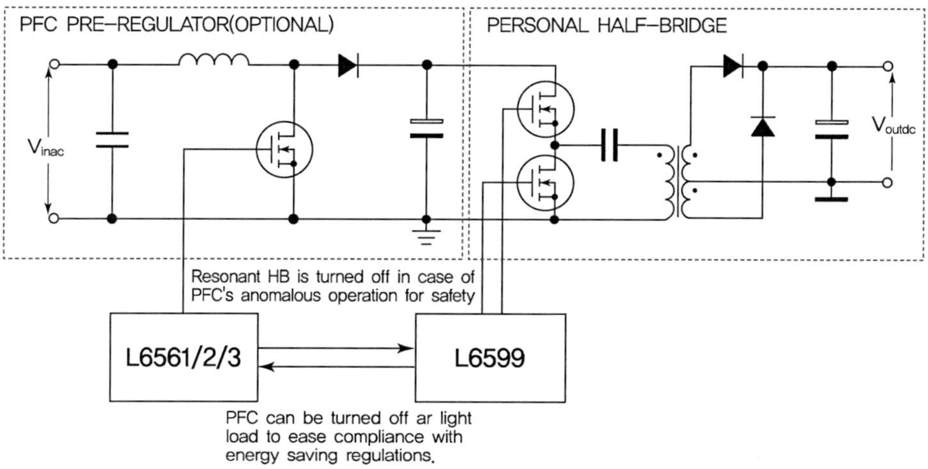

- 신 Half Bridge 토폴로지

종래의 PWM방식 Half Bridge 컨버터의 경우는 비교적 구현이 쉽고 Zero Voltage Transition Technique을 이용한다는 측면에서 매우 선호되고 있다.

또한, 공진회로의 기본구조를 전력변환-Main Transformer의 Leakage 인덕턴스와 Switch의 기생 C를 이용함으로 추가적인 회로 Detail이 필요 없는 장점이 있다.

단, 부하 측 대전류 응용에서 다이오드 전도손실로 인한 전체 입출력효율의 감소가 크며, 전체 회로의 발열 정도의 상승에도 큰 영향을 미침.

- Low Output Current, High output Voltage

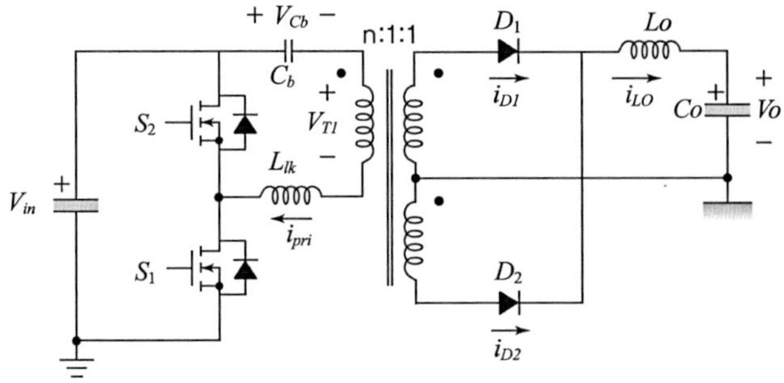

추가적인 효율증대 및 LED 조명장치의 출력제어 특성에 맞는 정전류 및 각종안전장치를 구비한 모델로의 진화를 위해서는 단순한 고정주파수 방식의 PWM 방식의 종래기술 적용에서 그치지 않고, PFM 기술이 적용된 LLC Resonant Converter 기술과 접목을 시도하여, 각 토폴로지 별 장점을 접목시킨 초고효율 제품군의 개발에 핵심을 두어야 한다.

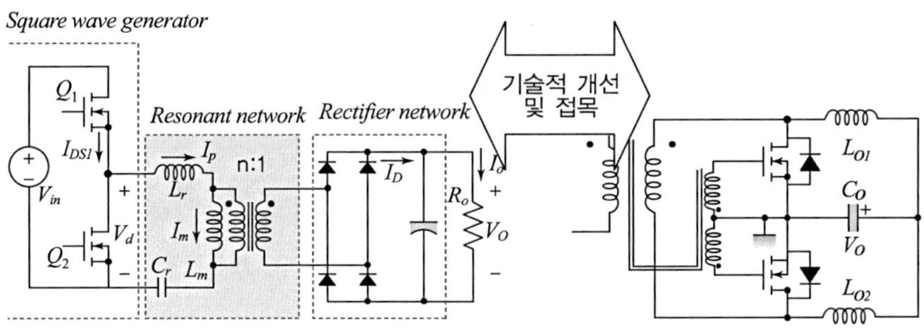

LLC Resonant Converter 기술과 종래기술의 접목

구동전원 부는 고급 전원공급 장치에서 필수적이며, 종래에는 Ringing Choke컨버터를 많이 사용하였으나, 금번에는 제품의 경량화와 고효율화를 지향하여, 전용소자 적용을 통한 소형 Buck Converter를 부과할 계획이다.

또한, 고가의 LED 조광부에 전력을 공급하는 모델임으로 과전류, 과전압, 열적특성 변화에 대응한 각종 안전장치의 구비도 고신뢰도 장비 개발을 감안한다면, 필수적 고려 요건이다.

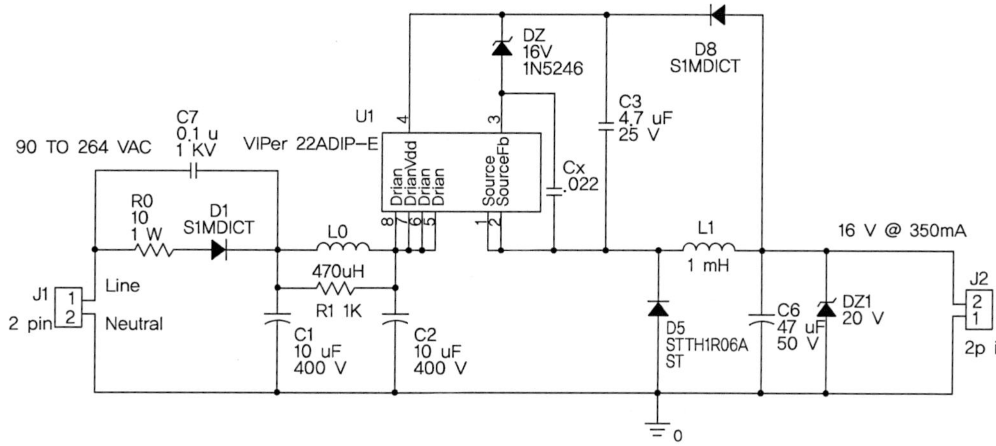

부록 1 과제개요

• SMPS(Switching Mode Power Supply)란?

상용 전원으로부터 공급되는 교류(AC) 전기를 각종 기기에 맞도록 변환시켜 주는 모듈형의 전원 공급 장치로, 고속 전력 반도체를 이용해 높은 주파수로 단속 제어를 하고 정류와 평활 회로를 거쳐 안정된 각종 직류 전압을 얻는다.

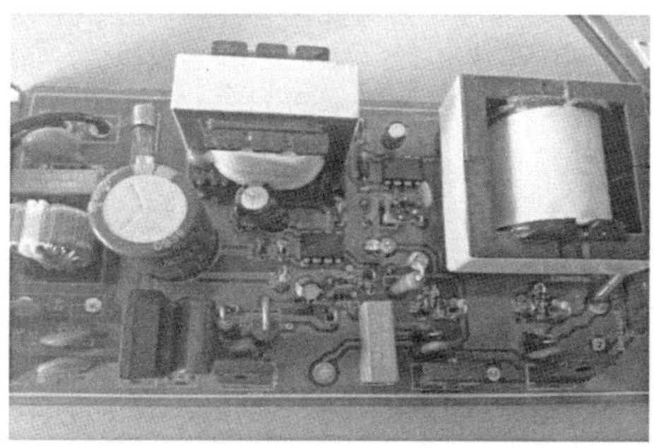

부록 2 과제내용

(1) 개발제품 전체 설계도

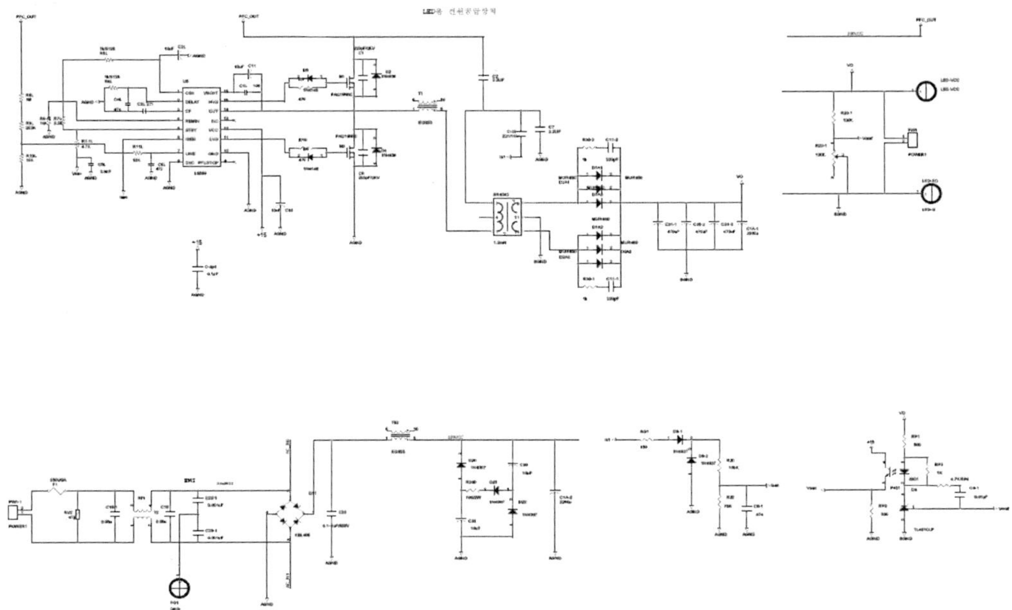

(2) L6599 스위칭 소자를 사용한 회로구성

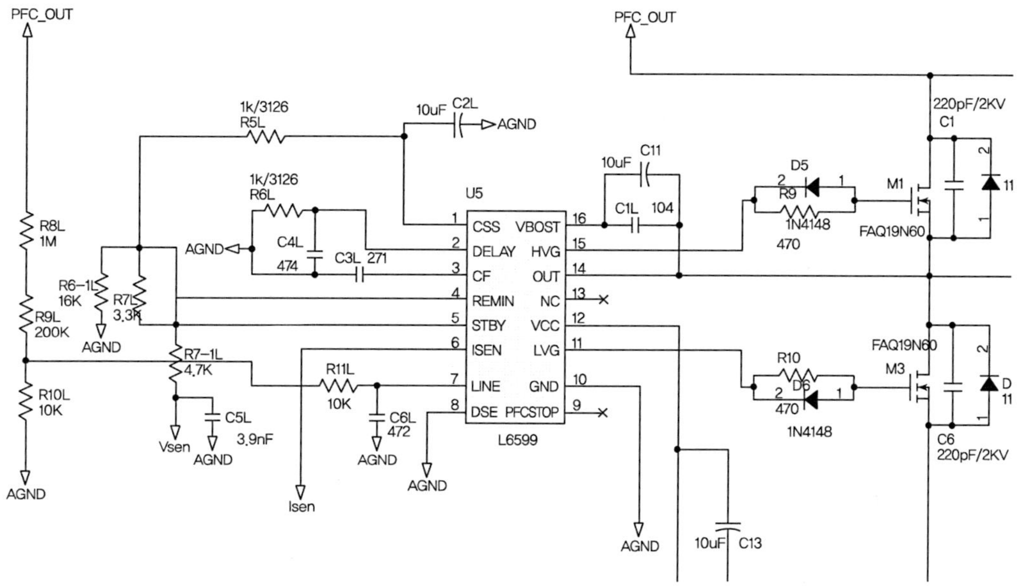

(3) Filter & 정류 회로

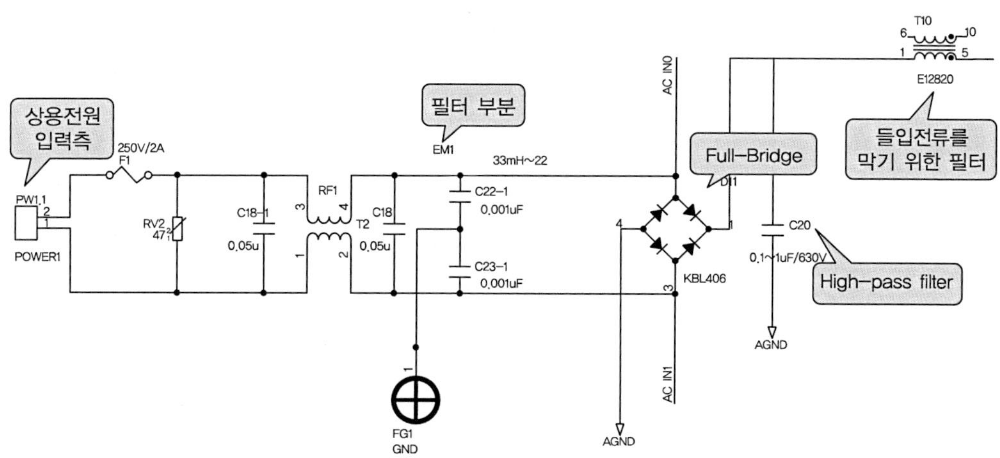

(4) 전류를 센싱하여 정전류 제어하기 위한 회로

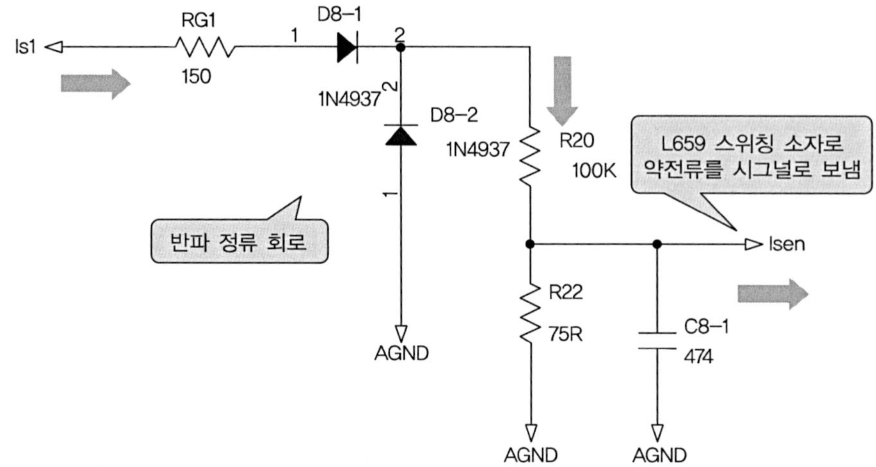

부록 3 기존개발제품 적용 모델

(1) 중대출력용 LLC resonant HB 컨버터(150~250W급)

① LLC Resonant 공진이득 제어방식

② PFM 제어방식(주파수 변조방식)의 고효율 컨버터

③ 단락상태 보호, 무부하 보호, 및 정전류, 정전압

④ 용도 : 가로등, 선박용 투광등

항목	수치
정격 전압	85~240V AC
효율	92~93%
역률	0.99
소비전력	165~265W
출력전력	245W, 27Vdc, 9A

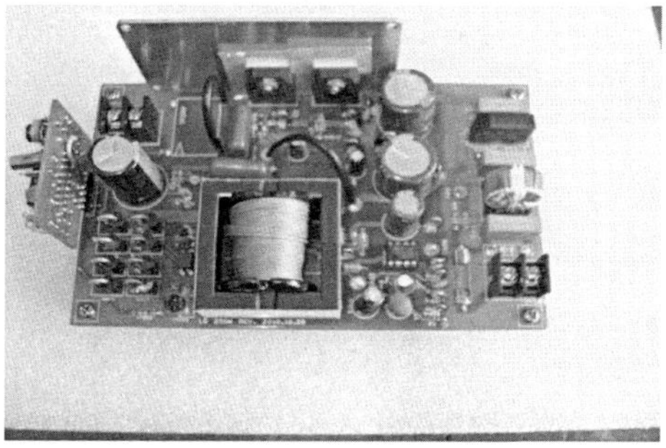

High output Voltage

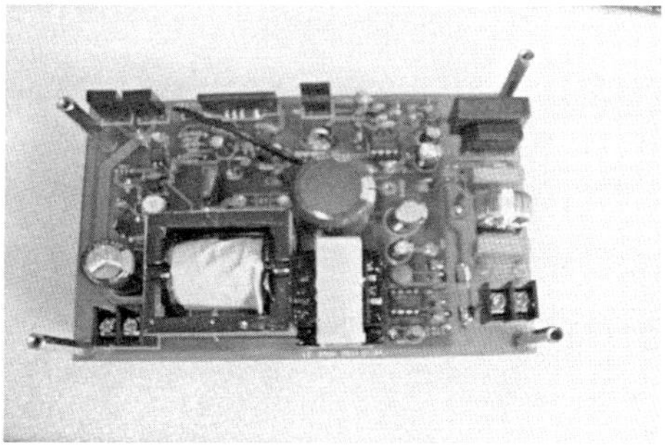

High output Current

찾아보기

| 저자 소개 |

김 희 제

- 부산대학교 전기전자공학부
- e-mail : heeje@pusan.ac.kr

정가 : 12,000원

고전압 펄스공학

2011년 8월 18일 초판 인쇄
2011년 8월 25일 초판 발행
저 자 : 김 희 제
발행자 : 우 명 찬 · 송 준
발행처 : 홍릉과학출판사
주 소 : ㊀142-885 서울시 강북구 인수동 455-60
등 록 : 1976년 10월 21일 제5-66호
전 화 : (02)999-2274 ~ 5, 903-7037
팩 스 : (02)905-6729
I S B N : 978-89-7283-974-3
e-mail: hongpub@hongpub.co.kr
http://www.hongpub.co.kr

저자와의 협의하에 인지생략

본 교재는 지식경제부 대학IT교육경쟁력 강화(NEXT)사업의 연구 결과입니다.